LES HYPOTHÈSES COSMOGONIQUES.

EXAMEN

DES THÉORIES SCIENTIFIQUES MODERNES

SUR L'ORIGINE DES MONDES,

SUIVI DE LA TRADUCTION

DE LA

THÉORIE DU CIEL

DE KANT,

PAR

C. WOLF,

Membre de l'Institut, Astronome de l'Observatoire.

PARIS,

GAUTHIER-VILLARS, IMPRIMEUR-LIBRAIRE

DE L'OBSERVATOIRE DE PARIS ET DU BUREAU DES LONGITUDES,

Quai des Augustins, 55.

1886

LES

HYPOTHÈSES COSMOGONIQUES.

10140   PARIS. — IMPRIMERIE DE GAUTHIER-VILLARS,

Quai des Augustins, 55.

PRÉFACE.

J'ai réuni dans ce Volume la série des articles que j'avais publiés sur les hypothèses cosmogoniques, dans les tomes I et II du *Bulletin astronomique* de M. Tisserand, du mois de juillet 1884 au même mois de 1885. J'y ai ajouté deux chapitres relatifs, l'un aux travaux de M. G.-H. Darwin sur la naissance des satellites et en particulier de la Lune, l'autre aux diverses opinions que l'on peut se faire aujourd'hui touchant la fin des mondes.

Mon principal but, en écrivant ces articles, était de montrer que la théorie de Laplace répond encore aujourd'hui le mieux possible aux conditions que l'on est en droit d'exiger d'une hypothèse cosmogonique. Complétée par les beaux travaux de M. Roche, mise en harmonie avec les idées nouvelles introduites par la Théorie mécanique de la chaleur, l'hypothèse de la formation des planètes aux dépens d'anneaux détachés de la nébuleuse solaire sur son contour équatorial par la force centrifuge, et de la formation des satellites par la dislocation soit de semblables anneaux autour des nébuleuses planétaires, soit d'anneaux intérieurs qui sont la conséquence inévitable du mode de production des premiers, me paraît être, des diverses théories mises en avant, celle qui explique le plus simplement l'état actuel du système planétaire et qui respecte le mieux la classification naturelle des planètes. Les difficultés qui lui ont été opposées, et particulièrement celle qui a conduit M. Faye à la rejeter entièrement, savoir la prétendue

nécessité d'une rotation rétrograde des planètes, sont toutes aisément levées. Je montre en effet comment une nébuleuse planétaire,
quel que soit à l'origine le sens de son mouvement de rotation, est
nécessairement amenée, par l'action des marées solaires, à tourner
dans le sens direct, avant sa formation définitive et complète;
théorème qui était en germe, on doit le reconnaître, dans l'exposé
très succinct que Laplace a fait de son hypothèse, puisque c'est
par l'action des marées qu'il a expliqué le mode de rotation de la
Lune.

Il ne reste debout, contre l'hypothèse de notre grand géomètre,
que les objections qui s'élèvent, il faut le dire, contre toute théorie qui considère l'état nébuleux comme l'état primitif de la matière. Sans doute, ainsi que le dit Kant, à qui revient d'avoir, le
premier, considéré le chaos sorti des mains du Créateur comme
comprenant à l'état de dissociation et de diffusion extrêmes tous
les éléments des mondes futurs, cet état est le plus simple et le
plus rationnel sous lequel on puisse se figurer la matière primitive.
Mais il n'en est pas moins vrai qu'il en résulte des difficultés que la
Science n'a pu encore toutes écarter, de quelque manière que l'on
conçoive l'action des forces mécaniques pour faire sortir de là le
monde actuel.

Une de ces difficultés a été introduite par W. Herschel, lorsqu'il
a voulu voir dans les nébuleuses planétaires, dont le télescope lui
avait révélé l'existence, la représentation actuelle et effective de l'é-
tat primitif d'un monde. A sa suite, Laplace et tous les astronomes
ont adopté cette idée grandiose que nous avons encore là, sous
nos yeux, des mondes en voie de formation; et que, par conséquent,
l'état originel du système solaire devait être assimilé à celui de
ces nébuleuses. « Dans l'état primitif où nous supposons le Soleil,
a dit Laplace, il ressemblait aux nébuleuses que le télescope nous
montre composées d'un noyau plus ou moins brillant, entouré
d'une nébulosité qui, en se condensant à la surface du noyau, le
transforme en étoile. » M. Faye, dans la première édition de son
beau Livre *Sur l'origine du monde*, adoptait la même idée. J'ai
montré que les nébuleuses planétaires ne peuvent être considérées,

dans l'état actuel de la Science, comme représentant des lambeaux du chaos primitif. Si l'on admet les données de l'analyse spectrale sur l'état gazeux de ces corps singuliers et la simplicité de leur composition, on est amené à n'y voir que le résidu de la matière primitive après que la condensation en soleils et en planètes en a extrait la majeure partie des éléments simples que nous trouvons si nombreux dans la composition chimique de ces derniers astres. J'ai eu le plaisir de voir cette opinion, que j'émettais en juillet 1884 dans le premier article paru dans le *Bulletin astronomique*, adoptée par M. Faye dans la deuxième édition de son Livre.

Cette distinction établie et la nature complexe du chaos bien admise, la théorie thermodynamique nous enseigne comment d'une matière primitivement froide ont pu naître les soleils embrasés. Mais en même temps apparaît la plus sérieuse de toutes les difficultés que l'on puisse opposer à l'hypothèse nébulaire. Les calculs de M. Helmholtz et de Sir W. Thomson limitent à dix-huit millions d'années, trente millions tout au plus, la provision de chaleur que la condensation de la matière primitive dans le Soleil a pu y accumuler. La Terre ne peut donc exister que depuis un nombre d'années moindre. Or les géologues exigent des centaines de millions d'années pour la formation des couches qui composent notre globe. Il y a donc contradiction entre le chronomètre des astronomes et celui des géologues, et cette contradiction, il faut l'avouer, est impossible à écarter aujourd'hui. On aura beau, avec M. Faye, faire naître la Terre avant le Soleil : les quelques millions d'années que l'on gagnera ainsi ne satisferont pas l'avidité du géologue, puisqu'on ne pourra lui en donner plus de trente, quand il en veut des centaines. Nous nous trouvons là en face d'une de ces difficultés comme il s'en est plusieurs fois rencontré dans l'histoire des Sciences, et dont la solution ne peut être espérée que du progrès futur de nos connaissances.

Nous sommes donc obligés de la laisser actuellement de côté, et, poursuivant l'examen de l'hypothèse nébulaire, nous venons nous heurter à d'autres objections. Kant a fait naître les planètes dans le sein de la nébuleuse solaire par la condensation fortuite de la matière en un point sous l'action combinée de l'affinité chimique et de la gravitation. Mais, depuis Laplace, ce sont des anneaux de matière nébuleuse qui, par leur dislocation, ont formé les planètes. Que ces anneaux soient extérieurs ou intérieurs, peu importe : nous sommes aujourd'hui absolument impuissants à expliquer comment, dans un temps moindre que la durée totale du système solaire, la majeure partie de la matière d'un de ces anneaux a pu se concentrer en un globe unique.

Enfin, nous ne faisons qu'entrevoir les causes qui ont modifié pendant la formation des planètes l'unité primitive de leurs plans de révolution et des directions de leurs axes de rotation.

L'hypothèse cosmogonique nébulaire, que les Ouvrages de vulgarisation scientifique ont le tort de présenter trop souvent comme une donnée acquise et fondamentale de l'Astronomie, se réduit en définitive à des conjectures auxquelles nous ne pouvons donner aujourd'hui aucune base absolument sérieuse. Mais l'esprit humain est ainsi fait qu'il a besoin d'une solution, quelle qu'elle soit, de ces grands problèmes qui intéressent le passé et l'avenir du monde ; et c'est ce qui explique l'engouement du public pour les hypothèses cosmogoniques, bien qu'il n'en puisse pas saisir le fort et le faible.

Tel est l'attrait de ces spéculations sur l'origine des mondes, que les plus grands esprits de tous les temps n'ont pas dédaigné d'y arrêter leurs méditations et d'en chercher une solution d'après les idées scientifiques de leur époque. M. Faye a donné, dans son Livre *Sur l'origine du monde,* les résumés des hypothèses cosmogoniques des anciens philosophes. Celle de Kant est la première en date qui rentrait dans le cadre que je me suis tracé. A lui revient l'honneur d'avoir introduit l'idée d'un chaos nébuleux, d'où un développement purement mécanique fait sortir l'univers avec sa magnifique ordonnance et son admirable régularité, en vertu de lois préétablies par la souveraine sagesse du Créateur. J'ai montré en quoi l'idée de Kant diffère essentiellement de celle de Laplace, qui, d'ailleurs, ne paraît pas avoir eu connaissance du Mémoire du philosophe allemand. Mais la querelle, souvent réveillée en Allemagne, des droits respectifs de ces deux grands esprits, ne peut

être décidée que par la lecture complète de leurs exposés; et celui
de Kant, il faut l'avouer, n'est connu en France que d'un très
petit nombre de personnes. J'ai cru faire œuvre utile en publiant
ici la traduction complète de la *Théorie du ciel*.

J'ai pris à tâche de suivre dans cette traduction le texte même
de Kant, mot pour mot autant que possible, sans essayer de substituer à l'expression parfois vague et mal définie de sa pensée une
paraphrase où j'aurais risqué de la trahir. Je prie donc le lecteur
de ne pas m'imputer les obscurités qu'il rencontrera parfois; elles
existent réellement, je crois, dans l'Œuvre de Kant. Mais s'il a la
patience de suivre jusqu'au bout les développements parfois longs
et embarrassés de l'auteur, s'il laisse de côté les difficultés que fait
naître la conception mécanique de Kant, il sera, je n'en doute pas,
récompensé de sa persévérance par le véritable plaisir que lui cau-
sera, comme je l'ai moi-même éprouvé, la lecture de certaines pages
réellement éloquentes et pleines d'un sens philosophique profond.
Telles sont celles où Kant expose ses idées sur la formation successive des mondes dans l'étendue indéfinie du chaos, leur dépérissement et leur résurrection.

Je recommande aussi la lecture de la Préface de Kant. En fait de
Cosmogonie, dit M. Faye, il est difficile de ne pas heurter des sentiments respectables. Il appartient au philosophe de montrer comment la tendance de l'esprit scientifique à faire reculer l'intervention divine jusqu'aux dernières limites, jusqu'au chaos, se concilie
avec la notion supérieure de la Providence. Il importe surtout de
montrer que nos tentatives cosmogoniques n'ébranlent en rien la
démonstration de l'existence de Dieu tirée des merveilles du ciel.
La Préface de Kant a fait justice, depuis un siècle et demi, des
objections qu'une fausse philosophie peut élever contre les efforts
par lesquels la Science cherche à expliquer l'œuvre que Dieu a
livrée à nos discussions; et à ce titre, cette Préface devrait être
celle de tous les Traités de Cosmogonie.

La troisième Partie de l'Œuvre de Kant, qui traite des habitants
des astres, fait un contraste malheureux avec le reste du Mémoire,
et l'auteur y montre une absence de logique vraiment surprenante.

J'avais hésité d'abord à en publier la traduction; je l'ai donnée
cependant, pour que le lecteur puisse, en toute connaissance de
cause, comparer l'OEuvre du philosophe allemand à l'exposé si
sobre et si purement scientifique que Laplace a fait de sa célèbre
et immortelle hypothèse.

TABLE DES MATIÈRES.

HISTOIRE NATURELLE GÉNÉRALE ET THÉORIE DU CIEL,
Par EMMANUEL KANT.

LES

HYPOTHÈSES COSMOGONIQUES.

EXAMEN

DES THÉORIES SCIENTIFIQUES MODERNES

SUR L'ORIGINE DES MONDES,

PAR

C. WOLF,

Membre de l'Institut, Astronome de l'Observatoire.

HYPOTHÈSES COSMOGONIQUES

INTRODUCTION.

Je me propose de résumer, aussi brièvement que possible, les différentes hypothèses d'ordre purement scientifique, par lesquelles les Astronomes et les Philosophes ont essayé, à diverses époques, d'expliquer le mode de formation des astres qui composent l'Univers. De ces hypothèses, les unes sont très peu connues en France ; d'autres, comme celle de Laplace, ont subi successivement, dans les expositions qui en ont été données, des modifications graves qui en altèrent la physionomie. J'essayerai de donner de chacune d'elles une idée exacte et suffisamment complète par des citations littérales. Je discuterai les objections qui ont été faites à ces diverses conceptions ; et je tàcherai de mettre en lumière l'état actuel de la Science sur ce sujet, en résumant les additions et les modifications que les travaux ultérieurs des astronomes et des géomètres ont apportées aux hypothèses primitives.

Une hypothèse cosmogonique, pour être complète et répondre au sens même du mot, devrait prendre la matière à l'état primitif où elle est sortie des mains du Créateur, avec ses propriétés et ses lois, et, par l'application des principes de la Mécanique, en faire surgir l'Univers entier tel qu'il existe aujourd'hui ; l'application ultérieure des mêmes lois devrait également nous conduire à la connaissance de l'état futur et final du monde. Il est bien entendu, d'ailleurs, que de telles vues de l'esprit s'appliquent uniquement aux astres considérés comme des corps matériels inanimés, et laissent entièrement de côté l'évolution de la vie à leur surface. Un très petit nombre d'auteurs, Swedenborg, Kant, M. J. Ennis,

M. Faye, ont essayé d'embrasser le programme complet de la Cosmogonie; le plus souvent les efforts se sont limités à la formation du système planétaire : telle est l'hypothèse de Laplace. C'est qu'en effet les deux parties dont se compose le problème général de la formation de l'Univers, formation des soleils aux dépens de la matière primitive, et formation des planètes autour de leur soleil, sont de nature très diverse et reposent sur des données scientifiques de valeur extrêmement différente. Je veux d'abord examiner ce premier point.

C'est une opinion très répandue chez les Astronomes, et qui était déjà enseignée par Anaximène et l'École Ionienne, que les astres se sont formés par la condensation progressive d'une matière primitive excessivement légère disséminée dans l'espace. Tycho Brahe regardait l'étoile nouvelle, apparue en 1572 dans Cassiopée, comme formée de la substance éthérée de la Voie lactée (*Progymnasmata*, p. 795). Kepler supposait que l'étoile de 1606 avait été engendrée par une substance éthérée, qui remplit tout l'espace (*De stella nova in pede Serpentarii*, p. 115). Il attribuait à ce même éther l'apparition d'un anneau lumineux autour de la Lune, pendant l'éclipse totale de Soleil observée à Naples en 1605. Plus tard l'existence d'une matière nébulaire, lumineuse par elle-même, était admise par Halley (*Phil. Transactions*, 1714). Mais il faut arriver à W. Herschel pour trouver établie sur des données d'observation l'existence de la matière nébulaire. C'est en 1811 que cet illustre Astronome communiqua à la Société Royale le Mémoire dans lequel il expose son hypothèse fameuse sur la transformation des nébuleuses en étoiles (*Phil. Transactions*, 1811, p. 269 et suivantes).

Quels progrès a faits, depuis 1811, cette question de la filiation des étoiles ? L'analyse spectrale nous a appris qu'il existe des nébuleuses entièrement formées de gaz ou de vapeurs lumineuses par elles-mêmes. Est-ce là la matière nébulaire primitive ? Les lignes brillantes du spectre d'une nébuleuse nous y révèlent l'existence de l'hydrogène, peut-être de l'azote et d'une autre matière inconnue. Dans les atmosphères des étoiles et du Soleil, le même procédé d'analyse nous montre les vapeurs de presque tous les métaux. Supposer qu'une étoile se forme par la condensation d'une nébuleuse, c'est donc admettre que nos métaux sont eux-mêmes formés par la condensation de l'hydrogène ou de quelque matière primitive inconnue, problème que la Chimie est encore impuissante à résoudre. L'Astronomie pourrait devancer la Chimie dans cette voie, si elle nous montrait une nébuleuse planétaire, à spectre de trois ou quatre lignes brillantes, se condensant peu à peu, et se transformant en une étoile à spectre sillonné de lignes noires et nombreuses. Mais la question de la variabilité des nébuleuses, même au point de vue de la forme, est encore un des mystères de l'Astronomie. Les données d'observation que nous possédons sur ce sujet sont trop récentes et trop peu sûres pour qu'il soit permis de rien affirmer, aujourd'hui surtout que nous savons que les premiers dessins des nébuleuses en spirale de Lord Rosse, sur lesquelles il serait le plus facile de surprendre la matière en voie de condensation, sont trop inexacts pour servir à des comparaisons utiles.

Nous n'avons assisté, depuis la découverte de l'analyse spectrale, qu'à une seule transformation d'astre ; et elle nous a montré, à l'inverse de ce que veut l'hypothèse nébulaire, *une étoile se transformant en une nébuleuse planétaire*. L'étoile temporaire du Cygne, au moment de sa découverte par J. Schmidt, le 24 novembre 1876, présentait un spectre interrompu par des lignes brillantes. Puis, peu à peu, le spectre continu et la plupart des lignes brillantes ont disparu, laissant en définitive une seule ligne brillante, qui paraissait coïncider avec la ligne verte des nébuleuses ! (*The Observatory,* vol. I, p. 185.)

Sans doute, une pareille métamorphose n'est point inconciliable avec l'hypothèse de l'origine nébulaire des étoiles et ce que nous savons de la constitution de ces astres. Mais il n'en résulte pas moins que le seul fait de transformation que nous ayons surpris dans le ciel n'est pas favorable à cette hypothèse, et que celle-ci ne repose en réalité sur aucune observation directe. Tout au plus peut-on invoquer en sa faveur, avec W. Herschel, l'existence de nébuleuses planétaires à divers degrés de condensation, et celle de nébuleuses en spirale avec nœuds de condensation sur les branches et au centre. Mais, en réalité, la connaissance du lien qui unit les nébuleuses aux étoiles nous est encore interdite ; et à défaut d'observation directe, nous ne pouvons même l'établir sur l'analogie de composition chimique.

Et si même, laissant de côté la difficulté qui naît de cette différence de nature, nous admettons que tous les matériaux de l'Univers actuel sont le résultat de la condensation d'une matière primitive unique, un fait d'observation va nous montrer que les actions qui ont produit le monde actuel sont plus complexes que ne le supposent les auteurs des systèmes cosmogoniques.

Il existe dans le ciel deux ordres de nébuleuses irrésolubles, que la lunette ne distingue par conséquent point les unes des autres, mais entre lesquelles le spectroscope révèle une différence essentielle de constitution (¹).

Les unes donnent un spectre de trois ou quatre lignes brillantes, les autres un spectre continu. Les premières sont gazeuses, les autres formées d'une matière pulvérulente. Les premières doivent constituer une véritable atmosphère : c'est parmi elles qu'il faudra ranger la nébuleuse solaire de Laplace. Les autres forment un ensemble de particules qui peuvent être considérées comme indépendantes et dont la circulation obéira aux lois de la pesanteur interne : telles sont les nébuleuses adoptées par Kant et par M. Faye. L'observation nous permet de placer l'une ou l'autre à l'origine du monde planétaire. Mais lorsque nous voulons aller plus loin et remonter jusqu'au chaos primitif qui a produit l'ensemble de tous les astres, nous avons à rendre compte de l'existence actuelle de ces deux ordres de nébuleuses. Si le chaos originel était un gaz froid, on comprendra comment la contraction résultant de l'attrac-

---

(¹) La question de la résolubilité des nébuleuses a été souvent présentée d'une manière trop affirmative et contraire aux idées exprimées par l'illustre observateur des spectres de ces astres, M. Huggins. Toute nébuleuse dont le spectre ne contient que des lignes brillantes est gazeuse et, par suite, dit-on, irrésoluble; toute nébuleuse dont le spectre est continu doit finir par se résoudre en étoiles avec un instrument suffisamment puissant. Cet énoncé est contraire à la fois aux résultats de l'observation et à la théorie spectroscopique. La nébuleuse de la Lyre, la *Dumbbell nebula*, la région centrale de la nébuleuse d'Orion, paraissent résolubles, et donnent un spectre de lignes brillantes; la nébuleuse des Chiens de chasse n'est pas résoluble et donne un spectre continu. C'est qu'en effet le spectroscope nous renseigne sur l'état physique de la matière constitutive des astres, mais non sur son mode d'agrégation. Une nébuleuse formée de globes gazeux (ou même de noyaux peu lumineux entourés d'une puissante atmosphère) donnerait un spectre de lignes et serait cependant résoluble; tel paraît être l'état de la région d'Huygens dans la nébuleuse d'Orion. Une nébuleuse formée de particules solides ou liquides incandescentes, un véritable nuage, donnera un spectre continu et sera irrésoluble.

tion a pu l'échauffer et le rendre lumineux ; il faudra expliquer la condensation de ce gaz à l'état de particules incandescentes dont le spectroscope nous révèle l'existence dans certaines nébuleuses. Si le chaos était formé de telles particules, comment certaines portions ont-elles passé à l'état gazeux, tandis que d'autres conservaient leur état primitif ?

La première partie du problème cosmogonique, quelle est la matière primitive du chaos et comment a-t-elle donné naissance aux étoiles et au Soleil, reste donc, aujourd'hui encore, dans le domaine du roman et de l'imagination pure.

Il n'en est pas de même de la seconde partie du problème cosmogonique, qui a trait à la formation du système planétaire. Ici l'unité d'origine de l'astre central et de ses satellites repose sur des faits incontestables. C'est d'abord l'identité de la matière constitutive du Soleil et des planètes, prouvée d'une part par l'existence de la gravitation entre ces astres, de l'autre démontrée par l'analyse spectrale pour le Soleil et pour la Terre, c'est-à-dire pour une planète intermédiaire, et étendue par suite aux autres planètes avec une très grande probabilité. C'est en second lieu la coïncidence des plans des orbites avec le plan de rotation du Soleil, et l'identité du sens des mouvements de rotation et de révolution de tous les corps du système. « Si l'on remarque, dit Kant dans son ouvrage intitulé : *Allgemeine Naturgeschichte und Theorie des Himmels* (Königsberg und Leipzig, 1755) (¹), que les six planètes et leurs neuf satellites, qui circulent autour du Soleil comme centre, se meuvent tous dans un même sens, et dans le sens même de la rotation du Soleil, qui dirige tous ces mouvements par la force de l'attraction ; que leurs orbites ne s'éloignent pas beaucoup d'un plan commun, qui est le plan de l'équateur solaire prolongé ; on est forcé de croire qu'une même cause, quelle qu'elle soit, a exercé une même influence à travers toute l'étendue du système et que l'accord dans la direction et la position des orbites des planètes est une conséquence de la relation qu'elles ont dû toutes avoir avec les

---

(¹) La première édition de cet Ouvrage de la jeunesse de Kant parut d'abord en 1755, sans nom d'auteur, en un volume de 200 pages chez Joh. Frd. Petersen à Leipzig. Il était dédié à Frédéric le Grand. Plus tard il a formé le tome VI de l'édition des *Œuvres de Kant,* par Rosenkranz et Schubert. C'est de cette édition que je tire les citations de Kant.

causes matérielles qui les ont mises en mouvement. » (*Loc. cit.*, p. 93.) Laplace exprime le même sentiment sur l'identité des mouvements du Soleil et des planètes, et aussi sur l'égalité des moyens mouvements de rotation et de révolution des satellites de la Terre et de Jupiter : « Des phénomènes aussi extraordinaires ne sont point dus à des causes irrégulières. En soumettant au calcul leur probabilité, on trouve qu'il y a plus de deux cent mille milliards à parier contre un, qu'ils ne sont point l'effet du hasard, ce qui forme une probabilité bien supérieure à celle de la plupart des événements historiques dont nous ne doutons point. Nous devons donc croire, au moins avec la même confiance, qu'une cause primitive a dirigé les mouvements planétaires. » (*Exposition du Système du monde*, t. II, p. 509, 6ᵉ édition, 1836.) Lorsqu'il écrivait ces lignes, Laplace ne connaissait autour du Soleil que sept grandes planètes, quatre planètes télescopiques et dix-huit satellites. Aujourd'hui, le nombre des corps de notre système qui satisfont à la loi d'identité des sens des mouvements est de deux cent cinquante-six.

Le problème de l'origine du système solaire se pose donc en termes très nets : expliquer comment une même matière a pu, en obéissant aux lois de Newton, donner naissance à des corps, soleil, planètes et satellites, soumis aux conditions d'identité des mouvements qui viennent d'être indiquées.

La question a été attaquée par deux voies très différentes. Kant et Laplace supposent qu'à l'origine, toute la matière qui constitue actuellement les astres du système était répandue dans tout l'espace que comprend ce système et même au delà, constituant ainsi une nébuleuse de densité extrêmement faible, dont la condensation a donné naissance, successivement et par un mécanisme qu'il reste à expliquer, aux divers corps du système. C'est l'hypothèse nébulaire, très différemment traitée d'ailleurs, comme nous le verrons, par Laplace et par Kant.

Avant Laplace, Buffon, frappé comme·lui de cette remarquable identité des mouvements des planètes et « voulant s'abstenir d'avoir recours, dans l'explication des phénomènes, aux causes qui sont hors de la nature », fit naître les planètes et leurs satellites du globe même du Soleil, auquel une puissante comète aurait arraché, par un choc oblique, la quantité de matière nécessaire à leur formation. Je ne m'arrêterai pas à cette hypothèse, dont Laplace a fait justice dans la Note VII de son *Exposition du Système du monde*. Plus récemment, un mathématicien anglais, M. G. Darwin, a présenté à la Société royale une série de Mémoires sur les marées produites dans un corps visqueux par l'action d'un ou plusieurs corps extérieurs. Une des conséquences de ses recherches le conduit à émettre l'hypothèse qu'une planète peut donner naissance à un satellite par la séparation d'une portion de la protubérance équatoriale, satellite qui s'éloignerait ensuite progressivement de la planète mère, à mesure du ralentissement de la rotation, dû à la réaction des marées, et finirait par atteindre une position d'équilibre. Bien que cette conception ne paraisse pas pouvoir être étendue à l'explication de l'origine des planètes elles-mêmes, elle peut jouer un rôle important dans les développements d'une hypothèse cosmogonique plus générale, parce qu'elle peut être appelée à expliquer certaines anomalies qui, dans la réalité, troublent l'harmonie générale des mouvements sur laquelle repose toute hypothèse.

En effet, il ne faut pas oublier que les orbites de certaines planètes, comme Mercure, Pallas, ont des inclinaisons très fortes sur le plan de l'équateur solaire; que les équateurs de plusieurs grosses planètes font des angles souvent considérables avec les plans des orbites; qu'enfin certains satellites ont leurs orbites très fortement inclinées sur le plan de l'orbite de la planète. Il semble impossible qu'une même cause originelle, agissant dans sa simplicité primitive, puisse rendre compte de ces anomalies : le système planétaire, né suivant une hypothèse quelconque, présente forcément à l'origine une harmonie de mouvements presque parfaite. C'est par l'action de perturbations ultérieures qu'on pourra expliquer les déviations réelles; et le développement d'une hypothèse ne sera complet que lorsqu'elle sera arrivée à rendre compte de ces anomalies d'une manière mathématique, ou tout au moins à en montrer la possibilité. Mais, en attendant ce couronnement final, il ne me paraîtrait pas sage de faire de ces cas exceptionnels une objection renversante contre une hypothèse, attendu que toutes y sont nécessairement sujettes.

CHAPITRE I.

HYPOTHÈSE DE KANT.

———

Les conceptions de l'illustre Philosophe allemand sur la constitution et le mode de formation de l'Univers ont été exposées dans l'Ouvrage publié en 1755 à Kœnigsberg et à Leipzig, sous le titre : *Allgemeine Naturgeschichte und Theorie des Himmels.* Il est divisé en deux Parties. La première Partie traite de la constitution du monde stellaire et en particulier de la voie lactée. Kant y reproduit les idées déjà développées sur ce sujet par Thomas Wright, dans son Livre *An original Theory of the Universe* (Londres, 1750).

La deuxième Partie traite de l'origine du monde planétaire en particulier et des causes de ses mouvements : c'est la seule dont nous ayons à nous occuper ici.

Le principe de l'hypothèse de Kant est renfermé dans l'énoncé suivant : « Dans l'organisation actuelle de l'espace dans lequel circulent les sphères du monde planétaire, il n'existe aucune cause matérielle qui en puisse produire ou diriger les mouvements. Cet espace est complètement vide, ou du moins il est comme s'il était vide. Il faut donc qu'il ait été jadis autrement constitué et rempli d'une matière capable de produire les mouvements de tous les corps qui s'y trouvent et de les rendre concordants avec le sien propre, par suite concordants les uns avec les autres; après quoi l'attraction a nettoyé cet espace et a rassemblé la matière en des masses isolées; les planètes doivent donc désormais, en vertu du mouvement primitif, continuer librement leur mouvement dans un espace sans résistance. » (P. 95.)

» Je suppose donc que tous les matériaux dont se composent les sphères de notre système solaire, les planètes et les comètes, décomposés à l'origine des choses en leurs éléments primitifs, ont rempli alors l'espace entier dans lequel circulent aujourd'hui ces astres. Cet état de la nature, lorsqu'on le considère en soi et en dehors de tout système, me paraît être le plus simple qui ait pu succéder au néant. A cette époque, rien n'avait encore pris une forme. La formation de corps célestes isolés... constitue un état postérieur. » (P. 95.)

Pour tirer du chaos primitif cet état postérieur, Kant ne fait intervenir que deux forces, l'attraction newtonienne, et une force répulsive sensible seulement à distance très petite, et qui agit surtout quand la matière est réduite à un état de division extrême. « Dans un espace ainsi rempli, le repos ne dure qu'un instant. Les éléments possèdent par essence les forces qui peuvent les mettre en mouvement et qui deviennent pour eux sources de vie. La matière est par suite en effort constant pour se façonner. Les éléments disséminés d'espèce plus dense attirent à eux toute la matière plus légère qui les environne. Eux-mêmes, avec les matériaux qu'ils ont déjà ramassés, se réunissent dans les points où existent des particules d'espèce plus dense encore, et ainsi de suite... La conséquence de ce travail sera la formation de diverses masses qui, une fois créées, resteraient éternellement en repos, équilibrées par l'égalité de leurs attractions mutuelles. » (P. 97.)

Ces divers amas paraissent destinés à former les étoiles ou centres de premier ordre dans l'univers entier. Kant les déclare immobiles, et en effet, en supposant la matière primitive en repos absolu, il serait impuissant à expliquer comment elles pourraient circuler les unes autour des autres sans se réunir en une masse unique.

Un autre oubli des principes de la Mécanique permet ensuite à Kant de concevoir comment une de ces masses peut se mettre en rotation *par elle-même en vertu d'actions intérieures.* Dans cette masse primitive à centre plus dense, les particules éloignées tendent à tomber vers le centre ; mais, dans leur chute, elles subissent des déviations latérales par suite des répulsions qu'elles exercent les unes sur les autres. De là des mouvements tourbillonnaires qui se croisent dans tous les sens et sous toutes les inclinaisons. Mais les chocs qui résultent de ces croisements finissent par ne plus laisser subsister que des mouvements circulaires, parallèles et de même sens. Une portion de la matière se trouve ainsi animée d'un mouvement de rotation, dans lequel chaque particule « se maintient à distance constante du centre par l'équilibre de la force centrifuge et de la force de chute ». Mais la plus grande partie de la matière primitive, réduite au repos par les chocs, tombe directement vers le centre où se forme une condensation prépondérante : c'est le Soleil, « bien qu'il n'ait pas encore l'éclat flamboyant qui se produira sur sa surface après sa complète formation. » Tout autour une masse relativement moindre, formée de *particules indépendantes* qui tournent dans des orbites circulaires suivant la troisième loi de Kepler. Par l'effet de la force centrifuge, cette masse s'aplatit de plus en plus, et le plan de rotation de cet ellipsoïde coïncide avec le plan équatorial de la condensation solaire.

Kant suppose ensuite que la même cause qui, dans le sein du chaos primitif, a produit le Soleil, continue à agir dans le sphéroïde tournant; et qu'ainsi se forment, autour de centres d'attraction déterminés, des condensations de matière qui donneront naissance aux planètes. « Mais l'origine des planètes en formation ne doit pas être attribuée uniquement à l'attraction newtonienne; elle agirait trop lentement et trop faiblement, autour d'une particule de si extraordinaire petitesse. Il vaut mieux dire que la première formation s'est produite par la réunion de plusieurs éléments, obéissant aux lois de la combinaison jusqu'à ce que les noyaux ainsi formés soient devenus assez gros et l'attraction newtonienne assez puissante pour continuer à les accroître par son action à distance. » (P. 101, en note.)

Ces noyaux planétaires doivent tourner dans des orbites presque circulaires autour du Soleil et dans le même sens dans lequel celui-ci tourne, car « les planètes sont formées de particules, qui, à la distance du Soleil où elles se meuvent, ont des mouvements exactement circulaires; les masses résultant de leur réunion continuent donc les mêmes mouvements, avec la même vitesse et dans le même sens » (p. 102). L'excentricité des orbites vient de ce que les particules, dont la réunion forme une planète, possèdent en réalité des vitesses linéaires différentes. La vitesse tangentielle du corps engendré par ces particules doit en conséquence être différente de celle qui, à la distance du Soleil où se trouve la planète, produirait le mouvement circulaire.

La variété d'inclinaison des orbites provient de ce que le noyau primitif de la planète peut naître accidentellement en un point quelconque du sphéroïde nébuleux et en dehors du plan de son équateur.

La masse et la densité des planètes dépendent essentiellement de leurs distances au Soleil. En effet, d'une part, la densité de la nébuleuse va en croissant du pourtour vers le centre : les planètes extérieures ont donc été formées d'une matière moins dense que les intérieures; mais, d'autre part, la sphère dans laquelle chacune d'elles a pu exercer son attraction et s'emparer de la matière pour augmenter sa masse est d'autant plus grande que le noyau primitif était plus loin du Soleil : les planètes éloignées ont donc plus de masse que les planètes voisines du Soleil. Et Kant fait remarquer que les actions réciproques des planètes ont dû intervenir aussi pour modifier l'étendue de la sphère d'attraction. Ainsi Mars, plus éloigné du Soleil que la Terre, devrait avoir une masse plus grande; mais la présence de Jupiter a singulièrement diminué sa sphère d'action, et il n'a pu acquérir qu'une masse relativement faible. Kant est disposé à admettre une semblable action de Jupiter sur la masse de Saturne. Enfin la petitesse exceptionnelle de Mercure doit être attribuée, non seulement au voisinage du Soleil, mais aussi à celui de Vénus.

Ici se place une très curieuse remarque par laquelle Kant croit pouvoir établir la certitude formelle de son hypothèse. S'il est vrai que le Soleil et les planètes soient formés des mêmes éléments, mélangés dans le Soleil, distribués par ordre de densité dans les diverses planètes, la densité moyenne de celles-ci doit coïncider avec celle du Soleil. Or, adoptant les nombres de Buffon, Kant trouve pour rapport de ces densités celui de 64 à 65; avec les données actuelles, la densité moyenne des planètes est 0,20, celle du Soleil 0,25. Vérification fort singulière de l'hypothèse hardie par laquelle, pour la première fois et sans le secours des méthodes plus récentes d'observation, Kant avait osé affirmer l'identité de constitution du Soleil et des planètes!

« La tendance d'une planète à se former aux dépens des particules matérielles qui environnent son noyau est à la fois la cause de sa rotation axiale et celle de la création des satellites qui doivent tourner autour d'elle. Ce que le Soleil est en grand avec les planètes, une planète l'est en plus petit dans sa sphère d'attraction : elle devient le centre d'un système dont les parties sont mises en mouvement par l'attraction du corps central » (p. 122). La différence des vitesses linéaires que possèdent les particules dont la réunion engendre la nébuleuse planétaire est donc pour Kant la cause de sa rotation et par suite du mouvement des satellites. Mais, en vertu du mode de rotation qu'il a assigné à la nébuleuse solaire, les particules plus éloignées du Soleil ont des vitesses linéaires moindres que celles des particules plus rapprochées ; d'où semblerait devoir résulter un mouvement de rotation de la planète et un mouvement de révolution de ses satellites, contraires aux mouvements réels. Il y a là dans la conception du grand philosophe une difficulté qu'il cherche à lever en faisant intervenir des particules plus voisines du Soleil, animées par conséquent d'une vitesse plus grande, qui, attirées de loin par la planète, commenceraient par s'élever au-dessus d'elle suivant une orbite très allongée et retomberaient ensuite en communiquant au satellite en voie de formation un excès de vitesse de l'ouest à l'est. Mais j'avoue n'avoir pu saisir, malgré mes efforts, le sens précis de l'explication de Kant ; et M. Zöllner, grand admirateur et ardent défenseur de Kant contre Laplace, ne paraît pas avoir été plus heureux ; car il admet nettement, dans le Chapitre de ses *Photometrische Untersuchungen*, qu'il consacre à l'exposition du système de Kant, que la rotation des planètes et le mouvement des satellites devraient être rétrogrades, et que l'explication de Kant est « *unklar und auch unrichtig* » ([1]).

Il suivrait encore de la théorie que les grosses planètes et les plus éloignées du Soleil pourraient seules avoir des satellites. La découverte des satellites de Mars est en contradiction avec cette conclusion.

Les comètes, d'après les idées de Kant, appartiennent au système solaire et ont la même origine que les planètes. Elles se distinguent de celles-ci, au point de vue astronomique, par l'excentricité et l'inclinaison de leurs orbites. Or les orbites, selon Kant, doivent se rapprocher d'autant plus de la forme circulaire, qu'elles sont de plus petit rayon, s'en éloigner d'autant plus que l'astre est plus loin du Soleil. C'est pourquoi Saturne, la plus éloignée des planètes connues de son temps, suit une orbite plus excentrique que celles de Jupiter, de la Terre et de Vénus. Si Mars et Mercure font exception à cette règle, cela tient, pour le

---

([1]) Zöllner, *Photometrische Untersuchungen*, Leipzig, 1865, p. 224.

premier, à l'action perturbatrice de Jupiter; et pour le second,
à la résistance offerte à son mouvement par la matière environnant
le Soleil, résistance qui a dû diminuer sa vitesse linéaire de translation. S'il existe, comme il est probable, des planètes au delà
de Saturne, leurs orbites devront être fortement excentriques
(p. 114). Il est vrai que la découverte d'Uranus et de Neptune
n'a nullement vérifié cette prédiction de Kant.

Quoi qu'il en soit, pour lui, les comètes se sont formées de la
même manière que les planètes, mais à de grandes distances du
Soleil, dans des régions où la faiblesse de l'attraction centrale et
la rareté du milieu permettaient des mouvements très excentriques,
et dans des plans fortement inclinés sur l'équateur solaire. Ces
mouvements doivent être en général directs. Kant essaye bien de
montrer comment ils pourraient être rétrogrades; mais il tend bien
plutôt à regarder de pareils mouvements, reconnus à son époque
pour dix-neuf comètes seulement, comme des exceptions et parfois
même des illusions d'optique (p. 119).

Les comètes, ainsi créées dans les régions les plus extérieures de
la nébuleuse, sont formées d'une matière d'une ténuité extrême.
C'est la volatilité de cette matière qui produit la chevelure et la
queue de ces astres. Kant assimile cette formation au phénomène
de l'aurore boréale : les vapeurs les plus légères° de la Terre,
chassées des régions équatoriales par la chaleur solaire, se rassemblent au-dessus des régions froides des pôles, y produisent les
aurores, et donneraient à la Terre l'aspect d'un astre chevelu,
si elles y étaient aussi abondantes que sur les comètes.

Le Chapitre V, consacré à la formation de l'anneau de Saturne,
offre un très grand intérêt par l'originalité et la hardiesse des idées
que Kant émet sur la nature et l'origine de ce mystérieux ornement
et sa liaison avec la rotation de la planète.

Saturne, la plus éloignée des planètes, était à l'origine un astre
analogue aux comètes; il décrivait une orbite très excentrique et,
au voisinage du Soleil, il avait acquis une haute température, qui
l'avait enveloppé d'une vaste atmosphère semblable à la chevelure
de ces astres. Peu à peu, son orbite s'est rapprochée de la forme
circulaire, tout en conservant des traces de son excentricité primitive; la planète s'est refroidie, et c'est pendant cette période qu'a
eu lieu la transformation de son atmosphère en un anneau.

Cette transformation est une conséquence de la rotation de
Saturne. « Les vapeurs qui s'élevaient de la surface de Saturne
conservaient leur mouvement propre et continuaient à circuler
librement, à la hauteur où elles étaient montées, avec la vitesse
qu'elles avaient acquise comme parties intégrantes de sa surface
dans leur rotation autour de son axe. Les particules qui s'élevaient
au voisinage de l'équateur de la planète devaient posséder les
mouvements les plus rapides ; les autres, des mouvements d'autant
plus lents que la latitude des points d'où elles étaient parties était
plus élevée. Le rapport des densités réglait les hauteurs auxquelles
s'élevaient ces particules. Mais seules ces particules pouvaient se
maintenir en mouvement circulaire libre et constant, qui étaient
soumises, en raison de leur distance à l'axe, à une attraction
capable d'équilibrer la force centrifuge résultant de leur rotation
autour de l'axe. Les autres, pour lesquelles ce rapport exact n'existait pas, ou s'éloignaient de la planète en vertu de leur excès de
vitesse, ou retombaient sur elle si leur vitesse se trouvait en
défaut. Les particules, disséminées dans toute l'étendue de la
sphère de vapeur, devaient dans leur révolution, en vertu de la loi
des forces centrales, venir couper dans un sens ou dans l'autre le
plan de l'équateur prolongé de la planète, et, se rencontrant dans
ce plan en venant de l'un ou l'autre hémisphère, elles s'y arrêtaient
réciproquement et s'y accumulaient. Et comme je suppose que ces
vapeurs étaient les dernières qu'émettait la planète pendant son
refroidissement, toute la matière vaporeuse a dû se réunir dans
un espace resserré au voisinage de ce plan, et laisser vides les
espaces situés de part et d'autre. Après cette transformation, toute
cette matière continue à se mouvoir librement dans des orbites
circulaires concentriques. C'est ainsi que l'atmosphère vaporeuse
échange sa forme première de sphère pleine contre celle d'un disque
plat qui coïncide avec l'équateur de Saturne. Puis ce disque, sous
l'action des mêmes causes mécaniques, prend enfin la forme d'un
anneau. Le bord externe de cet anneau est déterminé par la puissance de l'action des rayons solaires, sous l'influence de laquelle les
molécules gazeuses se sont disséminées en s'éloignant du centre de
la planète, exactement comme elle agit sur les comètes et détermine
la limite extérieure de leur atmosphère. Le bord intérieur de l'anneau en formation est déterminé par la grandeur de la vitesse équa-

toriale de la planète. C'est en effet à la distance de son centre où cette vitesse fait équilibre à l'attraction que se trouve le point le plus rapproché, où des particules parties de sa surface peuvent décrire des cercles en vertu de la vitesse propre dont les a douées la rotation. Les particules plus rapprochées, qui auraient besoin pour un tel mouvement d'une vitesse propre plus grande que celle que possède et peut leur communiquer l'équateur même de la planète, décrivent des orbites excentriques, qui se croisent les unes les autres et détruisent réciproquement leurs mouvements, si bien que finalement elles retombent sur la planète d'où elles étaient parties. » [P. 132 à 134 (¹).]

D'après le mode de formation de cet anneau, il existe un rapport facile à trouver entre sa période de révolution et la durée de rotation de Saturne : car les particules dont il est formé ont conservé, en s'élevant, la vitesse linéaire dont elles étaient animées lorsqu'elles reposaient le long de l'équateur de la planète. Si donc on peut déterminer la période de l'anneau, on en déduira la rotation de Saturne, qui était encore inconnue à l'époque de Kant. C'est le problème que résout notre auteur de la manière suivante. Les particules de l'anneau circulent autour de la planète suivant les lois de Kepler exactement comme les satellites ; c'est ce que J.-D. Cassini avait déjà énoncé. Il suit de là que les vitesses dans l'orbite sont entre elles en raison inverse des racines carrées des distances au centre

---

(¹) M. Faye a annoncé dernièrement à l'Académie (*Comptes rendus*, 21 avril 1884, p. 949) que Kant avait formulé le premier, en 1755, dans sa théorie de l'anneau de Saturne, le théorème suivant sur les atmosphères des corps célestes, généralement attribué à Laplace : « Lorsqu'un corps céleste est animé d'un mouvement de rotation, son atmosphère ne saurait dépasser une certaine limite sans cesser aussitôt d'appartenir à ce corps. Cette limite, dans le plan de l'équateur de la planète, est celle où la force centrifuge fait équilibre à la pesanteur. » J'avoue qu'il m'est impossible de partager l'opinion de M. Faye. Ni dans le Mémoire spécial de Kant sur la théorie du ciel, ni dans la partie cosmogonique des preuves de l'existence de Dieu, je n'ai pu trouver l'énoncé du théorème sur la limite des atmosphères. La limite extérieure des comètes, comme celle de l'anneau de Saturne, est la hauteur à laquelle la chaleur solaire a fait monter la vapeur ; quant à la limite intérieure de l'anneau, elle est bien définie par l'égalité de la force centrifuge et de l'attraction ; mais c'est la condition du mouvement circulaire et rien de plus. Les auteurs allemands les plus admirateurs du philosophe de Kœnigsberg, Zöllner, Meydenbauer, Grœtschel n'ont jamais non plus réclamé pour lui la paternité du théorème de Laplace.

de la planète. En employant les données de Cassini relatives au premier satellite et au rayon intérieur de l'anneau, Kant trouve pour ce bord intérieur une durée de révolution d'environ 10^h; d'où il conclut pour la rotation de Saturne une durée de $6^h 13^m 53^s$. Avec les données actuelles, on trouverait 5^h et quelques minutes (Zöllner), presque exactement la moitié de la durée de rotation réelle. Un pareil désaccord refroidit singulièrement l'admiration que certains auteurs allemands voudraient nous faire partager au sujet de la théorie de l'anneau de Saturne.

On ne peut en revanche refuser à Kant l'honneur d'avoir indiqué le moyen de calculer l'aplatissement de Saturne et d'avoir annoncé que l'anneau de cette planète devait se composer de zones concentriques, séparées les unes des autres par des intervalles vides, à une époque où l'existence même de la grande division de Cassini lui était entièrement inconnue.

Kant aborde enfin la question très intéressante de savoir pourquoi, parmi les planètes, Saturne seul possède un anneau. La réponse est aisée si l'on se reporte au mode théorique de formation de cet anneau. Soient g la pesanteur à la surface de la planète, r le rayon équatorial de celle-ci; l'attraction exercée à une distance R sera $g \dfrac{r^2}{R^2}$. Si une particule s'élève de l'équateur, où elle possède la vitesse v, à cette distance R, en conservant inaltérée sa vitesse primitive, la force centrifuge développée par la rotation deviendra $\dfrac{v^2}{R}$. Pour que la particule s'arrête à la distance choisie R et décrive un cercle autour du centre de la planète, il faut que

$$ g \frac{r^2}{R^2} = \frac{v^2}{R} \quad \text{ou que} \quad \frac{R}{r} = g \frac{r}{v^2}, $$

c'est-à-dire que la distance R est au rayon de la planète comme la pesanteur à la surface est à la force centrifuge à l'équateur. D'après cela, Kant calcule que la distance R, ou le rayon intérieur de l'anneau, serait pour Jupiter 10 fois et pour la Terre 289 fois le rayon de la planète : or, dit-il, la matière de la planète aurait de la peine à s'élever à de pareilles hauteurs ([1]).

([1]) A la fin du cinquième Chapitre, Kant revient sur cette idée de l'existence d'un anneau autour de la Terre, et se laissant aller à son imagination, il entrevoit dans la rupture de cet anneau la cause du déluge mosaïque. Je crois être agréable au

Kant termine l'exposition de son système cosmogonique par quelques considérations sur la nature de la lumière zodiacale : « Le Soleil est entouré d'une matière subtile et vaporeuse, qui s'étend assez loin dans le plan de son équateur sous une faible épaisseur, sans qu'on puisse affirmer si, comme le suppose de Mairan, elle a la forme d'une lentille en contact avec le Soleil, ou si elle en est séparée de toute part comme l'anneau de Saturne. Quoi qu'il en soit de ce dernier point, la vraisemblance est que ce phénomène est comparable à l'anneau de Saturne, et qu'on peut lui attribuer une origine semblable. » (p. 148.)

Il n'est pas sans intérêt de connaître l'opinion que se faisait Kant de l'origine de la chaleur solaire : « Puisque le Soleil aujour-d'hui et, d'une manière générale, les soleils sont des sphères

---

lecteur en mettant sous ses yeux cette page fort curieuse de l'œuvre de Kant : « Ne pourrait-on pas, dit-il, se figurer que la Terre, aussi bien que Saturne, a autrefois possédé un anneau?... Quelles ne seraient pas les conséquences à faire sortir d'une pareille idée : un anneau autour de la Terre! Quel magnifique spectacle pour les êtres créés en vue d'habiter la Terre comme un paradis; quelle foule d'avantages pour ces heureuses créatures, à qui la Nature souriait de toutes parts! Mais ceci n'est rien encore auprès de la confirmation qu'une telle hypothèse peut emprunter au témoignage de l'histoire de la Création, confirmation qui ne peut être de peu de poids pour enlever le suffrage des esprits qui ne croient pas dégrader la Révé-lation, mais bien plutôt lui rendre hommage, lorsqu'ils la font servir à donner une forme aux divagations même de leur imagination. L'eau du firmament, dont parle le récit de Moïse, n'a pas peu embarrassé les commentateurs. Ne pourrait-on faire servir l'existence de l'anneau de la Terre à écarter cette difficulté? Cet anneau était sans aucun doute formé de vapeur d'eau; qui empêcherait, après l'avoir em-ployé à l'ornement des premiers âges de la création, de le briser à un moment déterminé, pour châtier par un déluge le monde qui s'était rendu indigne d'un si beau spectacle? Qu'une comète, par son attraction, ait apporté le trouble dans la régu-larité des mouvements de ses parties; ou que le refroidissement de l'espace ait condensé ses particules vaporeuses et les ait, par le plus effroyable des cataclysmes, précipitées sur la Terre; on voit aisément les conséquences de la rupture de l'an-neau. Le monde entier se trouva sous l'eau, et dans les vapeurs étrangères et subtiles de cette pluie surnaturelle, il suça ce poison lent, qui raccourcit dès lors la vie de toutes les créatures. En même temps, la figure de cet arc lumineux et pâle avait disparu de l'horizon; et le monde nouveau, qui ne pouvait se rappeler le souvenir de son apparition, sans ressentir l'effroi de ce terrible instrument de la vengeance céleste, vit peut-être avec non moins de terreur dans la première pluie, cet arc coloré qui, par sa forme, semblait reproduire le premier, et qui pourtant, d'après la promesse du Ciel réconcilié, devait être un signe de pardon et un monument d'assurance de conservation pour la Terre renouvelée. »

enflammées, la première propriété de leur surface qu'il faut en déduire, c'est qu'il doit y exister de l'air; car le feu ne brûle pas sans air. Cette condition donne lieu à des conséquences remarquables; car, si l'on considère d'abord l'atmosphère du Soleil et son poids relativement à la masse du Soleil, dans quel état de compression ne doit pas se trouver cet air, et quelle puissance ne doit-il pas avoir pour entretenir par sa force élastique un feu aussi violent que celui du Soleil! Dans cette atmosphère s'élèvent aussi, suivant toute vraisemblance, des nuages de fumée provenant des matériaux détruits par la flamme; ces nuages sont formés sans aucun doute d'un mélange de parties grossières et légères, qui, après qu'elles se sont élevées à une hauteur où elles rencontrent un air plus froid, se précipitent en pluies de poix et de soufre, et ramènent à la flamme un nouvel aliment. Cette atmosphère, pour les mêmes causes que sur notre Terre, n'est pas exempte du mouvement des vents, qui dépassent probablement en violence tout ce que peut supposer l'imagination. Lorsqu'en un lieu quelconque de la surface solaire, l'expansion de la flamme vient à décroître, étouffée par les vapeurs qui se dégagent, ou par suite d'un afflux moins abondant de matière combustible; l'air qui se trouve au-dessus de ce lieu se refroidit et, par sa contraction, permet à l'air environnant de se précipiter dans cet espace avec une force proportionnée à l'excès de sa force élastique et d'y attiser la flamme qui s'éteignait. » (p. 174.)

Certains auteurs allemands veulent voir, dans ce passage de Kant, l'explication des taches solaires, la prédiction de l'existence des protubérances, etc. Il est certain que ces idées sur la constitution du Soleil sont moins bizarres et plus conformes aux principes de la Science que celles qui furent adoptées plus tard par de grands esprits comme Herschel et Arago.

Tels sont les caractères principaux de la célèbre hypothèse de Kant, trop peu connue en France et dont Laplace ne soupçonnait même pas l'existence, lorsqu'il produisit la sienne quarante ans plus tard. Ces deux conceptions ont un point de départ commun : toutes deux font naître le système planétaire d'une nébuleuse primitive, dont le mouvement commande celui des planètes et lui donne cette uniformité si remarquable qui démontre la communauté d'origine de ces astres. Il est de toute justice de reconnaître au Philosophe allemand la gloire d'avoir le premier énoncé cette idée grandiose. Mais il n'existe entre les deux hypothèses aucun autre point commun ; la nébuleuse de Kant diffère entièrement, par ses propriétés et son mouvement, de la nébuleuse de Laplace ; et les conceptions de Kant sont trop souvent en contradiction formelle avec les principes de la Mécanique.

Kant suppose le chaos universel primitif se divisant, par l'effet de l'attraction, en un grand nombre d'amas isolés, germes des étoiles futures, qui restent en repos par l'équilibre de leurs actions mutuelles. Un pareil système d'amas dénués de vitesse initiale se rassemblerait forcément en une masse unique.

Dans chaque nébuleuse isolée, les actions intérieures sont tenues pour suffisantes à produire un mouvement de rotation régulier de l'ensemble. Cette conclusion est absolument contraire aux lois de la Mécanique : les mouvements actuels de révolution et de rotation du Soleil et des planètes ne peuvent être que les équivalents, sans augmentation ni diminution, du mouvement de rotation communiqué à l'origine à la nébuleuse par une cause extérieure.

Cette nébuleuse est formée d'une condensation centrale, autour de laquelle des particules, indépendantes les unes des autres, une sorte de matière pulvérulente, circulent dans des orbites isolées suivant les lois de Kepler. Nous allons voir que la nébuleuse de Laplace est une véritable atmosphère, formée d'un gaz élastique, dont la masse entière tourne avec la même vitesse angulaire que la condensation centrale, en vertu d'un mouvement originel, dont la cause, non indiquée, est en dehors de la nébuleuse elle-même.

Les planètes, formées suivant les idées de Kant, paraissent devoir être animées d'un mouvement de rotation rétrograde, et les mouvements des satellites seraient également rétrogrades.

Ces remarques suffisent à montrer que l'hypothèse de Kant, très remarquable pour l'époque où elle fut imaginée, ne conserve en réalité aujourd'hui qu'un intérêt purement historique.

CHAPITRE II.

HYPOTHÈSE DE LAPLACE.

————

Les premiers linéaments de l'hypothèse de Laplace se trouvent dans la première édition, parue en l'an IV (1796), de son *Exposition du Système du Monde*, p. 301 et suivantes. Elle se complète dans la troisième édition (1808) par l'addition d'un paragraphe (p. 392) sur la formation des planètes par la rupture des anneaux. Mais c'est seulement dans les éditions suivantes que l'exposé complet de la théorie de Laplace devient le sujet de la note VII qui termine l'ouvrage. Cette hypothèse n'est donc pas l'œuvre d'un instant, c'est le fruit de longues et patientes méditations ; et, bien que lui-même « la présente avec la défiance que doit inspirer tout ce qui n'est point un résultat de l'observation ou du calcul » (p. 510), nous devons examiner la conception de Laplace avec tout le respect que mérite la pensée longuement réfléchie d'un si grand géomètre. Si des objections se présentent, nous devrons penser qu'elles n'avaient pas échappé à sa critique, et, en effet, j'aurai occasion de montrer qu'il a par avance répondu à presque toutes celles qui ont été formulées. En même temps, il faut s'attacher à ne pas prêter à Laplace, comme l'ont fait trop souvent les auteurs des Traités d'Astronomie, des idées qu'il n'a point émises. Je suivrai dans mon analyse le texte de la sixième édition de l'*Exposition du Système du Monde*, publiée en 1836 (in-8°, chez Bachelier), neuf ans après la mort de Laplace.

L'idée mère du système de Laplace, c'est que « l'atmosphère du Soleil s'est primitivement étendue au delà des orbes de toutes les planètes, et qu'elle s'est resserrée successivement jusqu'à ses limites actuelles » (p. 550), en abandonnant la matière qui a formé les planètes. Quel était alors l'état du Soleil ? C'est un point qu'il importe de fixer. A l'origine, il est parfaitement exact de dire avec M. Faye (*Comptes rendus*, t. XC, p. 569) que, dans l'idée de Laplace, le Soleil est, sauf l'incandescence, un globe comme le nôtre, solide ou liquide, entouré d'une atmosphère.

Mais, si telle était la conception de Laplace en 1796, certainement elle s'était bien modifiée à la fin de sa vie : « Dans l'état primitif où nous supposons le Soleil, il ressemblait aux nébuleuses que le télescope nous montre composées d'un noyau plus ou moins brillant, entouré d'une nébulosité qui, en se condensant à la surface du noyau, le transforme en étoile. Si l'on conçoit, par analogie, toutes les étoiles formées de cette manière, on peut imaginer leur état antérieur de nébulosité, précédé lui-même par d'autres états dans lesquels la matière nébuleuse était de plus en plus diffuse, le noyau étant de moins en moins lumineux. On arrive ainsi, en remontant aussi loin qu'il est possible, à une nébulosité tellement diffuse, que l'on pourrait à peine en soupçonner l'existence. » (p. 550.)

Laplace a donc franchement adopté l'idée herschélienne de la condensation des nébuleuses planétaires. Pour lui, le Soleil primitif n'est pas simplement une *étoile nébuleuse;* c'est une nébuleuse à condensation centrale. Mais le système planétaire ne commence à se former, nous le verrons, que lorsque cette condensation est déjà très prononcée et forme un véritable noyau.

Cette nébuleuse diffère d'ailleurs essentiellement de celle que Kant a aussi placée à la base de son système. La nébuleuse de Kant est formée de particules indépendantes, qui, primitivement en repos, se mettent à circuler autour du centre, chacune avec sa vitesse propre déterminée par la loi des aires. La nébuleuse de Laplace est une *atmosphère* formée d'un gaz élastique, dont toutes les couches sont animées d'une même vitesse angulaire de rotation, et qui est soumise à toutes les lois posées par Laplace dans son étude des atmosphères : elle a une limite, qui est le point où la force centrifuge due à son mouvement de rotation balance la pesanteur; elle a la forme d'un ellipsoïde dont l'aplatissement ne peut dépasser $\frac{1}{3}$.

La cause de la rotation de la nébuleuse n'est pas indiquée par Laplace : pour lui, cette rotation paraît être une propriété originelle comme l'attraction et antérieure à la condensation centrale. En un seul endroit, à ma connaissance, il rattache la rotation à l'attraction elle-même (p. 504), mais sans aucune explication qui permette de comprendre son idée.

Le mode de génération des planètes aux dépens de cette atmosphère constitue la partie originale et caractéristique de la conception de Laplace. Il importe de connaître exactement les termes mêmes, très concis, dans lesquels il a été exposé, afin de pouvoir apprécier la valeur des objections qui y ont été faites. Pour éviter au lecteur des renvois trop fréquents au texte de Laplace, je reproduis ici les alinéas les plus importants de son exposition.

« L'atmosphère du Soleil ne peut pas s'étendre indéfiniment : sa limite est le point où la force centrifuge due à son mouvement de rotation balance la pesanteur; or, à mesure que le refroidissement resserre l'atmosphère et condense à la surface de l'astre les molécules qui en sont voisines, le mouvement de rotation augmente; car, en vertu du principe des aires, la somme des aires décrites par le rayon vecteur de chaque molécule du Soleil et de son atmosphère, et projetées sur le plan de son équateur, étant toujours la même; la rotation doit être plus prompte, quand ces molécules se rapprochent du centre du Soleil. La force centrifuge due à ce mouvement, devenant ainsi plus grande, le point où la pesanteur lui est égale est plus près de ce centre. En supposant donc, ce qu'il est naturel d'admettre, que l'atmosphère s'est étendue à une époque quelconque, jusqu'à sa limite, elle a dû, en se refroidissant, abandonner les molécules situées à cette limite et aux limites successives produites par l'accroissement de la rotation du Soleil. Ces molécules abandonnées ont continué de circuler autour de cet astre, puisque leur force centrifuge était balancée par leur pesanteur. Mais cette égalité n'ayant pas lieu par rapport aux molécules atmosphériques placées sur les parallèles à l'équateur solaire, celles-ci se sont rapprochées par leur pesanteur de l'atmosphère, à mesure qu'elle se condensait, et elles n'ont cessé de lui appartenir, qu'autant que par ce mouvement elles se sont rapprochées de cet équateur.

» Considérons maintenant les zones de vapeurs, successivement abandonnées. Ces zones ont dû, selon toute vraisemblance, former, par leur condensation et l'attraction mutuelle de leurs molécules, divers anneaux concentriques de vapeurs, circulant autour du Soleil. Le frottement mutuel des molécules de chaque anneau a dû accélérer les unes et retarder les autres, jusqu'à ce qu'elles aient acquis la même vitesse angulaire. Ainsi les vitesses réelles des molécules plus éloignées du centre de l'astre ont été plus grandes...

» Si toutes les molécules d'un anneau de vapeurs continuaient de se condenser sans se désunir, elles formeraient, à la longue, un anneau liquide ou solide. Mais la régularité, que cette formation exige dans toutes les parties de l'anneau et dans leur refroidissement, a dû rendre ce phénomène extrêmement rare. Aussi le système solaire n'en offre-t-il qu'un seul exemple, celui des anneaux de Saturne. Presque toujours, chaque anneau de vapeur a dû se rompre en plusieurs masses qui, mues avec des vitesses très peu différentes, ont continué de circuler à la même distance autour du Soleil. Ces masses ont dû prendre une forme sphéroïdique, avec un mouvement de rotation dirigé dans le sens de leur révolution, puisque leurs molécules inférieures avaient moins de vitesse réelle que les supérieures; elles ont donc formé autant de planètes à l'état de vapeurs. Mais, si l'une d'elles a été assez puissante, pour réunir successivement, par son attraction, toutes les autres autour de son centre, l'anneau de vapeur aura ainsi été transformé dans une seule masse sphéroïdique de vapeurs, circulante autour du Soleil, avec une rotation dirigée dans le sens de sa révolution. Ce dernier cas a été le plus commun : cependant le système solaire nous offre le premier cas, dans les quatre petites planètes qui se meuvent entre Jupiter et Mars, à moins qu'on ne suppose, avec M. Olbers, qu'elles formaient primitivement une seule planète qu'une forte explosion a divisée en plusieurs parties animées de vitesses différentes. »

L'hypothèse de Laplace ainsi formulée rend compte: 1° de la coïncidence des plans des orbites planétaires avec celui de l'équateur solaire; 2° de la faible excentricité des orbites, qui à l'origine devaient être circulaires; 3° du sens des mouvements de révolution et de rotation. Les distances auxquelles se sont formées les planètes satisfont d'ailleurs nécessairement à la troisième loi de Kepler. En effet, à un instant quelconque, la limite équatoriale de l'atmosphère est la distance L où la force centrifuge balance la pesanteur; en appelant ω la vitesse angulaire du système, M sa masse, on a donc la relation

$$\omega^2 L = \frac{M}{L^2}.$$

Par la condensation, ω augmente, L diminue par conséquent.

Si L diminue plus rapidement que les dimensions effectives de l'atmosphère ou que son rayon équatorial *a*, la limite L pénètre dans l'intérieur, et l'atmosphère abandonne un anneau de matière du rayon *a* pour lequel la durée de révolution est déterminée par la relation

$$\frac{4\pi^2 a}{T^2} = \frac{M}{a^2} \quad \text{ou} \quad \frac{4\pi^2 a^3}{T^2} = M,$$

ce qui est l'expression de la troisième loi de Kepler. Il ne faudrait d'ailleurs pas voir dans ce résultat une démonstration de l'exactitude de l'hypothèse ; la loi de Kepler impose une condition à laquelle toute hypothèse doit satisfaire, sous peine de ne pas exister.

Mais, en réalité, les orbites planétaires sont des ellipses et sont situées dans des plans différents ; les axes de rotation des planètes sont parfois fortement inclinés sur le plan de l'orbite, au lieu de lui être perpendiculaires. Laplace indique seulement quelques-unes des causes qui ont pu altérer l'harmonie primitive absolue du système :

« Si le système solaire s'était formé avec une parfaite régularité, les orbites des corps qui le composent seraient des cercles dont les plans ainsi que ceux des divers équateurs et des anneaux coïncideraient avec le plan de l'équateur solaire. Mais on conçoit que les variétés sans nombre qui ont dû exister dans la température et la densité des diverses parties de ces grandes masses ont produit les excentricités de leurs orbites, et les déviations de leurs mouvements, du plan de cet équateur. (p. 558.)

» Si quelques comètes ont pénétré dans les atmosphères du Soleil et des planètes au temps de leur formation, elles ont dû, en décrivant des spirales, tomber sur ces corps, et par leur chute écarter les plans des orbes et des équateurs des planètes, du plan de l'équateur solaire. » (p. 562.)

Ces indications de Laplace, évidemment insuffisantes, demandent un complément qui nous sera fourni plus tard.

La formation des satellites est expliquée dans les paragraphes suivants :

« Si nous suivons les changements qu'un refroidissement ultérieur a dû produire dans les planètes en vapeurs,... nous verrons naître, au centre de chacune d'elles, un noyau s'accroissant sans cesse, par la condensation de l'atmosphère qui l'environne. Dans cet état, la planète ressemblait parfaitement au Soleil à l'état de nébuleuse, où nous venons de le considérer; le refroidissement a donc dû produire, aux diverses limites de son atmosphère, des phénomènes semblables à ceux que nous avons décrits, c'est-à-dire des anneaux et des satellites circulant autour de son centre, dans le sens de son mouvement de rotation, et tournant dans le même sens sur eux-mêmes. (p. 556.)

» Tous les corps qui circulent autour d'une planète, ayant été formés par les zones que son atmosphère a successivement abandonnées, et son mouvement de rotation étant devenu de plus en plus rapide; la durée de ce mouvement doit être moindre que celles de la révolution de ces différents corps. » (p. 557.)

Le mode de formation des planètes et des satellites impose donc à la durée de leur révolution, et par suite à leur distance au corps central, une valeur au-dessous de laquelle cette durée et cette distance ne peuvent descendre. La limite inférieure de la durée de révolution est la durée de la rotation du corps central; celle de la distance s'en déduit par la troisième loi de Kepler. Soient R la distance, T la durée de révolution d'un satellite réel, r la distance du satellite fictif qui ferait sa révolution dans le temps t d'une rotation de l'astre central :

$$\frac{R^3}{T^2} = \frac{r^3}{t^2}.$$

On déduit de là les valeurs suivantes de r exprimées en rayon de l'astre central :

Pour le Soleil......... 36,88
Pour Mars........... 6,03
Pour Jupiter......... 2,25
Pour Saturne........ 1,83

Les grandes planètes par rapport au Soleil et les satellites de Jupiter sont bien au delà de la limite voulue; mais le premier satellite de Mars n'est qu'à 2,77 de sa planète, l'anneau intérieur de Saturne à 1,48. Cet anneau, où Laplace voulait voir une preuve toujours subsistante de l'extension primitive de l'atmosphère de Saturne et de l'exactitude de son hypothèse, semble donc au contraire la renverser; de même la découverte de Phobos a fourni contre elle un argument dont on a fait grand bruit. Laplace semble avoir prévu cette objection à la page 567 de son exposé : « Dans notre hypothèse, les satellites de Jupiter, immédiatement après leur formation, ne se sont point mus dans un vide parfait; les molécules les moins condensables des atmosphères primitives du Soleil et de la planète formaient alors un milieu rare dont la résistance, différente pour chacun de ces astres, a pu approcher peu à peu leurs moyens mouvements du rapport dont il s'agit. » L'existence très rationnelle de ce milieu résistant, que Laplace invoque ici pour expliquer la relation qui existe entre les moyens mouvements des satellites de Jupiter, ne peut-elle pas expliquer aussi le rapprochement du premier satellite de Mars et de l'anneau intérieur de Saturne, à une distance à laquelle ils n'ont pu se former?

Il ne faut pas oublier un dernier trait de l'hypothèse de Laplace, qui montre avec quel soin ce grand géomètre avait étudié les conséquences de son ingénieuse conception. C'est l'explication qu'il donne de l'égalité de durée des moyens mouvements de révolution et de rotation des satellites, et de la non-existence de satellites secondaires autour des satellites des planètes. La notion des marées produites par la planète dans la masse nébuleuse du satellite est un point capital, qui sera développé plus tard par les travaux de M. Roche.

Enfin, les comètes sont considérées par Laplace comme originairement étrangères au système solaire. C'est encore aujourd'hui l'opinion la plus accréditée et la mieux en rapport avec les travaux de Le Verrier et de Schiaparelli.

L'existence de la lumière zodiacale est rattachée par Laplace à son système cosmogonique et lui paraît être le dernier résidu de la nébuleuse primitive : « Si dans les zones abandonnées par l'atmosphère du Soleil il s'est trouvé des molécules trop volatiles pour s'unir entre elles ou aux planètes, elles doivent, en continuant de circuler autour de cet astre, offrir toutes les apparences de la lumière zodiacale, sans opposer de résistance sensible aux divers corps du système planétaire, soit à cause de leur extrême rareté, soit parce que leur mouvement est à fort peu près le même que celui des planètes qu'elles rencontrent. » (p. 562.)

L'exposé fait par Laplace contient donc, au moins en germe, tout ce qui est nécessaire pour expliquer les grands traits et même les particularités du système solaire. Cependant il est des points sur lesquels l'hypothèse de Laplace reste muette, d'autres où elle paraît au moins incomplète. Nous allons voir comment elle a été complétée, quelles objections elle a suscitées et comment quelques auteurs ont cru devoir la modifier.

CHAPITRE III.

Ni Laplace ni Kant n'ont cherché à rendre compte de l'immense provision de chaleur que contient le Soleil. Pour Kant, le Soleil est le siège d'une combustion violente, mais le mode d'alimentation de ce feu est péniblement expliqué; pour Laplace, la température de la nébuleuse primitive est énorme, et la quantité de chaleur qu'elle contient est une propriété originelle, tout comme l'attraction. L'introduction dans la Science de la théorie mécanique de la chaleur a nécessairement modifié beaucoup la notion de la nébuleuse solaire.

Les astronomes ont dû se demander de tout temps comment s'entretient la chaleur du Soleil. Buffon, qui, avec presque tous les savants de son époque, considérait cet astre comme un véritable foyer de matières en combustion, trouvait des aliments à ce foyer dans les comètes que son attraction y faisait tomber sans cesse. C'est aussi à ce mode d'entretien du foyer solaire que les premiers auteurs de la Thermodynamique ont pensé. Mayer et Waterston supposent que des matières venues de l'extérieur tombent incessamment sur la surface du Soleil, où un arrêt brusque engendre une quantité de force vive calorifique déterminée. La chute sur chaque mètre carré et par seconde de $0^{gr},3$ de matière venant de l'infini suffirait à compenser la perte de chaleur qu'éprouve incessamment le Soleil. A la matière météorique supposée par Mayer, W. Thomson substitua la matière qui produit la lumière zodiacale. Mais tout afflux de matière venant du dehors augmente la masse du Soleil, et il en résulterait, dans la révolution de la Terre, une accélération contraire aux faits observés. M. Helmholtz a montré qu'il n'est nullement nécessaire de recourir à une alimentation extérieure du Soleil : à mesure que le Soleil se refroidit, il se contracte, et la chaleur engendrée par cette chute incessante de la matière même du Soleil suffit, si on le considère comme une masse gazeuse, à compenser la perte qu'il éprouve par rayonnement. Une contraction annuelle de 75^m environ dans le diamètre solaire donnerait, dans les conditions les plus défavorables, la chaleur nécessaire à cette compensation et ne produirait qu'une diminution d'une seconde au bout de plus de 9000 ans sur le diamètre apparent de l'astre.

Nous sommes alors conduits à une conséquence du plus haut intérêt. S'il est vrai que le Soleil diminue sans cesse de diamètre, il a été, à des époques antérieures, beaucoup plus volumineux qu'aujourd'hui. A un moment, il a rempli tout l'orbe de Mercure, antérieurement il remplissait celui de Jupiter; il s'est étendu jusqu'à l'orbite de Neptune et au delà, si bien que nous sommes ramenés, comme conséquence mathématique de la théorie de la chaleur, à l'idée que Laplace s'était faite du Soleil primitif, en s'appuyant sur des considérations d'un ordre tout différent. En même temps, cette théorie nous fait connaître la source de la chaleur que possédait déjà la nébuleuse au moment de la formation des planètes, et que possède encore le Soleil. Supposons, avec M. W. Thomson, la matière totale du système solaire primitivement diffusée, à l'état de gaz extrêmement rare, dans un globe de rayon bien supérieur au rayon de l'orbite de Neptune; cette nébuleuse était au zéro absolu de température, mais sa contraction sous l'empire de la gravité en a élevé peu à peu la température, et l'on peut calculer la quantité totale de chaleur engendrée par cette contraction. Elle est nécessairement limitée, quelle qu'ait été l'étendue de la nébuleuse à l'origine; un corps tombant de l'infini engendre une quantité finie de chaleur, de même qu'il n'acquiert qu'une vitesse finie. M. W. Thomson a montré que la contraction du Soleil, depuis un volume infini jusqu'à son volume actuel, engendrerait 18 millions d'années de chaleur, c'est-à-dire 18 millions de fois la chaleur que cet astre rayonne aujourd'hui en un an. Suivant qu'on supposera que le Soleil perdait, dans les âges antérieurs, plus ou moins de chaleur qu'il n'en émet actuellement, la théorie dynamique fixera l'âge de cet astre à un nombre d'années inférieur ou supérieur à 18 millions d'années.

Mais cette manière d'envisager l'origine de la chaleur solaire a fait naître une objection contre l'hypothèse nébulaire elle-même.

Les géologues de l'école uniformitaire ont calculé qu'au taux moyen de vitesse de formation actuelle des sédiments terrestres, il a fallu à la terre 500 millions d'années pour la formation et la stratification des terrains géologiques ; d'où incompatibilité des faits géologiques avec l'hypothèse nébulaire, qui ne nous fournit que 18 millions d'années en moyenne, peut-être 30 millions au maximum.

L'argument peut évidemment se retourner contre l'école des causes actuelles : puisque cette théorie conduit à admettre 500 millions d'années pour la production de phénomènes qui en réalité n'ont pas pu durer 30 millions d'années, cette théorie est inadmissible. Et je crois qu'ainsi présentée l'objection est beaucoup plus forte que la première ; car il est bien difficile d'admettre que les agents de stratification des terrains n'aient pas travaillé autrefois avec une bien plus grande activité qu'aujourd'hui, lorsque la température de la Terre était beaucoup plus élevée.

Cependant le désir de satisfaire aux besoins des géologues a conduit certains esprits à ne pas se contenter de la chaleur ainsi engendrée par la condensation de la nébuleuse primitive, considérée comme le chaos originel, et ils ont fait remonter leurs spéculations plus haut encore dans le temps. M. Croll ([1]) a émis en 1877 les idées suivantes :

1° Si deux masses solides et froides, égales chacune à la demi-masse du Soleil, venaient à tomber l'une sur l'autre en vertu de leur seule attraction, la collision engendrerait une quantité de chaleur suffisante pour les réduire toutes deux en vapeur. Si on leur suppose en outre une vitesse originelle l'une vers l'autre de 202 milles par seconde, il résultera du choc 50 millions d'*années de chaleur ;* une vitesse de 678 milles donnerait 200 millions d'années ; une vitesse de 1700 milles, 800 millions.

2° On peut donc supposer que la nébuleuse solaire était non pas froide à l'origine, mais à une température excessivement élevée, cette nébuleuse ayant été produite par la collision de deux masses solides froides. Toutes les étoiles actuelles tireraient ainsi leur chaleur de la rencontre de masses froides et obscures circulant dans l'espace. Les nébuleuses actuelles sont le produit des chocs

([1]) Croll, *On the probable origin and age of the Sun* (*Quarterly Journal of Science,* t. LV, 1877).

les plus récents; les étoiles sont le résultat de la condensation des anciennes nébuleuses.

3° Lorsque, dans la suite des temps, les soleils et leurs planètes se seront refroidis et seront devenus obscurs, il suffira de la rencontre de deux soleils éteints pour engendrer une nébuleuse nouvelle, d'où naîtront un nouveau soleil et de nouvelles planètes. Les mondes renaîtront ainsi incessamment par collision, jusqu'à ce que toute la matière qui constitue l'univers soit réunie en une masse unique, froide et obscure....

Ces idées de M. Croll sont sans doute absolument exactes au point de vue purement mécanique. Mais il faut avouer que leur introduction dans le monde physique froisse trop violemment tout ce que nous savons de la stabilité du système de l'Univers, pour qu'elles puissent être acceptées sans preuves directes, et de pareilles preuves font entièrement défaut. Nous n'avons aucun exemple de collision de deux corps : dans les systèmes d'étoiles multiples, les corps circulent les uns autour des autres sans pouvoir se rencontrer. Les vitesses mesurées sont, en général, moindres que 5o milles à la seconde (8o^{km}) et n'excèdent jamais 2oo milles (¹) (3a2^{km}). Enfin le but que se propose l'auteur ne paraît pas devoir être atteint, car la plus grande partie de la chaleur produite par la collision serait déjà dissipée par rayonnement avant la formation des planètes et de l'étoile aux dépens de la nébuleuse, et il faudrait défalquer bon nombre des années de chaleur gagnées avant d'arriver aux âges géologiques.

Il paraît donc sage de ne pas chercher à remonter dans l'histoire des systèmes célestes au delà de la nébuleuse primitive. Celle-ci nous représente le chaos originel, c'est-à-dire la matière telle qu'elle est sortie des mains de son Créateur, avec ses propriétés et ses lois. Elle était à un état de ténuité extrême, absolument froide et animée d'un mouvement de rotation. C'est la condensation sous l'empire de la gravité qui a produit la chaleur que possède encore le Soleil et qu'ont possédée originairement les planètes. C'est la condensation encore persistante de la masse nébuleuse du Soleil qui suffit, en partie du moins, à la dépense annuelle de chaleur et

---

(¹) Un corps qui tomberait de l'infini sur le Soleil, sans vitesse initiale, pourrait atteindre une vitesse de 563^{km} par seconde.

de lumière. Le Soleil d'ailleurs, d'après ces nouvelles conceptions, est le dernier-né du système. Nous avons vu Laplace le considérer d'abord comme préexistant aux planètes; c'était l'atmosphère de ce globe, peut-être solide ou liquide, qui formait les planètes. Puis Laplace, converti aux idées d'Herschel, a fait du Soleil et de son atmosphère une nébuleuse planétaire à condensation centrale. Nul ne peut douter qu'aujourd'hui il regarderait l'état actuel du Soleil comme le dernier degré de condensation de la nébuleuse primitive, dont des portions détachées ont antérieurement produit les planètes dans l'ordre même de leurs distances, en commençant par les plus éloignées. La période géologique de la Terre, masse de peu d'importance et par suite rapidement refroidie, a donc pu commencer bien avant la formation du Soleil *actuel*, et lorsque la nébuleuse n'avait peut-être pas encore donné naissance à Vénus ni à Mercure.

Les géologues pourront trouver, dans le diamètre considérable de la masse solaire à ces époques, l'explication de l'égalité de climat dont paraît avoir joui la terre jusqu'au commencement de l'époque actuelle. Mais la durée des périodes géologiques, si l'on admet l'ordre de formation des planètes que suppose Laplace, sera nécessairement moindre que 20 ou 30 millions d'années, et d'autant moindre qu'il aura fallu à la nébuleuse plus de temps pour se contracter depuis ses dimensions primitives, jusqu'à l'orbite même de la Terre.

Aussi, toujours dans le but de reporter plus loin dans les âges antérieurs le commencement des formations géologiques, plusieurs auteurs ont-ils émis l'opinion que la formation des anneaux a été à peu près simultanée, et non pas successive du dehors en dedans. « Il n'est pas nécessaire de supposer, dit M. Kirkwood (¹), que, si l'hypothèse nébulaire est vraie, les planètes extérieures doivent avoir une antiquité beaucoup plus grande que les planètes intérieures. La formation des anneaux qui leur ont donné naissance peut avoir été contemporaine. D'où il suivrait que les planètes les plus éloignées sont moins avancées dans leur histoire physique que celles qui sont plus voisines du Soleil. Peut-être même y

---

(¹) *On certain harmonies of the solar system* (*Silliman's Journal of Science*, 2ᵉ série, t. XXXVIII, p. 5).

a-t-il encore au delà de Neptune des anneaux à l'état nébuleux ou tout au moins non encore condensés en une planète unique. »

M. le professeur Trowbridge a montré que la nébuleuse solaire, très aplatie, pouvait en effet s'être partagée, à un certain moment, en une série presque continue d'anneaux ([1]).

M. S. Newcomb regarde aussi comme nécessaire une profonde modification au mode de formation des anneaux. « Dans son état primitif, lorsque la nébuleuse très rare s'étendait bien au delà des limites actuelles du système solaire, elle devait avoir une forme à très peu près sphérique. A mesure qu'elle s'est contractée, et que l'effet de la force centrifuge a été plus marqué, elle a dû prendre la forme d'un sphéroïde aplati. Lorsque enfin la contraction a été assez avancée pour que la force centrifuge et la force d'attraction se fissent à peu près équilibre à la limite équatoriale extérieure de la masse, le résultat a dû être que la contraction dans la direction de l'équateur a entièrement cessé et s'est confinée dans les régions polaires, d'où chaque particule tombait non vers le centre, mais vers le plan de l'équateur solaire. Ainsi s'est produit un aplatissement continuel de l'atmosphère sphéroïdale, qui a fini par la réduire à un disque plat et mince. Ce disque se serait alors séparé en anneaux, qui auraient formé les planètes suivant le mode décrit par Laplace. Mais il n'y aurait probablement pas grande différence dans l'âge des planètes; vraisemblablement les minces anneaux intérieurs se seraient plus rapidement condensés en planètes que les anneaux extérieurs beaucoup plus larges. » (M. S. NEWCOMB, *Popular Astronomy*, p. 513.)

Si donc une succession presque continue d'anneaux a pu donner naissance à des planètes de grande dimension, séparées comme elles le sont par d'immenses espaces vides, l'hypothèse ainsi modifiée pourra fournir un plus grand nombre d'années pour le refroidissement de la Terre et la formation des couches géologiques, sans toutefois dépasser les 20 ou 30 millions. Mais il ne faut pas perdre de vue que, s'il est possible de calculer assez exactement la vitesse de refroidissement du Soleil gazeux, le même calcul n'est pas possible pour la Terre, en raison de la différence des conditions. Par

---

([1]) TROWBRIDGE, *On the nebular hypothesis* (*Silliman's Journal*, 2ᵉ série, t. XXXVIII, p. 356).

suite de l'état solide de la Terre au moins à la surface, la chaleur qu'elle perd n'a aucune relation connue avec sa température intérieure. Si l'on voulait calculer la durée du refroidissement de la Terre au taux de sa perte actuelle de chaleur, il faudrait compter par milliers de millions d'années. Mais l'état liquide ou solide de la Terre fait entrer en ligne de compte une nouvelle donnée qui modifie considérablement l'allure du phénomène. Ainsi que l'a montré M. Lane en 1870 ([1]), la température d'un corps gazeux s'élève continuellement, tandis qu'il se contracte par suite d'une perte de chaleur. En perdant de la chaleur, il se contracte, mais la chaleur engendrée par la contraction est plus que suffisante pour empêcher la température de s'abaisser. Ce paradoxe apparent est une conséquence immédiate de la loi de l'attraction et de la loi de Mariotte. Mais la contraction d'un solide ou d'un liquide produit un effet exactement contraire. La contraction produite par chaque degré d'abaissement de la température enlève probablement une centaine de degrés de chaleur du globe. Il faut joindre encore à cette cause de perte de la chaleur les énormes éruptions de matières fondues qui se sont fait jour à travers la croûte encore peu épaisse, et qui, par leur refroidissement rapide, ont accéléré celui du globe et l'épaississement de la couche solide. Il est donc possible que le refroidissement de la Terre n'ait pris qu'une minime portion des années de chaleur calculées par M. Thomson ; en tout cas, l'Astronomie ne paraît pas pouvoir aujourd'hui en fournir davantage à la Géologie.

([1]) LANE, *On the theoretical temperature of the Sun* (*Silliman's Journal*, juillet 1870).

CHAPITRE IV.

EXAMEN DES OBJECTIONS FAITES A L'HYPOTHÈSE DE LAPLACE.

———

J'arrive maintenant à l'examen des objections qui ont été faites à l'hypothèse cosmogonique de Laplace.

1° La formation des anneaux, tels que les suppose Laplace, est impossible.

2° Ces anneaux ne pourraient donner naissance qu'à une multitude de planètes très petites, qui rempliraient toute l'étendue de la nébuleuse primitive, et non à de grosses planètes, séparées par des intervalles vides.

3° Les planètes nées de ces anneaux devraient avoir un mouvement de rotation rétrograde.

4° Le premier satellite de Mars et les anneaux intérieurs de Saturne sont plus proches de leurs planètes et tournent plus vite que ne le permet l'hypothèse de Laplace.

5° Les mouvements des satellites d'Uranus et de Neptune sont rétrogrades, ainsi que très probablement les rotations de ces planètes.

Impossibilité de la formation d'anneaux séparés. — Si l'on suppose la nébuleuse primitive homogène et restant homogène pendant sa contraction, sa période de rotation, d'abord excessivement lente, diminue, suivant la loi des aires, comme le carré du rayon. Si donc elle était de 164,6 années, durée de la révolution de Neptune, lorsqu'elle remplissait l'orbite de cette planète, elle aurait été réduite à 67 ans au moment de sa contraction dans l'orbite d'Uranus, à 16,7 années lorsqu'elle serait diminuée au rayon de l'orbite de Saturne, à 4,94 années pour le rayon de celle de Jupiter, et enfin à $0^j,0014$ pour le rayon du globe du Soleil actuel. Telles devraient être aussi les durées de révolution des planètes et de rotation du Soleil. De plus, ce dernier ne serait pas un globe presque sphérique, mais un ellipsoïde très fortement aplati. Enfin, dans cette hypothèse, la pesanteur à l'équateur de la nébuleuse, une fois devenue égale à la force centrifuge, lui reste constamment inférieure pendant la contraction ultérieure; d'où un abandon continu de matière, et non une formation d'anneaux indépendants.

La nébuleuse primitive doit donc être considérée tout autrement; et Laplace, en effet, a toujours supposé en son centre un globe de densité relativement considérable, sur la surface duquel venait peu à peu se précipiter la matière atmosphérique, de manière à augmenter lentement la rapidité de son mouvement de rotation. Le frottement de ce globe contre l'atmosphère et les frottements intérieurs des couches de celle-ci maintenaient d'ailleurs l'uniformité du mouvement angulaire dans toute l'étendue de la nébuleuse, et par réaction empêchaient aussi le globe du Soleil de tourner aussi vite que l'auraient exigé sa propre contraction et la précipitation de matière à sa surface. La nébuleuse forme ainsi une véritable atmosphère de forme ellipsoïdale, dont l'aplatissement ne peut dépasser une limite déterminée, où le rapport des axes est celui de deux à trois (LAPLACE, *Méc. céleste,* Liv. III, Chap. VII).

Si nous adoptons l'idée actuelle de la nébuleuse solaire, nous devons supposer que, dès l'origine, les matériaux les plus denses se sont condensés vers le centre, et y ont produit une sorte de noyau qui a joué le rôle que Laplace attribuait au globe même du Soleil. Par une analyse fondée sur d'ingénieuses suppositions, M. Trowbridge a cherché à calculer la loi de variation de densité à l'intérieur du sphéroïde solaire, pendant la formation des anneaux planétaires. Il a trouvé les valeurs suivantes du rayon principal de gyration de ce sphéroïde aux époques de formation des neuf planètes, les astéroïdes étant comptés comme la cinquième à partir du Soleil :

	Milles.		Milles.
Mercure	468900	Jupiter	3292000
Vénus	749300	Saturne	5186000
Terre	955500	Uranus	8759000
Mars	1311000	Neptune	12260000
Astéroïdes	2216000	Rayon actuel du Soleil	441000

Ces valeurs montrent que, déjà au moment de la formation de l'anneau de Neptune, le sphéroïde solaire était très condensé vers le centre; et que probablement plus de la moitié de la masse était en dedans de l'orbite actuelle de la Terre, et la plus grande partie de cette moitié en dedans de l'orbite de Mercure. La densité des régions équatoriales, immédiatement avant l'abandon de l'anneau de Neptune, ne devait être, d'après M. Trowbridge, qu'un demi-millionième de la densité des couches situées au voisinage de l'orbite actuelle de Mercure [TROWBRIDGE, *On the nebular hypothesis (Silliman's amer. Journal of Science,* 2ᵉ série, t. XXXVIII, p. 344 à 360; 1864)]. Nous retrouvons donc l'hypothèse de Laplace, un noyau central de densité relativement considérable, entouré d'une atmosphère extrêmement raréfiée (¹).

Mais cela ne suffit pas encore. D'après Laplace, les planètes sont actuellement aux distances mêmes où se sont détachés les anneaux. Il faudrait donc qu'après la formation du premier anneau, celui de Neptune par exemple, la nébuleuse se fût contractée, sans nouvelle perte de matière, jusqu'à l'orbite d'Uranus, c'est-à-dire à un rayon à peu près moitié. Pourquoi un pareil état d'équilibre, persistant pendant de longues périodes, séparées par un brusque renversement du rapport de la gravité à la force centrifuge?

Il est bien clair qu'une loi quelconque de la variation de densité de la nébuleuse du centre à la circonférence, *si elle reste la même pendant la contraction,* ne peut donner lieu à de telles alternatives. M. Faye a démontré en effet (*Comptes rendus,* t. XC, p. 570; 1880) que dans de telles conditions une nébuleuse à condensation centrale, où l'on suppose un décroissement des densités aussi rapide que l'on voudra, n'aurait jamais abandonné la moindre parcelle de sa masse en se contractant. M. Kirkwood (*Monthly Notices of the R. A. S.,* t. XXIX, p. 96) considère les choses autrement et fait voir que l'équilibre, une fois troublé, n'a pas dû se rétablir; et que, par suite, une continuelle succession d'anneaux étroits ont dû se détacher très proche les uns des autres; telle est

_____

(¹) Dans une Note présentée à l'Académie des Sciences, le 24 novembre 1884, M. Maurice Fouché vient également de montrer qu'au moment de la formation des planètes, la condensation centrale de la nébuleuse devait être énorme, et que la masse de l'atmosphère ne pouvait être qu'une très minime fraction de la masse totale. De plus, il ressort de l'application de la troisième loi de Kepler et du principe de la conservation des quantités de mouvement, que la loi des densités a dû constamment varier pendant la formation des anneaux, l'atmosphère tendant de plus en plus vers l'homogénéité et devenant relativement plus dense (*Comptes rendus,* t. XCIX, p. 903).

aussi la conséquence du mode de contraction indiqué par M. S. Newcomb (*voir* plus haut, p. 588). Ainsi, ou pas d'anneaux, ou un abandon continu de matière, formant des anneaux très voisins, desquels résulteront, non pas de grosses planètes séparées par des intervalles vides, mais des corpuscules planétaires remplissant tout l'espace circomsolaire; telle est la conséquence d'une contraction lente et régulière de la nébuleuse primitive.

M. Roche est le seul, je crois, qui ait cherché à rendre compte des ruptures brusques d'équilibre à des moments déterminés, séparés les uns des autres par de longues périodes de repos, telles que l'exige l'hypothèse de Laplace (Roche, *Essai sur la constitution du système solaire;* Montpellier, 1873). Il est nécessaire d'entrer ici dans quelques détails sur ce travail très original, parce que nous aurons souvent à y revenir dans la suite de cette discussion.

M. Roche admet l'idée fondamentale de Laplace, le Soleil primitif entouré à grande distance d'une atmosphère très légère, tournant avec la même vitesse que le globe central. Cette atmosphère est soumise aux lois que M. Roche a étudiées, d'une façon spéciale, dans son Mémoire sur la figure des atmosphères des corps célestes [*Mémoires de l'Académie de Montpellier*, t. II, p. 399 (1854), et t. V, p. 263, (1862)]. Les couches de niveau sont de révolu-

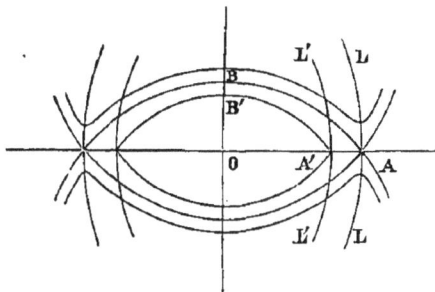

tion autour de l'axe de rotation, aplaties aux pôles, et l'aplatissement croît avec la distance au centre. La surface libre est la plus grande des surfaces de niveau, qui enveloppent le noyau sans sortir de la *surface limite* LL : celle-ci est définie par la condition qu'en un point quelconque la force centrifuge y fait équilibre à la pesanteur. Le fait nouveau découvert par M. Roche est l'existence à l'équateur, sur la courbe génératrice de la surface libre, d'un point double A, où les deux tangentes font entre elles un angle de 120°. En tournant autour de l'axe, cette courbe engendre une surface qui offre elle-même une arête saillante, tout le long de l'équateur : c'est la ligne de jonction de la partie fermée de la surface libre, avec ses deux nappes illimitées. Au delà, la surface de niveau n'est plus fermée, elle s'ouvre à l'équateur et se développe suivant deux nappes indéfinies.

Lorsque, par suite de la contraction, la vitesse de rotation augmente, la surface limite LL se rapproche en L'L' ; la matière comprise entre L' et L cesse donc d'appartenir à l'atmosphère du Soleil. De plus, pour que la surface libre prenne la forme de la surface de niveau passant par A', il faut qu'une autre portion de matière abandonne aussi le Soleil : c'est celle qui est comprise entre la surface B'A', la surface BA et la surface limite L'L' ; elle coule tout le long des surfaces de niveau du pôle vers l'équateur et se déverse suivant l'arête saillante.

De toute cette matière, toute molécule qui auparavant décrivait un grand cercle continue à le suivre avec la même vitesse, « parce que sa force centrifuge est exactement balancée par la pesanteur ». On a donc : $\frac{4\pi^2 a}{T^2} = \frac{M}{a^2}$, a désignant le rayon décrit par la molécule, T la durée de sa révolution. Chacune d'elles se meut donc suivant les lois de Kepler, et leur ensemble constitue un anneau de Laplace. Nous verrons plus tard ce qu'il doit devenir.

Mais la matière qui descend des pôles vers l'équateur n'a qu'une vitesse linéaire moindre que celle de l'équateur, d'autant plus faible qu'elle descend de plus haut. Chaque particule commence donc à se mouvoir tangentiellement à l'équateur, en décrivant dans le plan de l'équateur une ellipse autour du centre O du Soleil comme foyer, ellipse d'autant plus allongée que la vitesse propre de la particule est plus faible. Si donc nous considérons l'atmosphère solaire comme extrêmement légère, cette particule y rentrera et y décrira son ellipse propre. L'ensemble des particules parties du point A avec la même vitesse tangentielle décrivent la même ellipse et constituent une *traînée elliptique*. Chaque point de l'équateur est l'origine de pareilles traînées. M. Roche montre ensuite comment, de ces diverses traînées, les plus profondes étant annulées par la résistance du milieu, la matière qui les forme tombe sur le Soleil ; tandis que les plus extérieures, dont la vitesse tangentielle diffère peu de la vitesse équatoriale, forment un anneau circulaire qui tourne à l'intérieur, très près de l'équateur, avec la même vitesse que l'atmosphère. Si celle-ci est extrêmement raréfiée, les traînées elliptiques se convertissent en un anneau intérieur plus rapproché du centre.

L'existence de ces anneaux intérieurs constitue le point le plus original des développements apportés par M. Roche à l'idée primitive de Laplace et servira à expliquer plusieurs points importants de l'histoire des satellites et de la rotation du Soleil actuel. Il ne faut pas oublier que tout l'édifice de M. Roche, comme celui de Laplace, repose sur l'existence, au milieu de la nébuleuse, d'une condensation centrale, dont l'attraction l'emporte énormément sur celle de son atmosphère.

Il faut maintenant expliquer comment a pu se produire, dans la contraction de la nébuleuse solaire, la série des alternatives $a > L$ et $a < L$, qui seule a pu donner naissance à des planètes séparées par des intervalles vides. L est le rayon de la surface limite, a le rayon équatorial de l'atmosphère.

M. Roche rend compte de ces alternatives en remarquant que la contraction de la nébuleuse et la variation de sa vitesse de rotation résultent de deux causes, le refroidissement par la surface et la condensation par précipitation de la matière vers le centre. Soit à un certain moment $L = a$. Si alors la précipitation vers le centre devient très active pour la matière située vers ce centre, L devient moindre que a; car le moment d'inertie du système diminue, la vitesse de rotation augmente, sans que a ou l'étendue de l'atmosphère varie sensiblement. Une couche superficielle est donc abandonnée. Mais sa disparition favorise le refroidissement de la nouvelle surface libre, sans diminuer L, puisque la masse abandonnée est très faible. Le rayon équatorial diminue et rentre en deçà de L, l'équilibre se rétablit et la formation des anneaux cesse brusquement. Les alternatives résultent ainsi de ce que la condensation de la matière a lieu, tantôt au centre, tantôt à la surface.

La formation des traînées elliptiques favorise ces alternatives. En effet, la matière qui rentre dans l'atmosphère se rapprochant du centre, le moment d'inertie diminue, la vitesse augmente, L diminue et peut devenir moindre que a. Mais il faut remarquer que, dans ce procédé de condensation, c'est le centre de la nébuleuse

qui commence à tourner plus vite; la communication du mouvement se fait progressivement du centre vers l'extérieur; donc L,
après avoir diminué rapidement, devient presque constant. Le refroidissement diminue alors progressivement a, qui devient à son
tour moindre que L, et la formation des anneaux cesse jusqu'à ce
que la vitesse de rotation se soit uniformisée. Alors L diminue
brusquement et un nouvel anneau se détache.

On peut donc admettre que le refroidissement se fait d'une
façon à fort peu près continue, tandis que la distance au centre de
la surface limite varie par saccades. De cette hypothèse résulte une
loi très curieuse des époques auxquelles se sont formées les planètes. En effet, d'une part, la loi de Bode exprime les distances
réelles D des planètes au Soleil par la formule

$$D = A + B a^n,$$

n recevant des valeurs entières successives. Ces valeurs de D sont
aussi celles de la limite L, au moment où cesse de se former un
anneau, c'est-à-dire celles qui correspondent à $L = a$. D'autre part,
la loi de Dulong appliquée au refroidissement d'une masse gazeuse
donne pour son rayon a, en fonction du temps, l'expression

$$a = A_1 + B_1 e^{-rt}.$$

L'égalité $L = a$ exige donc que

$$A + B a^n = A_1 + B_1 e^{-rt}.$$

Et, comme les planètes se sont formées à des distances telles
que n soit représenté par la série des nombres entiers, il faut aussi
que les époques t de leur formation ou de l'abandon des anneaux
forment une progression arithmétique. La loi de Bode revient donc
dans l'hypothèse de Laplace à celle-ci : les planètes se sont formées
à des époques également espacées dans le temps ([1]).

2° *Impossibilité de la formation de grosses planètes aux dépens des anneaux.* — La formation d'une planète de grande di-

---

([1]) La loi de Bode a été étendue par M. Roche aux satellites des planètes. On
doit aussi à M. Gaussin, ingénieur-hydrographe en chef, une Note très intéressante
sur les lois de la distribution des astres du système solaire (*Comptes rendus*,
t. XC, p. 518 et 593; 1880). On voit, par l'essai de M. Roche, de quel intérêt
serait la connaissance de la loi vraie de distribution des planètes et des satellites,
pour l'établissement d'une théorie cosmogonique définitive.

mension exige, d'après Laplace, la réunion en une seule masse des
petites masses sphéroïdiques dans lesquelles l'anneau a dû se rompre
peu de temps après sa formation. Cette réunion résulterait de la
prépondérance d'une de ces masses par rapport aux autres, et de
la petite différence de leurs périodes de révolution. M. Kirkwood a
fait remarquer (*Proceedings of the Amer. Phil. Society*, avril 1880
et *The Observatory*, t. III, p. 409) que cette réunion exigerait
un temps énorme, incompatible avec la formation ultérieure des
satellites. « Deux portions de l'anneau neptunien placées de part
et d'autre du Soleil ne produiraient aucune perturbation sensible
sur leur mouvement relatif. Bien plus, si les fragments de l'anneau
étaient distribués, le long de l'orbite, à peu près uniformément,
leurs actions perturbatrices se détruiraient à très peu près les unes
les autres. » On ne peut donc invoquer, en faveur de la réunion
des portions un peu éloignées, que la différence de leurs vitesses de révolution. Or, « si l'on considère deux fragments A et B
de l'anneau de Neptune, distants de 180° en longitude, et dont les
moyennes distances au Soleil différeraient de 1000 milles, il est aisé
de montrer que la différence des vitesses angulaires qui en résulterait ne pourrait les réunir en un même noyau qu'au bout de
150 millions d'années ». Mais il faudrait qu'au bout de ce temps et
après la formation complète de Neptune, celui-ci fût encore nébuleux pour donner naissance à son satellite d'après les idées de Laplace. Donc de ce chef et considérant aussi les données de la Thermodynamique sur l'âge du système planétaire, la formation d'une
grande planète aux dépens d'un anneau est impossible.

Cette objection est capitale. Mais il faut remarquer qu'elle s'applique à tout système qui fera naître les planètes de la condensation d'anneaux, extérieurs ou intérieurs à la nébuleuse solaire. Je
ne crois pas qu'il y ait été donné de réponse satisfaisante. Si
l'on admet l'origine annulaire des planètes, il faut admettre en
outre l'existence, dans chaque anneau, d'un centre de condensation autour duquel s'est *immédiatement* réunie la plus grande
partie de sa matière, au moment même de la rupture ou auparavant, le reste n'ayant donné naissance qu'à de la poussière de
planètes. Dans l'expérience de Plateau, on voit bien un anneau se
résoudre le plus souvent en un petit nombre de masses considérables, quelquefois en une seule accompagnée de très petits glo-

bules; mais il existe dans le liquide une force de cohésion dont nulle trace ne se retrouve dans la nébulosité annulaire de Laplace.

Il faut avouer d'ailleurs que les suppositions par lesquelles on a essayé de remplacer les anneaux de Laplace ne sont pas fort heureuses. M. Kirkwood (*Proceedings of the Amer. Phil. Society*, avril 1880; *The Observatory*, t. III, p. 446) admet que « chaque planète, à l'origine, s'est séparée d'un arc très limité de la protubérance équatoriale; ou, en d'autres termes, qu'au lieu de produire un anneau, la force centrifuge a produit une rupture au point de moindre résistance dans la zone équatoriale.... Par suite de cette séparation, la tendance à la dislocation le long de l'équateur s'est calmée pour un temps, et l'ellipticité du sphéroïde a été diminuée. Une condensation ultérieure accroît de nouveau la force centrifuge, jusqu'à ce qu'il en résulte une nouvelle rupture ou projection de matière. »

M. Kirkwood assimile cette projection aux éruptions d'hydrogène incandescent qui ont produit l'éclat temporaire de l'étoile de la Couronne en 1867; mais il est difficile de comprendre le rapport qui peut exister entre la nébuleuse solaire et une étoile déjà probablement encroûtée. Il semble que le hasard joue un trop grand rôle dans l'hypothèse de M. Kirkwood, pour qu'on puisse la placer à la base de la cosmogonie des planètes, dont l'harmonie actuelle ne peut être le résultat que d'un jeu de forces parfaitement régulier.

De quelque manière que se soit produite la nébuleuse planétaire, il n'est nullement certain qu'elle puisse subsister d'une manière durable. Il faut pour cela qu'elle satisfasse à certaines conditions qui ont été étudiées d'abord par M. Roche [*Mémoire sur la figure d'une masse fluide soumise à l'attraction d'un point éloigné* (*Mém. de l'Acad. de Montpellier*, années 1849, 1850 et 1851, t. I, p. 243 et 333; t. II, p. 21)], puis par M. Vaughan (*Phil. Mag.*, nov. 1860). M. Roche a déduit de son analyse des résultats curieux.

La nébuleuse planétaire à son origine n'est pas un noyau entouré d'une atmosphère; il faut plutôt l'assimiler à une masse fluide sensiblement homogène; celle-ci est animée d'un mouvement lent de rotation, et soumise à l'attraction du noyau central de la nébuleuse solaire. Elle s'allonge donc sous la forme d'un ellipsoïde à axes inégaux, dont le plus grand est constamment dirigé suivant le rayon vecteur. De là une tendance à tourner constamment vers le Soleil les mêmes points de sa surface et, par suite, égalité de durée des mouvements de rotation et de révolution, qui a dû se rencontrer chez toutes les planètes dans la première phase de leur existence. C'est là, nous l'allons voir, un point d'une extrême importance.

La condensation de la nébuleuse continuant sous l'influence du refroidissement et de la gravité intérieure, l'attraction solaire, sensiblement proportionnelle au volume de la nébuleuse homogène, diminue et devient insuffisante à maintenir l'égalité des deux mouvements. La vitesse de rotation augmente, et, si la distance au Soleil est suffisamment grande, la nébuleuse planétaire prend la même forme que la nébuleuse solaire, celle d'un sphéroïde aplati, avec une marée solaire en plus.

M. Roche démontre que, pour que la nébuleuse planétaire sous son premier état puisse persister, il faut que le rapport

$$U = \frac{M}{\rho a^3},$$

dans lequel M est la masse du corps troublant, a la distance des deux astres, et ρ la densité du fluide, soit inférieur à une certaine limite dont il donne la valeur numérique. Or la fonction $\frac{M}{\rho a^3}$ a varié sans cesse pendant la formation du système planétaire. En effet, a diminue depuis la planète la plus éloignée jusqu'à la plus voisine du Soleil, et ρ a très probablement augmenté. Si la nébuleuse solaire s'était conservée homogène pendant la contraction du système, ρ eût varié en raison inverse du volume et le produit ρa^3 fût demeuré constant. Mais nous avons admis forcément la préexistence d'une forte condensation centrale; l'accroissement de ρ est donc plus grand vers le centre qu'à la périphérie : donc ρa^3 diminue à la surface extérieure de la nébuleuse. Ainsi il arrivera que, pour une zone abandonnée et pour la nébuleuse planétaire qui en dérive, U sera une fonction croissante qui pourra atteindre et dépasser la limite où l'équilibre cesse d'exister. A partir de là, l'existence de la planète sous forme ellipsoïdale devient impossible.

Or notre système planétaire semble porter aujourd'hui la trace d'un pareil trouble. Les quatre planètes les plus éloignées sont très grosses et de très faible densité, les quatre autres plus petites et beaucoup plus denses. La matière de la nébuleuse qui a formé les unes et les autres a donc dû à un certain moment subir une modification profonde, qui nous est révélée d'une autre façon par l'existence de l'anneau d'astéroïdes compris entre Mars et Jupiter. La matière extérieure de la nébuleuse restant la même, le rapport U allait en croissant et, après la formation de Jupiter, s'est trouvé trop grand pour qu'une nébulosité ait pu subsister sous forme permanente. Dès lors la substance de l'anneau correspondant, au lieu de s'agglomérer en un grand sphéroïde, a dû se résoudre en nébulosités partielles, se mouvant et se condensant isolément. Le refroidissement rapide de ces petites masses leur a donné bien vite une densité suffisante pour que la fonction U devînt inférieure à la limite voulue ; elles ont pris une figure d'équilibre et sont devenues des planètes télescopiques. Mais, pour qu'après elles, aient pu apparaître de nouvelles planètes de grande dimension, il a fallu qu'il survînt dans la nébuleuse solaire un changement de densité, peut-être même de nature, suffisant pour que U retombât au dessous de la limite voulue : de là des planètes de densité quatre à cinq fois plus grande que celle des planètes extérieures à l'anneau des astéroïdes.

M. Roche montre ensuite que cette différence des densités est également liée à la différence des durées de rotation ; mais cette considération m'éloignerait de mon sujet actuel, et je renverrai le lecteur au Mémoire même de notre savant auteur.

3° *Les planètes nées des anneaux de Laplace devraient avoir un mouvement de rotation rétrograde.* — Cette objection a été surtout mise en valeur par M. Faye, et il importe de la discuter avec soin, d'autant plus qu'elle a été déduite des expressions mêmes employées par Laplace, pour montrer comment le mouvement de rotation a pu être direct.

« Laplace supposait, dit M. Faye ([1]), que, dans les anneaux nébuleux dérivés du Soleil, ..., le frottement des diverses couches concentriques aurait opéré comme dans l'atmosphère d'une planète, laquelle finit par tourner tout d'une pièce avec le globe central. De la sorte, les couches marginales extérieures auraient eu

---

([1]) *Bulletin de l'Association scientifique de France*, 2° série, t. VIII, p. 392.

des vitesses linéâires, supérieures à celles des couches plus rapprochées du centre, et la condensation de l'anneau aurait donné lieu à
des satellites directs (et à une rotation directe de la planète). Il
est facile de montrer que cette manière de voir n'est pas tout à fait
exacte (comme preuve de fait, il suffira de citer les anneaux de Saturne). Les couches d'une atmosphère pèsent les unes sur les
autres ; de plus, les couches extérieures ne résistent que par leur
inertie à la communication du mouvement rotatoire, qui tend à
s'établir entre le globe central et les couches extrêmes de son
atmosphère. Mais, dans un anneau nébuleux, les couches concentriques ne pèsent pas les unes sur les autres comme dans une
atmosphère, car elles circulent chacune en vertu de la vitesse propre
à sa distance au Soleil. De plus, le retard des couches situées près
du bord extérieur sur les couches internes ne tient pas à leur inertie, mais aux lois mêmes de leur mouvement. Si donc le système
solaire avait été formé conformément à l'hypothèse de notre grand
géomètre, toutes les planètes circuleraient bien autour du Soleil
dans le sens direct, mais leurs rotations et leurs satellites seraient
rétrogrades ». « Dès lors, ajoute M. Faye, l'hypothèse cosmogonique
de Laplace, fondée sur une erreur de théorie mise en pleine évidence par les faits, est inacceptable » (*Sur l'Origine du Monde*,
p. 135).

L'objection de M. Faye peut paraître légitime, appliquée aux
anneaux tels que les conçoit Laplace. Pour lui, les zones de vapeurs, *successivement* abandonnées, forment les anneaux par leur
condensation et l'attraction mutuelle de leurs molécules. Chaque
zone a donc bien sa vitesse linéaire propre, moindre pour les plus
extérieures, plus grande pour les intérieures. Laplace admet que,
lorsqu'elles se réunissent pour former un anneau, ces zones éga-
lisent en même temps leurs vitesses angulaires, *par le frottement
mutuel de leurs molécules.*

C'est cette égalisation que M. Faye ne veut pas admettre, parce
que les diverses couches ne pressent pas les unes sur les autres.
Cependant, dès que l'on suppose avec Laplace que l'attraction
mutuelle de leurs molécules suffit pour constituer un anneau par
la réunion de plusieurs zones, il semble difficile de se refuser à
croire qu'elle ne puisse suffire, aidée des frottements intérieurs, à
produire et maintenir l'égalité de vitesse angulaire. Ainsi consi-

dérée, l'objection de M. Faye reviendrait à dire que des anneaux capables de former une planète ne peuvent se former par la réunion de matières *successivement* abandonnées par la nébuleuse solaire, et rentrerait ainsi dans le premier cas que nous avons examiné.

M. Hirn (*Mémoire sur les conditions d'équilibre et sur la nature probable des anneaux de Saturne*, p. 31) a précisément étudié les conditions d'existence d'un anneau fluide, tel que ceux de Laplace. Il montre que si, dans un tel anneau, chaque nappe cylindrique a eu, à l'origine, une vitesse différente, correspondant à sa distance à l'axe de rotation, ce fait n'a aucun caractère de durée. Toutes les nappes, quelque fluides qu'on suppose les parties de l'anneau, frotteraient les unes contre les autres, en raison de leur différence de vitesse; leur vitesse absolue tendrait donc à se partager, leur vitesse angulaire tendrait à s'égaliser, et cet effet se produirait réellement en un temps plus ou moins court, dont la durée dépendrait de la nature de fluidité de l'anneau. Le résultat final, et relativement rapide, serait une même vitesse angulaire commune à toutes les parties, et une élévation de température qui serait fonction de la somme de force vive perdue par les parties de l'anneau. Cette égalité de vitesse ne pourrait d'ailleurs elle-même être que passagère; c'est pourquoi M. Hirn regarde les anneaux de Saturne comme formés d'une foule de petits satellites. Nous retenons seulement ici ce point qu'à un certain moment, précédant sa rupture, l'anneau tournait tout d'une pièce, et que, par suite, les sphéroïdes, dans lesquels il a pu se décomposer, ont dû tourner sur eux-mêmes dans le sens même de leur révolution.

Si l'on conçoit les anneaux planétaires à la manière de M. Roche, comme résultant d'un retrait brusque de la surface limite, toute la matière ainsi séparée d'un seul coup continue à tourner d'une seule pièce avec la vitesse que possédait chaque molécule, quand elle faisait partie de l'atmosphère solaire. Les couches extérieures sont donc animées d'une vitesse linéaire plus grande que celle des couches intérieures, et la planète qui résultera de la rupture de l'anneau sera elle-même animée d'un mouvement de rotation directe. Il semble même ici que la rupture de l'anneau nébuleux devra être la conséquence de la tendance de chaque molécule à circuler isolément, suivant les lois de Kepler, autour du centre de la nébuleuse solaire. Si je ne me trompe, les remarques de M. Hirn et l'ingénieuse explication de la formation des anneaux que nous devons à M. Roche font disparaître entièrement l'objection de M. Faye.

Mais on peut aller plus loin. Admettons avec M. Faye que la nébuleuse planétaire, formée par la condensation de l'anneau, ait eu à l'origine un mouvement de rotation rétrograde ; ce mouvement ne pourra persister. En effet, dans la première période de son existence, cette nébuleuse, sous l'action attractive de la masse centrale, est soumise à une puissante marée qui l'allonge en forme d'ellipsoïde dont le grand axe est constamment dirigé vers le centre du système. De là, au bout d'un temps relativement court, l'établissement d'une égalité parfaite entre les durées des mouvements de révolution et de rotation, et par conséquent déjà une rotation directe. Par le progrès de la condensation, la vitesse de rotation augmente et la marée diminue. Mais, au moment où l'égalité cesse, la vitesse orbitale des parties les plus extérieures est plus grande, et la vitesse orbitale des parties intérieures moindre que celle du centre de la nébuleuse planétaire. Le sens du mouvement de rotation est donc nécessairement direct, qu'elles qu'aient été les conditions primitives. Cette remarque importante, dont j'emprunte le principe à M. Roche et à M. Daniel Kirkwood [*On certain harmonies of the solar system (Silliman's Amer. Journal of Science and Arts*, 2ᵉ série, t. XXXVIII, p. 3)], s'applique certainement aux planètes les plus voisines du Soleil. Tout au plus pourrait-on en contester l'exactitude quant aux planètes très éloignées, comme Uranus et Neptune. Cette dernière pourrait donc avoir, même dans l'hypothèse de Laplace, en admettant l'objection de M. Faye, un mouvement rétrograde : c'est là un point important, sur lequel nous aurons à revenir. Mais, pour les planètes moins éloignées du Soleil, l'objection de M. Faye me paraît complètement écartée : quel qu'ait été à l'origine le sens de la rotation de la nébulosité, la planète qui en est sortie a nécessairement, une fois formée, la rotation directe (¹).

(¹) Le principe de ce théorème doit en réalité être attribué à Laplace. C'est en effet par les marées produites sur la Lune par la Terre et sur les satellites en général par leur planète, que Laplace explique l'égalité des périodes de révolution et de rotation de ces corps. Une fois cette égalité établie, le mouvement est nécessairement direct. Ainsi se vérifie l'assertion que j'ai émise précédemment (p. 20)

4° *Plusieurs satellites sont à des distances de leur planète incompatibles avec l'hypothèse de Laplace.* — Telle est la Lune, dont la distance à la Terre est plus grande que n'a pu être le rayon de l'atmosphère terrestre, à l'époque de sa formation ; tels sont, à l'opposé, le premier satellite de Mars et l'anneau intérieur de Saturne, dont la durée de révolution est moindre que la durée actuelle de rotation de la planète.

La formation des satellites est indiquée en quelques lignes dans le texte de Laplace ; il ne pouvait d'ailleurs se préoccuper d'exceptions peu ou point connues de son temps. Cependant j'ai déjà fait remarquer (p. 26) qu'il avait indiqué, à propos des satellites de Jupiter, une cause d'altération de la vitesse d'un satellite, qui a pu en réduire l'orbite et l'amener en deçà de la limite posée par le principe même de l'abandon des anneaux. Mais une analyse plus complète des phénomènes est nécessaire ; nous la devons encore à M. Roche [*Essai sur la constitution du système solaire ; Remarques sur les satellites de Mars* (*Mémoires de l'Académie de Montpellier*, 1877, t. IX, p. 123)], et, bien qu'elle n'explique pas encore tous les cas d'une façon entièrement satisfaisante, je vais la résumer brièvement.

Les satellites n'ont pas pu se former pendant la période primitive de la nébuleuse planétaire : celle-ci s'allonge dans le sens du rayon vecteur, la durée de sa rotation reste égale à la durée de sa révolution, la limite L reste invariable, et par suite il n'y a pas abandon d'anneaux. On peut déjà conclure de là que les satellites existants n'ont pas de satellites de second ordre, puisqu'ils ont conservé l'égalité des durées de rotation et de révolution. Ce fait tient : 1° à ce que ces satellites sont bien plus voisins de leur planète que celle-ci ne l'est du Soleil ; 2° à ce qu'ils ne se sont formés qu'aux dépens de la planète déjà très avancée en condensation, et qu'ils ont eu ainsi dès l'origine une densité considérable. Ainsi le rayon actuel du premier satellite de Jupiter est le $\frac{1}{4}$ de l'atmosphère initiale de ce satellite, le rayon de la Lune le $\frac{1}{36}$, tandis que la nébuleuse terrestre s'est contractée à un rayon qui n'est que le $\frac{1}{235}$ de son rayon initial.

que Laplace a par avance répondu à presque toutes les objections qui ont été formulées contre son hypothèse. Le paragraphe suivant nous en offre un second exemple.

W.   7

Durant la deuxième période de sa condensation, la nébuleuse planétaire tourne sur elle-même dans un temps moindre que celui de sa révolution ; mais elle est toujours soumise à une forte marée solaire, sous l'influence de laquelle l'abandon de matière s'effectue, comme pour les comètes, par les deux extrémités opposées du grand axe, qui varie sans cesse de position dans l'espace et par rapport à la planète. Il n'y a donc pas encore d'anneau régulier et par suite point de satellites.

La production d'un tel anneau ne peut commencer que lorsque, par l'accroissement de la densité, la marée solaire est devenue assez faible, et le noyau intérieur déjà assez dense, pour que la nébuleuse soit assimilable à la nébuleuse solaire elle-même. M. Roche calcule qu'au moment de la formation des satellites extérieurs, les allongements devaient être pour la Terre o, 0677, pour Jupiter o, 0039, pour Saturne o, 0074 et pour Uranus o, 035.

Il suit de là que les planètes les plus rapprochées du Soleil, étant soumises à une marée plus forte, n'ont pu donner naissance à leurs satellites que plus tard et à une moindre distance s'ils se sont formés normalement. La Lune étant très loin de la Terre, des circonstances exceptionnelles ont dû présider à sa naissance.

Déjà cette grande distance a été présentée comme une objection à l'hypothèse de Laplace, la nébulosité terrestre n'ayant pu s'étendre, dit-on, à l'époque où s'est formée la Lune, à 60 fois le rayon actuel de la Terre. La limite de cette nébulosité est, à toute époque, le point où la force centrifuge combinée avec l'attraction solaire fait équilibre à l'attraction terrestre. Cet énoncé de Laplace, appliqué dans le sens rigoureux de ses termes, montre qu'à l'époque où la rotation de la nébuleuse s'effectuait en $27^j,3$, durée de la révolution de la Lune, l'atmosphère terrestre ne s'étendait qu'aux trois quarts de la distance de la Terre à la Lune.

M. Roche a fait remarquer, en 1851 [*Note sur la théorie des atmosphères* (*Procès-verbaux de l'Acad. de Montpellier*); *Mémoire sur la figure des atmosphères des corps célestes* (*Acad. de Montpellier*, t. II, p. 399)], qu'il faut appliquer, dans le calcul de cette limite, non pas l'attraction absolue vers le Soleil, mais, comme dans le calcul des marées, l'attraction relative, c'est-à-dire la différence entre l'attraction exercée sur une molécule de l'atmosphère et celle qui s'exerce sur le centre de la Terre. On trouve ainsi qu'à l'époque indiquée, le grand axe de la nébuleuse terrestre atteignait précisément la valeur de 60 rayons terrestres actuels.

Mais cette nébuleuse avait la forme d'un ellipsoïde dont les trois axes étaient entre eux comme les nombres 60, 56 et 40, le plus grand étant constamment dirigé vers le Soleil. Dans ces conditions, il n'est pas d'anneau extérieur possible.

M. Roche suppose donc que la formation de la Lune est due à la matière qui, abandonnée à l'extrémité du grand axe avec une vitesse insuffisante, est rentrée déjà refroidie dans l'intérieur de la nébuleuse et y est devenue le noyau d'une condensation progressive. Cet amas participe, dès le début, à la circulation du fluide atmosphérique dans lequel il nageait, pour ainsi dire; il a dû en même temps prendre et conserver un mouvement de rotation égal à son mouvement de translation, autour d'un axe parallèle à l'axe de rotation de la Terre. Sa densité augmente peu à peu, en même temps que celle du fluide environnant diminue; et lorsque, dans le mouvement de retrait du système, la limite L est atteinte, le noyau se détache et continue son mouvement en toute liberté.

M. Roche fait remarquer que ces déductions de sa théorie sont d'accord avec les conclusions d'un savant Mémoire publié en 1869 par M. Ch. Simon [*Mémoire sur la rotation de la Lune* (*Annales de l'École Normale*, 1re série, t. VI)]. De l'étude du mouvement actuel de rotation de la Lune, cet auteur a déduit que l'abandon de ce satellite a dû se produire au moment de l'une des syzygies et au voisinage de l'un des solstices. C'est aussi ce qui a dû se passer dans l'hypothèse de M. Roche. Cette même hypothèse rend également compte de la grande excentricité de l'orbite lunaire (p. 57 à 59 de l'*Essai sur l'origine du système solaire*).

La formation des anneaux intérieurs par la rencontre des traînées elliptiques, si heureusement ajoutés aux anneaux extérieurs de Laplace, lève immédiatement la difficulté relative au premier satellite de Mars, qui tourne plus vite que la planète et à une distance à laquelle un anneau de Laplace n'aurait pu se former. Un anneau intérieur ne peut d'ailleurs se former et subsister que dans un atmosphère très raréfiée. Phobos est donc d'origine relativement récente, et sa naissance ne remonte qu'à une époque où le noyau de Mars était déjà fortement condensé.

Des circonstances toutes semblables ont pu présider à la forma-

tion des anneaux de Saturne : M. Roche a fait remarquer, en 1853
[*Note sur la loi de Bode (Procès-verbaux de l'Académie de
Montpellier*)], que ces anneaux se trouvent en partie au dehors et
en partie en dedans de la limite équatoriale actuelle de l'atmosphère
théorique de Saturne. Cette limite est à deux rayons de la
planète, ce qui correspond à peu près au milieu de l'anneau principal ou à la séparation de Cassini. Il faut donc admettre ou que
ces anneaux, s'étant formés à l'extérieur de la limite 2r, ont
diminué de rayon jusqu'à pénétrer en dedans, ou qu'ils se sont
réellement formés, partie à l'extérieur, partie à l'intérieur de cette
limite, dans la région qu'ils occupent encore.

Le rétrécissement d'un anneau n'est pas chose impossible et,
d'après M. Hirn, est même une conséquence nécessaire de la nature
fluide d'un anneau (*Mémoire sur les anneaux de Saturne*, 1872.)
L'autre explication est également acceptable, la production d'anneaux intérieurs étant, comme l'a montré M. Roche, une conséquence directe de la théorie cosmogonique de Laplace. L'objection
est donc complètement levée.

Mais une autre difficulté se présente. Pourquoi la nébulosité de
l'anneau ne s'est-elle pas agglomérée en un sphéroïde pareil à
tous les satellites? Quelle est la constitution de l'anneau persistant?
Comment peut-il durer à une si petite distance de la planète, et
combien de temps durera-t-il? La solution complète de tous ces
points a été donnée par les travaux de M. Roche [*Mémoire sur
la figure d'une masse fluide soumise à l'attraction d'un point
éloigné (Comptes rendus de l'Académie des Sciences*, 18 juin
1849)], de M. Vaughan (*Phil. Mag.*, décembre 1860) et de
M. Hirn dans son *Mémoire sur les anneaux de Saturne*. Les
anneaux n'ont pu s'agglomérer en un satellite, parce que, au-
dessous de la limite 2r,44 de la planète, l'action de celle-ci produirait sur un satellite nébuleux, de même densité que la planète,
des marées incompatibles avec une forme permanente d'équilibre.
Mais M. Hirn a fait voir que des anneaux fluides, gazeux ou liquides,
n'auraient pu subsister et se seraient rapidement rétrécis jusqu'à
tomber sur la planète. Un anneau solide est impossible, parce
qu'il lui faudrait attribuer une cohésion incomparablement plus
forte que celle d'aucun des corps que nous connaissons. M. Clerk
Maxwell (*Monthly Notices*, 1859) et M. Hirn ont donc été

conduits à considérer les anneaux comme formés de corpuscules très petits, circulant autour de Saturne chacun avec la vitesse qui convient à sa distance à la planète, et M. Hirn a donné (p. 45 du Mémoire cité) de très intéressants détails sur le mode possible de production de pareils anneaux pulvérulents. « Leur présence, dit-il, tout exceptionnelle aujourd'hui dans notre monde planétaire, dépend de ce fait, que, pour que leur formation et surtout leur durée devinssent possibles, il fallait que l'anneau primitif fût d'une composition chimique à la fois très simple, mais particulière, capable de donner lieu à des fragments solides, isolés les uns des autres. » Un anneau de composition chimique très complexe a dû au contraire se rompre et ses parties se réunir en sphéroïdes de grandes dimensions. Ces idées de M. Hirn, absolument en accord avec celles de M. Roche, ont jeté un grand jour sur le mode de formation des planètes aux dépens des anneaux de Laplace. Il est très curieux aussi de retrouver dans les anneaux de Saturne un phénomène tout semblable à celui qui a produit, en vertu des mêmes causes, l'anneau des planètes télescopiques autour du Soleil.

M. Kirkwood a fait remarquer un autre genre d'analogie entre ces deux systèmes d'astéroïdes. De même que l'anneau de Saturne est séparé en plusieurs zones, de même, en rangeant les petites planètes par ordre de distance au Soleil, on trouve qu'elles s'agglomèrent en zones séparées par de larges intervalles vides. Comme l'a montré plus tard M. Proctor, ces vides, reconnus lorsque le nombre des planètes déjà trouvées n'excédait pas une centaine, n'ont pas été comblés par la découverte ultérieure de plus de cent trente nouveaux astéroïdes ; ils semblent donc être dus à une cause naturelle. Or ces hiatus se rapportent précisément aux distances telles que, s'il y avait là une planète, la durée de sa révolution serait en rapport simple avec celle de la révolution de Jupiter. Ils correspondent donc aux points où le mouvement d'une planète subirait, de la part de Jupiter, les plus fortes perturbations. Il en est exactement de même pour l'anneau de Saturne : la division de Cassini occupe l'espace dans lequel les périodes des satellites seraient commensurables avec celles des quatre satellites de Saturne les plus voisins, Dioné, Encelade, Mimas et Téthys. De même donc que la puissante attraction de Jupiter produit les vides observés dans la zone des astéroïdes, de même l'influence perturbatrice des satellites intérieurs de Saturne est la cause physique de l'intervalle permanent entre les deux grands anneaux [KIRKWOOD, *On the Nebular hypothesis and the approximate commensurability of the planetary periods* (*Monthly Notices*, XXXIX, 1868, p. 96. *Sidereal Messenger*, 21 février 1884). PROCTOR, *Intellectual Observer*, t. IV, p. 22. MEYER, *Astronomische Nachrichten*, n° 2527].

5° *Les mouvements des satellites de Neptune et d'Uranus sont rétrogrades, et aussi très probablement les mouvements de rotation de ces planètes.* — Cette objection à l'hypothèse de Laplace est considérée par M. Faye comme si importante (¹), qu'il en a déduit une théorie nouvelle de la formation des planètes sur laquelle nous aurons à revenir bientôt. Il est donc nécessaire d'en bien apprécier la valeur.

Laplace n'ignorait point que les satellites d'Uranus ne tournent pas comme ceux des autres planètes : « Il paraît, dit-il, d'après les observations d'Herschel, qu'ils se meuvent tous sur un même plan presque perpendiculaire à celui de l'orbite de la planète, ce qui indique évidemment une position semblable dans le plan de son équateur. » (*Exposition du système du Monde*, t. II, p. 121.) Si donc il ne s'est pas laissé arrêter par une circonstance si exceptionnelle, s'il n'en a même pas parlé dans l'exposition, longuement mé-

---

(¹) M. H. FAYE, *Sur l'origine du Monde*, p. 189, et *Bulletin de l'Association scientifique de France*, 2ᵉ série, t. VIII, p. 369 et suiv. M. Faye fait à ce sujet une citation de Laplace que je ne puis considérer comme absolument exacte : « Newton et Laplace croyaient que toutes les rotations, toutes les circulations devaient être de même sens. Laplace est allé plus loin : il a appliqué à cette question le Calcul des probabilités. En tablant sur les planètes et les satellites connus de son temps, son analyse montre que, si l'on venait à découvrir un nouveau satellite ou une nouvelle planète, il y aurait des milliards à parier contre un que la circulation de ce système ou la rotation de cette planète serait directe, comme toutes les autres... L'étude des satellites d'Uranus et la découverte du système de Neptune n'ont pas tardé à réduire à néant cette probabilité et la célèbre cosmogonie de Laplace. » Le texte de Laplace, que j'ai déjà cité, est celui-ci : « Des phénomènes aussi extraordinaires (identité du sens des mouvements de circulation et de rotation) ne sont point dus à des causes irrégulières. En soumettant au calcul leur probabilité, on trouve qu'il y a plus de deux cent mille milliards à parier contre un qu'ils ne sont point l'effet du hasard ; ce qui forme une probabilité bien supérieure à celle de la plupart des événements historiques dont nous ne doutons point. Nous devons donc croire, au moins avec la même confiance, qu'une cause primitive a dirigé les mouvements des planètes. »

ditée, de son système cosmogonique, c'est qu'il a considéré ce fait comme étranger à l'origine même d'Uranus et comme devant être expliqué par des causes agissant postérieurement à la naissance de la planète. En effet, de quelque manière que l'on conçoive la nébuleuse primitive, dès que les mouvements des planètes résultent du mouvement de rotation de cette nébuleuse autour d'un axe, ces mouvements s'exécutent nécessairement, à l'origine, dans le plan équatorial de la nébuleuse. Que la nébuleuse tourne tout d'une pièce avec une même vitesse angulaire de ses particules, ou que, suivant la conception de M. Faye, que j'exposerai plus loin, la vitesse linéaire de ces particules aille d'abord en croissant avec la distance au centre pour décroître ensuite, les orbites des planètes et leurs équateurs sont nécessairement au premier moment compris dans le plan général de la rotation. Directe ou rétrograde, la rotation d'Uranus s'effectuait autour d'un axe perpendiculaire à ce plan, et il faut expliquer comment la planète a pu culbuter ensuite, de manière à coucher son axe dans le plan de son orbite.

Ramenée à ces termes, la question se généralise d'une singulière façon; car il n'y a aujourd'hui qu'une seule planète, Jupiter, qui ait conservé la perpendicularité de son axe au plan de son orbite. Les inclinaisons des équateurs sont pour les autres planètes très différentes de zéro. En voici le Tableau; j'y joins les inclinaisons des plans des satellites :

	Équateur.	Satellites.
	o ,	o
Mercure........	70	»
Vénus.........	49.48	»
Terre.........	23.27	5. 8
Mars..........	24.52	25.34
Jupiter........	3. 6	3. 6 à 2.40
Saturne........	26.48	26.48 (anneau)
Uranus........	80 (Buffham) 57 (Henry)	98. 1
Neptune.......	»	146. 8

Si l'on admet les inclinaisons, très incertaines il est vrai, données pour Mercure et Vénus, il est singulier de voir cet élément varier d'une façon très régulière et prendre sa valeur maxima aux deux extrémités du système, tandis qu'il s'annule presque pour la planète moyenne Jupiter. Quoi qu'il en soit de cette remarque, il faut trouver la cause d'une inclinaison qui n'existait pas à l'origine.

A cette déviation de la régularité primitive du système, il faut joindre encore celle-ci : les plans des orbites n'ont pas non plus conservé leur coïncidence primitive avec le plan de l'équateur de la nébuleuse. Ce dernier est très probablement représenté aujourd'hui par le plan du maximum des aires ou plan invariable du système. D'après les calculs de M. Stockwell (*Smithsonian contributions to knowledge*, vol. XVIII, p. 166, Washington), la position de ce plan est définie comme il suit par rapport à l'écliptique fixe de 1850 :

Longitude du nœud ascendant....... $106°.14'. 6'',00$
Inclinaison...................... $1.55.19,376.$

L'explication de ces inclinaisons n'a été qu'indiquée par Laplace : « Si le système solaire s'était formé avec une parfaite régularité, les orbites des corps qui le composent seraient des cercles dont les plans, ainsi que ceux des divers équateurs et des anneaux, coïncideraient avec le plan de l'équateur solaire ; mais on conçoit que les variétés sans nombre, qui ont dû exister dans la température et la densité des diverses parties de ces grandes masses, ont produit les excentricités de leurs orbites, et les déviations de leurs mouvements, du plan de cet équateur. » (*Exp. du Syst. du monde*, t. II, p. 559.)

M. Trowbridge a cherché à préciser un peu plus ces causes d'altération de la régularité idéale du système : « Si les matériaux composant les anneaux étaient distribués de manière à faire qu'une plus grande masse fût détachée d'un côté de l'équateur que de l'autre, il en résulterait, au moment de la séparation de l'anneau, un changement dans la direction de l'axe de rotation du corps tournant (le sphéroïde solaire), et ainsi chaque anneau pourrait être incliné par rapport à celui qui s'est détaché avant lui ; mais, comme la masse d'un anneau n'a jamais été qu'une très petite fraction de la masse totale, la séparation de cet anneau n'a pu changer que très peu l'axe de rotation de la nébuleuse. On doit donc s'attendre à trouver les planètes confinées dans une zone étroite du ciel. » [Trowbridge, *On the nebular Hypothesis* (*Silliman's Journal*, 2e série, t. XXXVIII, p. 358)]. Il suivrait de là que la première planète formée doit avoir son orbite en coïncidence avec le plan invariable, et c'est en effet ce qui a lieu à très peu près.

pour Neptune. M. Trowbridge se hasarde même à prédire que, si l'on découvre jamais une planète extraneptunienne, son orbite se rapprochera plus encore de ce plan.

Il reste à expliquer l'inclinaison plus prononcée de l'orbite de Mercure, et les inclinaisons considérables de plusieurs des planètes télescopiques. Dans ses recherches astronomiques sur les inégalités séculaires (*Annales de l'Observatoire*, t. II, p. 165), Le Verrier a indiqué la cause possible de ces écarts : « Lors même que les inclinaisons relatives des orbites sont très petites à l'origine du temps, il ne s'ensuit pas qu'elles resteront éternellement très petites, quels que soient les rapports des grands axes. Il existe, par exemple, entre Jupiter et le Soleil, une position telle, que si l'on y plaçait une petite masse, dans une orbite d'abord peu inclinée à celle de Jupiter, cette petite masse pourrait sortir de son orbite primitive, et atteindre de grandes inclinaisons sur le plan de l'orbite de Jupiter, par l'action de cette planète et de Saturne. Il est remarquable que cette position se trouve à très peu près à une distance double de la distance de la Terre au Soleil, c'est-à-dire à la limite inférieure de la zone où l'on a rencontré jusqu'ici les petites planètes. Il existe entre Vénus et le Soleil une autre étendue où, en vertu des actions perturbatrices de Vénus et de la Terre, les inclinaisons d'une petite masse pourraient grandir considérablement. Mercure se trouve placé à l'une des extrémités de cette étendue, et ses inclinaisons sont considérables. Elles pourront atteindre jusqu'à près de 9° relativement à l'orbite de Vénus. »

L'examen de la question ainsi indiquée par Le Verrier a été repris par M. F. Tisserand (*Comptes rendus*, t. XCIV, p. 997, 1882). Il a démontré qu'en effet l'inclinaison de l'orbite d'une petite masse m sous l'action de deux masses m' et m'' très grandes peut devenir considérable. Mais il y a une limite à la valeur de cette inclinaison, qui est atteinte pour une distance 2,0548 et qui est 24°43′ environ. Une seule des petites planètes, Pallas, a une inclinaison notablement supérieure à cette limite.

La question de l'obliquité des axes de rotation des planètes sur leurs orbites a été abordée d'abord par M. Ch. Simon, puis par M. G.-H. Darwin.

M. Ch. Simon, dans son Mémoire sur la rotation de la Lune, dont nous avons déjà parlé (*Annales de l'École Normale*, 1ʳᵉ série,

t. VI, p. 73 ; 1869), a été conduit à examiner la question qui nous occupe maintenant. Partant des formules données par Liouville (*Conn. des Temps*, 1859) pour déterminer le mouvement de précession d'un ellipsoïde animé d'un mouvement de rotation autour d'un axe incliné sur le plan de l'orbite, il montre que le globe fluide de la Terre, malgré sa contraction progressive et l'accroissement de vitesse qui en résultait et produisait un aplatissement de plus en plus considérable, aurait conservé constante l'inclinaison moyenne de son équateur sur l'écliptique; mais une autre cause est intervenue pour changer cette obliquité. Si, après la formation de la Lune, il s'est formé autour de la Terre une série d'anneaux de Laplace, comme on n'en retrouve plus trace autour de la Terre, il faut supposer que ces anneaux, en se refroidissant, se sont contractés à la manière d'anneaux solides et ont fini par se réunir à la Terre. Or, sous l'action du Soleil ou du noyau central de la nébuleuse, l'inclinaison de ces anneaux sur l'écliptique augmente avec le temps. La réunion de pareils anneaux à la Terre, en changeant la forme du renflement équatorial, a donc dû accroître l'inclinaison de l'équateur terrestre sur l'écliptique.

On comprendrait donc comment les planètes les plus voisines du Soleil, Mercure et Vénus, qui n'ont pas de satellites, peuvent tourner autour d'un axe fortement incliné sur le plan de l'orbite; comment aussi la Terre peut avoir son équateur incliné de 23°30', tandis que l'orbite lunaire n'est inclinée que de quelques degrés. Pour Mars, la formation des satellites est postérieure à la réunion des anneaux producteurs de l'obliquité, puisque les orbites de ces satellites coïncident avec l'équateur de la planète. Il n'y a pas là de difficultés, parce que ces satellites sont très voisins de la planète et se sont formés très tard. Mais, si nous arrivons à Saturne, à Uranus, pour lesquels la même coïncidence existe en même temps qu'une forte obliquité de l'équateur, on est en droit de se demander comment ces anneaux ont pu se former et subsister jusqu'à la réunion avec la planète, et comment, à si grande distance du Soleil, l'action perturbatrice de celui-ci a pu produire des obliquités considérables.

M. G.-H. Darwin, dans une série d'importants Mémoires présentés à la Société Royale et sur lesquels nous aurons à revenir, traite le sujet actuel de l'obliquité des axes des planètes à un point de vue complètement différent de celui qu'a envisagé M. Simon. Il suppose la planète à l'état de sphéroïde visqueux, dont la forme s'altère lentement par des causes externes et internes. De son analyse il ressort que tout accroissement de la protubérance équatoriale d'un tel sphéroïde doit tendre à augmenter l'obliquité de l'équateur sur le plan de l'orbite [*The nebular hypothesis and the obliquity of the axis of planets to their orbits* (*The Observatory*, t. I, p. 135)]. Il est vrai que, lorsqu'on calcule la grandeur de cet accroissement, on trouve qu'une surélévation du renflement de la Terre, égale en hauteur à l'Himalaya et de plusieurs degrés de largeur, rapprocherait les cercles arctiques des tropiques de quelques pouces seulement. Il suit de là que ce n'est pas depuis le commencement de l'époque géologique que s'est produite l'obliquité de l'équateur sur l'écliptique. Mais, s'il est permis d'appliquer à une masse nébuleuse les mêmes raisonnements qu'à une masse solide plastique, et c'est l'opinion de M. W. Thomson (*Address to section* A, *British Association at Glasgow*, sept. 1876), M. Darwin trouve que le changement d'obliquité s'est produit, mais si lentement que lorsque la Terre s'étendait jusqu'à remplir l'orbite lunaire, l'obliquité devait avoir déjà à peu près la même valeur qu'aujourd'hui. Elle n'était que de quelques minutes lorsque le diamètre de la nébuleuse terrestre était un millier de fois plus grand que le diamètre actuel de la Terre.

Dans le cas des planètes dépourvues de satellites, c'est le Soleil seul qui a produit la précession et par suite l'obliquité. Celle-ci doit donc être plus grande pour les planètes voisines du Soleil. Pour expliquer l'obliquité des équateurs des planètes éloignées, M. G. Darwin est donc obligé de faire intervenir l'action des satellites.

Mais en admettant même les hypothèses et la théorie de M. Darwin, on se heurte encore à bien des difficultés. Si l'obliquité de l'équateur terrestre était déjà de 23° à l'époque où s'est formée la Lune, pourquoi l'orbite de celle-ci n'est-elle inclinée que de 5° sur l'écliptique? Si les satellites de Saturne ont contribué, concurremment avec le Soleil, à produire l'inclinaison de l'équateur de Saturne, ils existaient donc avant cette obliquité et devaient circuler dans le plan de l'orbite de la planète qui était aussi le plan de son équateur! Comment aujourd'hui se trouvent-ils tous, sauf

un, dans le plan de l'équateur incliné? La question me semble
donc encore loin d'avoir sa solution.

En résumé, de toutes les objections qui ont été élevées contre
les conceptions de notre grand géomètre, il me semble que la discussion précédente n'en a laissé subsister qu'un bien petit nombre.
Sans doute, nous ne pouvons plus concevoir la nébuleuse solaire
à la manière primitive de Laplace. Ainsi que l'a fait remarquer
M. Faye, la préexistence d'un globe possédant toute la masse du
système solaire et toute son énergie mécanique, dont l'atmosphère se
dilate un jour jusqu'aux limites du monde actuel par l'action d'une
chaleur intense, d'origine non définie, c'est là une pure hypothèse
qui n'est fondée sur aucun fait d'observation. Déjà Laplace, nous
l'avons vu, se faisait du Soleil, à la fin de sa vie, une idée bien différente de celle qu'il avait mise en avant en 1792. Les notions introduites par la Thermodynamique sont venues éclaircir l'origine
mystérieuse de la chaleur solaire et modifier, par conséquent, le
mode de contraction de la nébuleuse. Ce n'est plus le refroidissement seul, c'est surtout l'attraction qui produit la diminution de
volume et donne naissance, dès l'origine, à cette condensation
centrale, noyau du Soleil futur, qui remplace le globe solide ou
liquide de Laplace, indispensable à la formation des planètes.
Mais, une fois cet état de choses établi, nous sommes en face d'un
système absolument semblable à celui que notre grand géomètre
a placé à l'origine du monde planétaire. Les notions nouvelles
n'ont donc fait que substituer une base scientifique à l'hypothèse
qu'avait dû adopter Laplace; elles n'ont rien changé au développement ultérieur de sa conception.

Sans doute aussi Laplace n'avait pas, dans les quelques pages
qu'il a consacrées à l'exposition de son système cosmogonique,
prévu toutes les difficultés, indiqué tous les cas singuliers que des
découvertes ultérieures ont fait reconnaître; cependant l'étude
attentive de son texte montre le soin extrême qu'il avait apporté
dans la discussion de la plupart de ces points délicats. L'œuvre de
ses successeurs, et en particulier de M. Roche, a été de compléter
sur certains points l'exposition de Laplace, de corriger parfois ce
qu'elle avait de trop absolu dans ses termes; et il en est résulté, à
mon avis, un ensemble presque entièrement satisfaisant. Il ne reste,

me paraît-il, que deux points obscurs : 1° comment la matière d'un anneau a-t-elle pu se condenser en une seule planète de grande dimension? 2° comment a été produite la forte inclinaison des équateurs et des orbites des satellites de plusieurs planètes sur les plans de leurs orbites? Mais ces deux difficultés ne sont pas particulières à la conception de Laplace ; elles se rencontrent dans toute hypothèse qui fait naître les planètes d'anneaux intérieurs ou extérieurs à une nébuleuse en mouvement de rotation. Nous allons les retrouver entières dans l'hypothèse que M. Faye a proposé, en 1880, de substituer à celle de Laplace.

CHAPITRE V.

J'emprunte l'exposition du système cosmogonique de M. Faye aux deux Notes qu'il a publiées dans les *Comptes rendus de l'Académie des Sciences* (t. XC, p. 566 et 637), à la Conférence qu'il a faite à l'Association scientifique de France, le 15 mars 1884 (*Bulletin de l'Association scientifique de France*, 2ᵉ série, t. VIII, p. 376) et à l'Ouvrage qu'il vient de publier sur l'origine du Monde (²), dans lequel il a reproduit cette Conférence, en y ajoutant quelques développements sur l'âge de la Terre, les comètes et le système d'Uranus. Les citations que j'aurai à faire sont tirées des Chapitres XII et XIII de cet ouvrage.

Le Soleil, les planètes avec leurs satellites et les comètes ont été formés aux dépens d'une masse nébuleuse, qui occupait à l'origine une sphère de rayon au moins dix fois plus considérable que celui de l'orbite de Neptune. La densité de ce chaos homogène était donc 250 millions de fois moindre que celle de l'air qui reste dans le vide de la machine pneumatique. Ce chaos a dû être à l'origine froid et obscur; mais, à mesure qu'il s'est condensé sous l'influence de l'attraction mutuelle de ses moindres particules, sa température a dû s'élever peu à peu, et cette chaleur a été accompagnée d'une faible lumière. A cet état, il était absolument semblable aux nébuleuses que nous voyons dans le ciel, et animé de mouvements tourbillonnaires tels que ceux dont les nébuleuses spirales donnent l'idée. L'origine de ces mouvements est celle-ci : « le chaos général (immense nébuleuse unique?) au sein duquel est né l'Univers actuel était, dès l'origine, sillonné de vastes mouvements qui l'ont subdivisé, éparpillé en de nombreuses

---

(¹) *Sur l'origine du Monde, théories cosmogoniques des Anciens et des Modernes,* par M. Faye, de l'Institut. Paris, in-8°, chez Gauthier-Villars, 1884.

parties. Au sein de ces vastes courants, de ces fleuves immenses du chaos, de simples différences de vitesse entre les filets contigus ont dû faire naître çà et là des mouvements tourbillonnaires, tout comme dans les courants de notre atmosphère ou de nos fleuves ([1]) ». De ces mouvements tourbillonnaires sont nées les étoiles doubles, qui ne décrivent pas des cercles parfaits, mais des orbites très allongées, des ellipses à grande excentricité. « C'est que le tourbillonnement de leurs nébuleuses n'a jamais pu se régulariser au point d'aboutir aux mouvements presque exactement circulaires, que l'on ne peut assez admirer dans notre petit monde solaire. Celui-ci n'appartient pas, comme les formations précédentes, à un type fréquemment réalisé dans l'Univers : c'est au contraire un cas très particulier (p. 182). » M. Faye paraît donc admettre qu'en général les étoiles n'ont pas de système planétaire ; c'est un des traits originaux de son système cosmogonique ([2]).

Comment le mouvement tourbillonnaire de la nébuleuse solaire s'est-il régularisé, de manière à produire les anneaux circulaires qui ont donné naissance aux planètes? « Il faut et il suffit pour cela que la nébuleuse solaire ait été primitivement homogène et sphérique. Dans un pareil amas de matière la pesanteur interne, résultant des forces attractives de toutes les molécules, varie en raison directe de la distance au centre. Les particules ou les petits corps qui se meuvent dans un tel milieu, dont la rareté est inimaginable, décrivent nécessairement des ellipses ou des cercles autour du centre, *dans le même temps,* quelle que soit leur distance à ce centre. Dès lors, l'existence d'anneaux tournant tout d'une pièce, d'un même mouvement de rotation, est parfaitement compatible avec ce genre de pesanteur, et si un mouvement tourbillonnaire a préexisté, quelques-unes de ces spires, assez peu dif-

---

([1]) Cette segmentation de la nébuleuse primitive en nébuleuses destinées à produire les divers systèmes stellaires, et la génération du mouvement de rotation par la différence des vitesses de translation sont aussi la base du système cosmogonique de M. Ennis [JACOB ENNIS, *Physical and Mathematical Principles of the Nebular Theory (Phil. Magazine,* 5ᵉ série, t. III, p. 262, 1877)].

([2]) Je ne dois pas oublier de recommander ici la lecture du Chapitre XV de l'ouvrage de M. Faye, sur la pluralité des Mondes, où l'auteur fait très spirituellement justice, au nom des principes de la science vraie, des fantaisies qu'une fausse philosophie présente trop souvent sur ce sujet à la crédulité du public.

férentes de cercles, auront dû peu à peu, par la faible résistance
du milieu, se convertir spontanément dans l'ensemble d'anneaux
précédemment décrits » (p. 187).

Voici encore ce que disait M. Faye sur ce sujet en 1880 :

« Cette nébuleuse se meut. Nous retrouvons, dans la translation
du Soleil vers la constellation d'Hercule, le mouvement de son
centre de gravité. Le mouvement total devait être plus complexe
et comprendre une lente rotation ou plutôt une sorte de tourbillonnement de la masse entière autour d'un certain axe, comme
dans les nébuleuses de lord Rosse. Mais ce n'est que dans le plan
centralement perpendiculaire à cet axe que ces rotations (celles
des particules internes) ont pu se régulariser et se dessiner d'une
manière persistante, parce que là elles s'effectuaient juste suivant
les mêmes lois qu'une circulation réglée par la pesanteur propre au
système, c'est-à-dire de toutes pièces. Si alors des traînées de matière à peu près circulaires, en un mot des anneaux comme ceux
de Saturne ou ceux de quelques nébuleuses, telle que la 51e du
Catalogue de Messier, ont fini par s'établir au sein de la nôtre près
de l'équateur primordial, la vitesse a dû y aller en croissant du bord
interne de chaque anneau à son bord extérieur, proportionnelle-
ment à la distance au centre, comme s'il s'agissait de la rotation
d'un anneau solide. » (*Comptes rendus*, t. XC, p. 639.)

Nous sommes ainsi en présence d'une nébuleuse assez analogue
à celle de Kant, née, comme cette dernière, d'un chaos universel
et dans l'intérieur de laquelle vont se former les planètes. Mais
tandis que le mouvement de la nébuleuse de Kant résulte d'actions
intérieures et se trouve en opposition avec les principes de la Mécanique, ici nous assistons à un développement rationnel et parfaitement logique des lois de cette science. La nébuleuse tourne
lentement sur elle-même par le mouvement qu'elle a reçu au moment de sa séparation du chaos primitif. Dans son intérieur, des
mouvements elliptiques de chaque particule autour du centre sont
possibles dans tous les plans passant par ce centre; mais ceux-là
seuls peuvent persister qui sont d'accord avec le mouvement de
rotation générale; et la nébuleuse tourne tout d'une pièce autour
d'un axe unique, avec une lenteur extrême.

La rupture des anneaux intérieurs donne ensuite naissance à des
planètes qui continuent à circuler dans le sens direct, comme

celles qui naissent des anneaux de Laplace. Et leur mouvement de rotation est aussi direct, sans qu'il y ait place ici à l'ambiguïté que M. Faye a reprochée au système de son illustre devancier.

Seulement les rotations seraient toutes directes, si les choses restaient dans cet état; or nous savons que la révolution du satellite de Neptune est rétrograde, donc aussi probablement la rotation de la planète, et M. Faye considère aussi comme rétrograde le mouvement de rotation d'Uranus (¹). C'est même la considération de ces mouvements qui a conduit M. Faye à rejeter l'hypothèse de Laplace et à y substituer celle qui nous occupe.

Voici comment, dans ses Notes de 1880, M. Faye rendait compte des mouvements de rotation rétrogrades de Neptune et d'Uranus : « Dès le commencement, je veux dire dès que la nébuleuse s'est trouvée pleinement isolée, il s'est produit un phénomène qui a modifié ces premières conditions. De toutes les régions qui ne participent pas à ces circulations régulières, les matériaux de la nébuleuse tombent vers le centre, en décrivant des ellipses très allongées et non des cercles; elles y opèrent une condensation progressive, en sorte que, abstraction faite d'une foule de mouvements partiels, la densité de la nébuleuse cesse d'être uniforme, et finit par aller en croissant régulièrement de la surface au centre. » (*Comptes rendus*, p. 640.)

La loi de la pesanteur interne varie évidemment en même temps que celle de la densité. M. Faye a calculé la force centrifuge à la surface et la variation de la pesanteur interne, en supposant que la densité D' à la distance r du centre, moindre que le rayon équatorial R de la nébuleuse, est liée à la densité centrale D par la relation

$$D' = D\left[1 - (1 - \alpha)\sqrt[n]{\frac{r}{R}}\,\right],$$

où n est un nombre positif arbitraire et α une fraction très petite. On peut ainsi représenter une densité finale très faible et un

---

(¹) Les récentes observations de MM. Henry à l'Observatoire de Paris tendent à démontrer que l'équateur de cette planète fait un angle de 40° environ avec le plan des orbites des satellites; cet équateur ne serait donc incliné que de 58° sur le plan de l'orbite de la planète, et le mouvement de rotation d'Uranus serait direct.

décroissement des densités aussi rapide que l'on voudra du centre
à la surface ([1]).

Dans cette hypothèse, la vitesse linéaire du mouvement circulaire suit une loi assez singulière; elle va en croissant à partir du
centre jusqu'à la distance :

$$r = R \left(\frac{2}{3(1-\alpha)} \frac{1+3n}{1+2n} \right)^n,$$

où elle atteint son maximum pour décroître ensuite. « Ainsi la
nébuleuse, pendant sa période de concentration, est divisée en
deux régions bien différentes : 1° l'extérieure, où les anneaux, en
donnant naissance à des planètes, imprimeront à celles-ci une rotation rétrograde, comme celle d'Uranus ou de Neptune; 2° l'intérieure, où les planètes auront toutes une rotation directe, comme
Saturne, Jupiter, etc. »

Dans cette première conception, la formation des diverses planètes est à peu près simultanée; c'est *dès le commencement* que
la densité a varié du centre à la surface, et par suite aussi la loi de
la pesanteur et la vitesse linéaire du mouvement circulaire. Plus
tard, M. Faye a modifié cette partie de son hypothèse; bien qu'il
n'indique pas les motifs de ce changement, je crois pouvoir l'attribuer aux deux causes que voici. En premier lieu, l'auteur a voulu
faire naître la Terre antérieurement à la première existence de la
condensation solaire : nous verrons tout à l'heure pourquoi. En
second lieu, il a mis de côté, avec raison, toute hypothèse particulière sur la loi de densité de la nébuleuse, afin de rendre à sa conception de la formation des planètes l'indépendance et la généralité
qu'aurait pu lui enlever cette hypothèse.

Dans la nouvelle conception, les planètes Uranus et Neptune
se sont formées les dernières, à une époque où la nébuleuse primitive s'était déjà considérablement modifiée. « Dans la nébuleuse
primitive, homogène et sphérique, où la présence d'anneaux circulant autour du centre ne devait rien changer à la loi de la pesanteur interne, nous avons vu que cette pesanteur variait en raison

---

([1]) C'est dans cette hypothèse que M. Faye démontre l'impossibilité de la formation des anneaux de Laplace, démonstration déjà signalée page 37.

directe de la distance au centre. Mais, plus tard, le Soleil s'est formé par la réunion de tous les matériaux non engagés dans ces anneaux ; il a fait le vide autour de lui. Alors la loi de la pesanteur à l'intérieur du système ainsi modifié a été toute différente. Sous l'action de la masse prépondérante du Soleil (celle des anneaux n'en était pas la sept-centième partie), la pesanteur interne a varié, non en raison directe de la distance, mais en raison inverse du carré de la distance au centre, et tel est aujourd'hui l'état des choses ».

« Dans ce dernier cas, le mode de rotation d'un anneau de matière diffuse change du tout au tout.... Tandis que, sous l'empire de la première loi de la pesanteur, les vitesses linéaires de circulation dans ces anneaux croissaient en raison de la distance, sous l'empire de la deuxième, ces vitesses décroissaient au contraire en raison de la racine carrée de cette même distance.... Pour le premier de ces deux modes (de circulation), lorsque l'anneau dégénérera en un système secondaire, c'est-à-dire en une nébuleuse avec ses anneaux intérieurs, et finalement en une planète avec ses satellites, la rotation de la planète et la circulation des satellites seront de même sens que le mouvement de l'anneau générateur, c'est-à-dire de sens direct. Pour le deuxième mode, le système secondaire ainsi formé sera rétrograde ».

« Que conclure de là ? C'est évidemment que les planètes comprises dans la région centrale, depuis Mercure jusqu'à Saturne, se sont formées sous l'empire de la première loi, lorsque le Soleil n'existait pas encore ou n'avait pas acquis une masse prépondérante ; et que les planètes comprises dans la région extérieure, de beaucoup la plus large, se sont formées lorsque le Soleil existait déjà ». (P. 190 et suivantes.)

La formation des satellites est due à une cause semblable à celle qui a engendré les planètes. La rupture de chaque anneau produit une nébuleuse en rotation, dans l'intérieur de laquelle naissent des anneaux. Les uns subsistent, c'est le cas le plus rare, dont Saturne seul offre un exemple ; les autres se résolvent en satellites. Les distances de ces anneaux et de ces satellites à la planète centrale sont d'ailleurs quelconques : l'hypothèse de M. Faye, comme celle de Kant, échappe à l'une des objections capitales que l'on a faites à celle de Laplace. Les inclinaisons des orbites peuvent également avoir, dès l'origine, des valeurs plus considérables que ne le permet le système des anneaux extérieurs.

D'ailleurs, ni les distances des satellites à leur planète, ni celles des planètes au Soleil, ne sont aujourd'hui ce qu'elles étaient à l'origine. « Le système ainsi formé occupe d'abord un espace beaucoup plus grand que notre monde actuel; mais, dans la suite des temps, la condensation centrale progresse toujours, non par refroidissement bien entendu, mais par l'appel continu de la gravité. Les orbites planétaires étaient d'abord plongées dans la masse diffuse et rare de la nébuleuse. Peu à peu cette masse quitte les régions extérieures aux orbites et va se concentrer à l'intérieur, vers le centre de ces mêmes orbites. Les aires décrites en un temps donné dans ces circulations ne changeront pas pour cela, mais les anneaux ou les planètes se rapprocheront peu à peu du centre, et leur vitesse ira en s'accélérant, conformément à la théorie que Laplace a donnée au 4e volume de la *Mécanique céleste*, pour le cas inverse où la masse centrale irait en diminuant. A cela s'ajoute une autre cause qui agit exactement de la même manière, à savoir la résistance des matériaux qui traversent incessamment l'espace en tombant à peu près directement vers le Soleil et de presque tous les côtés. » (*Comptes rendus*, p. 641.)

Enfin le système cosmogonique de M. Faye se sépare complètement de celui de Laplace par l'origine qu'il assigne aux comètes. « Nous avons supposé que le Soleil absorbait tout ce qui n'était pas engagé dans la circulation des anneaux voisins de l'équateur primitif. Il n'en saurait être tout à fait ainsi. Une partie des nébulosités superficielles, surtout vers les pôles, animées d'impulsions latérales très faibles par diverses causes et décrivant autour du centre des ellipses très allongées, auront pu traverser les régions centrales sans s'y arrêter. Échappées à l'agglomération où s'est formé plus tard le Soleil, elles ont pourtant subi son action à plusieurs reprises et auront continué à décrire des trajectoires très allongées, variables de forme et de position, dont le terme final sera une ellipse ayant son foyer là où l'ellipse primitive avait son centre. Sans doute ici se présente la difficulté du rétrécissement si rapide qu'ont subi les orbites circulaires; mais, comme ces parcelles se meuvent dans des ellipses allongées, atteignant ou même dépassant les limites de la nébuleuse, elles ont dû échapper presque complètement à cet effet, puisque une partie de leurs orbites se trouvaient, dès l'origine, en dehors de la région où la masse se déplace. La durée de la révolution a dû rester très considérable et se compter par milliers d'années, comme dans les premiers temps. Quant au sens du mouvement, il sera indifféremment direct ou rétrograde; l'inclinaison des plans des orbites sur l'équateur primitif sera quelconque; en un mot, ce sera le monde des comètes, qui appartient si visiblement au système solaire, bien que l'hypothèse de Laplace soit forcée de les en exclure. » (*Comptes rendus*, p. 641.)

Tels sont les traits principaux de l'hypothèse de M. Faye, dont les caractères peuvent se résumer comme il suit :

1° Création, à l'origine des choses, d'un chaos renfermant toute la matière de l'univers, et possédant à l'état d'énergie de position toutes les énergies passées et présentes de cet univers.

2° Séparation de ce chaos en une multitude de nébuleuses, dont la condensation progressive a produit les systèmes stellaires et les systèmes planétaires.

3° Formation, au sein de la nébuleuse, d'anneaux participant à la rotation générale, le plus souvent irréguliers et donnant naissance aux nébuleuses en spirale ou aux nébuleuses annulaires.

4° Dans le cas particulier où la nébuleuse est sphérique et homogène, formation d'anneaux réguliers, situés à fort peu près dans le plan de l'équateur et donnant naissance à des nébuleuses planétaires, circulant toutes dans le même sens, et animées en plus d'un mouvement de rotation.

5° Formation au sein de ces nébuleuses planétaires de systèmes secondaires d'anneaux et de satellites. Si les anneaux de premier ordre se sont formés avant l'existence de la condensation centrale, soleil futur du système, la rotation des planètes est directe, comme la circulation des satellites. Elles sont rétrogrades quand les anneaux se sont formés à l'époque où la condensation centrale était déjà prépondérante.

La préoccupation de M. Faye, en établissant cette hypothèse cosmogonique, où toutes les particularités des systèmes nébuleux, stellaires et planétaires se présentent comme les conséquences naturelles des données premières et des lois de la Mécanique, a été d'éviter trois objections faites à l'hypothèse de Laplace : 1° certains satellites et une portion des anneaux de Saturne sont à des dis-

tances de leur planète incompatibles avec la loi de formation des
anneaux de Laplace; 2° les planètes, nées des anneaux extérieurs
à la nébuleuse, devraient toutes avoir un mouvement de rotation
rétrograde; 3° le Soleil, ou tout au moins la condensation centrale,
étant déjà très avancée lors de la formation de la Terre, on ne peut
trouver dans les 20 millions d'années de chaleur engendrées par
la condensation de la nébuleuse l'espace de temps nécessaire à
la succession des périodes géologiques. De là les deux caractères
fondamentaux de la nouvelle hypothèse : les anneaux se forment
à l'intérieur de la nébuleuse; la Terre et toutes les planètes à
rotation directe sont nées avant le Soleil.

La théorie de M. Faye n'a encore été exposée que dans ses
grands traits; il serait injuste de lui demander l'explication des
détails et d'exiger d'elle la précision que les travaux de M. Roche,
de M. Hinrichs et d'autres ont donnée à l'hypothèse de Laplace.
Cependant il est possible d'examiner, dès maintenant, quels en
sont les avantages et les points faibles; les discussions précédentes
me permettront de le faire très brièvement.

Je laisse entièrement de côté la partie de cette hypothèse qui
concerne le chaos primitif et la formation des nébuleuses stellaires. J'ai exposé en détail dans l'introduction de ce travail les
raisons qui me font croire que l'état actuel de l'Astronomie ne
permet pas de fonder une telle cosmogonie générale sur des faits
d'ordre purement scientifique. Je me borne donc à l'examen du
mode de formation du système solaire, en suivant le même ordre
que j'ai suivi dans la discussion de l'hypothèse de Laplace.

1° *Formation des anneaux*. — Je rappellerai d'abord que, dans
le système de Laplace, il peut se former des anneaux intérieurs à
la nébuleuse, comme l'a montré M. Roche; et que par conséquent
la distance à laquelle peut subsister un satellite ou un anneau
n'est pas limitée en réalité par la loi qui limite l'atmosphère elle-
même. A ce point de vue, la nouvelle hypothèse n'introduit donc
aucun avantage réel sur l'ancienne.

Mais elle est évidemment soumise, comme l'ancienne, à l'objection de l'impossibilité de la formation d'anneaux séparés. Ici, plus
encore peut-être que dans le cas des anneaux extérieurs, il semble
que le mode de génération des circulations intérieures a dû pro-

duire une série continue de condensations circulaires dans le plan
de l'équateur primitif. Aucune cause n'apparaît qui ait pu produire
les hiatus nécessaires à la formation de planètes séparées. Une
multitude de corpuscules planétaires circulant à toutes distances
du Soleil, tel semble devoir être le résultat final de la condensation
des anneaux intérieurs.

2° *Formation des planètes.* — La difficulté de concevoir la
réunion en une masse considérable de la presque totalité de la
matière disséminée primitivement sur le pourtour d'un anneau
est ici la même que dans la théorie de Laplace. M. Faye dit
quelque part que la différence des vitesses linéaires des diverses
tranches d'un anneau a dû donner naissance à des tourbillons élémentaires qui, forcés de suivre à peu près la même route avec des
vitesses un peu différentes, se rejoindront et se confondront en
une masse nébuleuse unique où s'absorbera peu à peu toute la
matière de l'anneau (p. 185). Mais je ferai remarquer que, au
moins pour les planètes formées sous l'empire de la première loi
de pesanteur interne, les vitesses linéaires sont proportionnelles à
la distance au centre et que la masse entière, y compris les anneaux,
tourne tout d'une pièce; il n'y a donc aucune cause de formation
de tourbillons élémentaires, avant la rupture de l'anneau.

3° *Rotation des planètes.* — L'hypothèse nouvelle offre l'avantage de ne pas laisser subsister d'ambiguïté sur le sens possible de
la rotation des planètes : toutes sont directes jusqu'à Saturne ; Uranus et Neptune, formés sous l'empire de la seconde loi de pesanteur, ont des rotations rétrogrades. Mais j'ai fait remarquer que,
dans l'hypothèse de Laplace, la rotation d'une planète, la supposât-
on primitivement rétrograde, devient nécessairement directe par
suite de la marée énergique que la condensation solaire engendre
dans la nébuleuse planétaire. Les planètes les plus voisines du Soleil
ont donc forcément cette rotation ; les plus éloignées seules auraient
pu échapper à cette loi, de sorte que, dans l'hypothèse même de
Laplace, il est permis de concevoir Neptune tournant sur lui-même
en sens contraire du sens général des autres mouvements. Or cette
planète seule paraît avoir une rotation rétrograde. Uranus tient le
plan de son équateur ou perpendiculaire ou incliné à 58° sur le

plan de son orbite : inclinaison dont aucune hypothèse ne peut rendre compte aujourd'hui ([^1]).

Mais, à un autre point de vuè, le mode de formation des planètes adopté par M. Faye, qui les divise en deux groupes, l'un à rotation directe, l'autre à rotation rétrograde, me semble être en contradiction avec la classification naturelle de ces astres. La considération des volumes, des masses et des densités, comme celle des durées de rotation, les partage nettement en deux groupes de quatre planètes chacun, séparés par l'anneau des astéroïdes. Comme l'a montré M. Roche, la nébuleuse de Laplace, après avoir conservé une constitution à peu près uniforme dans sa zone extérieure la plus étendue, a dû subir, au moment de la formation des planètes télescopiques ou immédiatement après, un changement brusque en vertu duquel elle a formé ensuite des planètes plus petites, plus denses et tournant plus lentement sur elles-mêmes que les quatre premières. Tous les auteurs qui se sont occupés du système planétaire ont été frappés de ce caractère et ont cherché à plier leurs hypothèses à une explication plausible d'un fait aussi évident. M. Faye paraît n'en pas tenir compte pour ne s'attacher qu'à un caractère unique et même douteux, le sens de la rotation. D'après lui, Saturne et Jupiter ont été formés en même temps et sous l'empire des mêmes lois que les quatre planètes voisines du Soleil. Pourquoi ne leur ressemblent-ils en aucun point? Uranus et Neptune n'ont apparu que beaucoup plus tard. Pourquoi ressemblent-

---

([^1]) Dans l'exposition la plus récente de son hypothèse, M. Faye assigne à Uranus une place intermédiaire entre les planètes à rotation directe et Neptune dont la rotation serait franchement rétrograde. « Uranus a dû se former avant Neptune, à une époque de transition où le dernier régime de circulation tendait à remplacer le premier. Il se pourrait donc qu'une rotation, d'abord directe, ait dû devenir ensuite rétrograde pendant la formation de la planète aux dépens de l'anneau. Alors la deuxième tendance, s'exerçant dans des plans un peu différents, par des additions continuelles non symétriques de matériaux, ait forcé l'équateur de la planète naissante à s'incliner peu à peu sur le plan de l'anneau, de manière à lui devenir perpendiculaire et finalement à dépasser cette position vers le sens rétrograde. C'est effectivement le cas des satellites d'Uranus. La planète, à ce compte, pourrait, et même devrait avoir une rotation rétrograde très lente (p. 203). Cette dernière assertion semble en contradiction avec les résultats de certaines observations récentes de taches, qui assigneraient à Uranus une durée de rotation de 10 à 12 heures.

ils à Saturne et à Jupiter par tout l'ensemble de leurs caractères, masse, volume, densité, spectre, durée de rotation et aplatissement (¹)? Cet écart entre la classification naturelle des planètes et celle qui résulterait de l'hypothèse de M. Faye me paraît de nature à infirmer beaucoup la valeur de cette hypothèse par le caractère de système artificiel qu'elle lui impose.

4" *Origine des comètes.* — Les comètes, d'après M. Faye, appartiennent originellement au système solaire, tandis que Laplace en fait des corps étrangers appelés dans ce système par l'attraction du Soleil. Sans prétendre décider entre les deux théories, je ferai remarquer que le petit nombre des comètes reconnues périodiques semble un argument puissant en faveur de l'idée de Laplace, telle qu'elle a été complétée par les travaux de Schiaparelli, de Le Verrier et de tant d'autres.

On voit, en résumé, que les objections qui, après discussion, sont restées debout contre la théorie de Laplace, se représentent avec la même force contre l'hypothèse de M. Faye : difficulté de comprendre comment la matière d'un anneau a pu se rassembler en une planète unique, explication encore à chercher de l'obliquité des axes de rotation des planètes. En plus, il paraît difficile d'admettre la formation d'anneaux séparés ; les distances des planètes ne sont soumises à aucune loi, contrairement à l'opinion générale des astronomes ; et, reproche le plus grave à mon sens, la nouvelle théorie ne respecte pas la classification naturelle des planètes.

En revanche, elle explique mieux que celle de Laplace comment la Terre a eu le temps de parcourir ses longues périodes géologiques ; formée au sein de la nébuleuse encore homogène et très rare, elle devait être arrivée déjà à un état de condensation fort avancée lorsque les matériaux du Soleil futur ont commencé à se réunir. Cependant il ne faut pas oublier qu'elle ne peut pas fournir aux périodes géologiques plus de 20 à 30 millions d'années, tandis qu'au dire de M. Faye lui-même, les géologues demandent au moins 100 millions d'années.

Il paraît donc bien difficile de se prononcer dès à présent en

---

(¹) D'après M. Schiaparelli, l'aplatissement d'Uranus est $\dfrac{1}{10,94 \pm 0,67}$.

faveur de l'une ou l'autre de ces deux théories. Toutes deux sont sujettes à des difficultés inhérentes à l'hypothèse nébulaire elle-même et à la conception de l'état primitif des planètes sous forme d'anneaux.

L'examen mathématique des conditions de formation et de durée de ces anneaux, aussi bien que de celles de leur dislocation, pourrait nous éclairer sur la possibilité mécanique de l'existence de pareils systèmes, soit à l'intérieur, soit à l'extérieur de la nébuleuse. Les essais tentés dans cette voie ont conduit, il est vrai, à des résultats assez contradictoires; mais ces contradictions semblent tenir aux divergences mêmes des données du problème que les divers auteurs se sont proposé de résoudre. Une étude mécanique absolument générale des conditions d'existence de la nébuleuse et des transformations qu'elle peut subir serait indispensable pour donner à l'hypothèse nébulaire une base plus solide que les raisonnements assez vagues sur lesquels elle repose aujourd'hui. Mais une pareille analyse semble dépasser encore de beaucoup les forces de la Science; et nous serons réduits encore longtemps à présenter les hypothèses cosmogoniques, comme l'ont fait leurs illustres auteurs, « avec la défiance que doit inspirer tout ce qui n'est pas un résultat de l'observation ou du calcul. »

CHAPITRE VI.

RECHERCHES DE M. G. DARWIN.

Dans les hypothèses cosmogoniques que nous avons examinées, l'état du système planétaire est supposé constant : les planètes se sont formées aux distances auxquelles elles sont actuellement du Soleil, les satellites décrivent les mêmes orbites qu'ils décrivaient à l'origine. La stabilité est le caractère de cette création; telle elle est née, telle elle subsiste et subsistera. M. Faye a bien admis sans doute que les anneaux qui ont formé les planètes pouvaient être à des distances du Soleil plus grandes que les rayons moyens des orbites actuelles. « Les planètes intérieures à l'orbite d'Uranus se sont rapprochées du Soleil en même temps que leurs satellites s'éloignaient un peu d'elles » (¹). Mais un tel changement ne s'est produit qu'à l'origine, et dans l'avenir, le Soleil pourra dissiper toute son énergie et s'éteindre, la vie disparaître de la surface des planètes : « Quant au système lui-même, les planètes obscures et froides continueront à circuler autour du Soleil éteint (²). »

« Les mouvements purement astronomiques du système continueront indéfiniment » (³). Ce n'est que dans les mouvements de rotation, en dehors de ce déplacement primitif et passager, que nous avons constaté de réels changements depuis la formation de chaque nébuleuse individuelle jusqu'au complet achèvement de l'astre auquel elle a donné naissance. Nous avons trouvé la cause de ces changements dans l'action des marées produites au sein de la nébuleuse satellite par l'attraction du corps central; et il en est ressorti des conséquences de la plus haute importance : je rappellerai l'établissement forcé d'un mouvement de rotation direct des

---

(¹) *Sur l'origine du monde,* p. 193.
(²) *Ibidem,* p. 253.
(³) *Ibidem,* p. 255.

planètes, quel qu'ait pu être le sens primitif de la rotation de la nébuleuse planétaire. Laplace le premier avait invoqué de telles
marées dans le sphéroïde lunaire pour expliquer l'égalité rigoureuse
des mouvements angulaires de rotation et de révolution de notre
satellite.

Une action si puissante à l'origine a-t-elle complètement cessé?
Son action s'est-elle bornée à influencer la durée des mouvements de rotation? Si elle existe encore aujourd'hui, dans quelles
limites est-elle capable de modifier l'état actuel du système planétaire? Toutes ces questions intéressent au plus haut degré la doctrine cosmogonique considérée, ainsi que je l'ai définie en commençant, comme embrassant l'origine et l'état futur et final du monde.
L'introduction de la Thermodynamique dans la Science a déjà fait
entrevoir la possibilité d'en trouver la solution. Je vais essayer de
résumer brièvement les résultats acquis et les vues nouvelles qu'ils
ouvrent sur l'origine de certains astres.

C'est le problème de l'accélération séculaire du moyen mouvement de la Lune qui a rappelé l'attention des Astronomes sur l'influence des marées. Laplace avait fait remarquer qu'il suffirait pour
expliquer cette accélération, dont la valeur est environ $12''$ par siècle,
d'admettre un ralentissement de la rotation de la Terre. Mais, ayant
cru trouver d'autre part que la variation d'excentricité de l'orbite
terrestre expliquait entièrement cette accélération et même lui assi-
gnait la valeur trouvée par l'observation, il en conclut : 1° que la
Lune et la Terre n'ont pas toujours marché l'une vers l'autre en
se rapprochant, mais que ce mouvement est périodique; 2° que la
durée du jour sidéral n'a pas varié d'un centième de seconde depuis
le temps d'Hipparque. Plus tard, M. Adams en 1853 et Delaunay
en 1864, firent voir qu'en réalité la quantité dont la variation
d'excentricité de l'orbite terrestre fait varier le mouvement de la
Lune n'atteint que $6'',1$, résultat confirmé depuis par les travaux
de MM. Victor et Pierre Puiseux. Il fallait expliquer les $6''$ res-
tantes.

C'est alors que Delaunay, reprenant l'idée première de Laplace,
y vit la preuve d'un ralentissement réel de la vitesse de rotation de
la Terre, qu'il attribua à l'action des marées, la viscosité et le frottement de l'Océan agissant sur le noyau solide à la manière d'un
frein. On se rappelle les discussions d'un très haut intérêt que fit

naître l'énoncé de cette opinion à l'Académie des Sciences de Paris
et à la Société royale Astronomique de Londres. S'il y a action
retardatrice de la Lune sur la Terre par l'intermédiaire des marées,
une réaction doit s'ensuivre, comme le faisaient remarquer M. J. Bertrand et M. G. Darwin; de là un ralentissement du moyen mouvement de la Lune et un accroissement de sa distance à la Terre, effet
directement opposé à celui qu'il s'agissait d'expliquer. Mais d'après
Delaunay, dont M. Airy soutenait l'opinion, le coefficient du retard
imprimé à la Lune est moindre que celui du retard de la rotation
de la Terre (¹).

La question ainsi posée n'a pas encore aujourd'hui reçu de solution définitive. Mais elle a été l'origine d'importants travaux de
M. W. Thomson et de M. G.-H. Darwin sur la théorie générale
des marées. J'ai déjà indiqué les faits nouveaux signalés par
M. Darwin relativement à l'obliquité des axes de rotation des planètes. Il me reste à faire connaître la partie de son travail qui a
trait plus particulièrement à la Cosmogonie. L'ensemble de ses
recherches forme six Mémoires présentés à la Société royale de
Londres de 1879 à 1882 (²).

M. G. Darwin a l'excellente habitude de joindre à chacun de ses
Mémoires un résumé en langage ordinaire des résultats auxquels

---

(¹) M. W. Thomson a plus tard appelé l'attention sur une autre cause perturbatrice du mouvement de rotation de la Terre : c'est la chute incessante des poussières météoriques sur sa surface, qui augmentent le moment d'inertie et par suite ralentissent la rotation (*Glasgow Geological Society,* vol. III : *On Geological Time*). Une autre cause, l'action du Soleil sur l'onde que produit dans l'atmosphère la variation diurne de la température, détermine au contraire une légère accélération du mouvement de rotation de la Terre. [W. Thomson, *Accélération thermodynamique du mouvement de rotation de la Terre (Séances de la Société française de Physique,* 1881, p. 200. *Royal Soc. of Edinburg,* 1881-82, p. 396).]

(²) *On the bodily tides of viscous and semi-elastic spheroids...* (*Phil. Transactions,* 1879, part I). — *On the precession of a viscous spheroid and on the remote history of the Earth* (1879, part II). — *Problems connected with the tides of a viscous spheroid* (1879, part II). — *On secular changes in the elements of the orbit of a satellite revolving about a tidally distorted Planet* (1880, part II). — *On the tidal friction of a Planet attended by several satellites and on the evolution of the solar system* (1881, part II). — *On the stresses caused in the interior of the Earth by the weights of continents and mountains* (1882, part I). Des analyses détaillées de ces Mémoires ont été données dans les *Proceedings of the R. Society.*

l'ont conduit ses déductions mathématiques. J'emprunte l'exposé de sa théorie à ces résumés, et particulièrement à ceux des Mémoires intitulés : *Changements séculaires des éléments de l'orbite d'un satellite tournant autour d'une planète déformée par les marées*, et *Du frottement de la marée sur une planète entourée de plusieurs satellites*.

Le point fondamental de la théorie est la transformation de la quantité de mouvement de rotation d'une planète, à mesure qu'il est détruit par le frottement des marées, en quantité de mouvement orbital du corps qui produit la marée.

La marée que considère M. Darwin n'est pas seulement celle que soulève l'action d'un corps extérieur dans la couche de liquide dont est recouverte la planète, mais celle qui affecte la masse entière de cette planète, qui n'est point absolument rigide, mais plus ou moins visqueuse et par conséquent déformable. Même dans son état actuel, la Terre n'échappe point à de telles déformations : il faudrait lui supposer une rigidité plus grande que celle de l'acier pour qu'il n'en fût pas ainsi. A plus forte raison, dans les périodes antérieures de son histoire, la Terre primitivement fluide a-t-elle dû subir des marées dans toute sa masse (*bodily tides*), dont les frottements ont produit sur sa rotation des effets bien plus énergiques que ceux que l'on peut attribuer aujourd'hui au frottement de la masse liquide de l'Océan sur la croûte solide du globe (¹). Examinons l'action de ce frottement de la marée sur la planète, et la réaction qui en résulte sur le satellite auquel est due la marée.

Si nous supposons la Terre et la Lune seules en présence, et la Terre tournant sur elle-même dans un temps plus court que la période de révolution de la Lune, l'effet de la marée lunaire sera de retarder le mouvement de rotation de la Terre, et de tendre à égaliser les périodes de la rotation de la Terre autour de son axe, et de la révolution des deux corps autour de leur centre d'inertie; aussi longtemps en effet que ces périodes diffèrent, l'action de la Lune sur la protubérance soulevée et entraînée par le mouvement trop rapide de rotation de la Terre tend à ramener celle-ci en arrière. Si,

---

(¹) Bien que M. Darwin ait basé ses recherches sur le frottement dû à cette *marée corporelle*, il fait néanmoins remarquer qu'on arriverait aux mêmes résultats par la considération de la seule marée superficielle ou d'une combinaison de celle-ci avec la marée interne.

pour plus de simplicité, nous supposons que la Lune est un corps sphérique homogène, l'action mutuelle et la réaction de la gravitation entre sa masse et celle de la Terre seront équivalentes à une force unique passant par son centre, et appliquée à un point de la Terre situé en dehors du centre, dans une position telle que l'action dirigée de la Terre vers la Lune ait un moment opposé au moment de rotation de la Terre. La réaction sur la Lune, dirigée suivant la même ligne, peut être regardée comme la résultante d'une force dirigée suivant la ligne des centres et presque égale à la force entière, et d'une force comparativement très petite perpendiculaire à la ligne des centres, tangentielle à fort peu près à l'orbite lunaire et dirigée dans le sens du mouvement du satellite. Une telle force aurait pour effet initial d'accroître la vitesse de la Lune ; mais, après un certain temps, la Lune se sera éloignée de la Terre en vertu de cette accélération, jusqu'à ce qu'elle ait perdu, en se mouvant en sens contraire de l'attraction terrestre, autant de vitesse qu'elle en avait gagné par l'action de la force accélératrice. L'effet de cette force tangentielle continue sera donc d'accroître graduellement la distance du satellite au corps central, et de faire que le mouvement de ce satellite s'exécute sur une orbite en spirale s'ouvrant très lentement en dehors. Dans cette transformation lente des deux mouvements de la Terre et de la Lune, l'accroissement du moment de la quantité de mouvement des centres d'inertie de la Lune et de la Terre, par rapport à leur centre commun d'inertie, est égal à la diminution de la quantité de mouvement de rotation de la Terre. Et les choses continueraient ainsi jusqu'à ce que la Terre et la Lune fussent amenées à tourner toutes deux comme un corps rigide unique autour de leur centre commun d'inertie, en se regardant toujours par les mêmes faces.

Mais si, au lieu de prévoir ce que l'action des marées produira dans l'avenir, nous remontons le cours des siècles en arrière, nous verrons la Lune dans des positions de plus en plus rapprochées de la Terre, dont la rotation était beaucoup plus rapide qu'elle ne l'est aujourd'hui ; et nous arriverons, avec M. G. Darwin, à une époque où la Lune, presque en contact avec la Terre, tournait autour d'elle en un temps un peu plus long que la période de rotation de celle-ci, qui était réduite à une durée beaucoup plus petite (5 heures environ) que sa durée actuelle

Il fut donc un temps où la Terre et la Lune ne faisaient qu'un corps unique, tournant sur lui-même avec une très grande rapidité. Il semble dès lors légitime et naturel de considérer l'état primitif de la Terre, avant la formation de la Lune, comme celui d'un globe en partie solide, en partie fluide et même gazeux. Ce globe tournait autour d'un axe très peu incliné sur l'écliptique, dans une période de une à quatre heures, et faisait sa révolution autour du Soleil dans une période à peine plus courte que l'année actuelle. La rapidité de la rotation devait déterminer un tel aplatissement, que la figure ellipsoïdale devait être très peu stable; et il a suffi peut-être de la marée produite sur cette planète par le Soleil pour en déterminer la séparation en deux masses, dont la plus grande est devenue la Terre, la plus petite la Lune. La déformation provenant de cette marée a pu, en effet, à une certaine époque, devenir énorme, s'il est arrivé, en vertu de la rapidité de la rotation, que la période de la marée ait été la même que celle de l'oscillation élastique du globe fluide. La forme primitive du satellite a-t-elle été un anneau continu, ou un essaim de météorites, ou bien l'ellipsoïde primitif a-t-il donné immédiatement naissance à deux globes? C'est une question que l'état de nos connaissances sur les conditions de stabilité et de rupture d'une masse fluide en rotation ne permet pas de résoudre.

Mais à partir du moment où la Lune a pris naissance, presque en contact avec la Terre et tournant avec elle presque comme un ensemble rigide, M. Darwin croit possible de suivre mathématiquement les phases successives par lesquelles a passé le système des deux corps pour arriver à l'état actuel.

Comme les deux masses ne sont pas rigides, l'attraction de chacune d'elles déforme l'autre; et si elles ne tournent pas rigoureusement dans le même temps, chacune produit des marées sur l'autre. Le Soleil aussi produit des marées sur les deux. Par suite de la résistance de frottement que la viscosité des deux masses offre aux mouvements de ces marées, un tel système est dynamiquement instable. Si, aux premiers jours de sa naissance, la Lune s'était mue sur son orbite plus vite que la Terre ne tourne, elle serait retombée sur la Terre. Ainsi l'existence de la Lune nous force à croire qu'au moment de la rupture, la durée de la révolution de la Lune était un peu plus grande que celle de la rotation de la Terre. C'est aussi la conclusion à laquelle semble conduire le principe de la conservation des moments des quantités de mouvement.

Par suite du frottement des marées, la durée de la période de la Lune, ou le mois, s'allonge, et celle de la rotation de la Terre, le jour, s'accroît aussi ; mais le mois s'allonge beaucoup plus vite que le jour. En même temps, la Lune tournait autour d'un axe à peu près parallèle à celui de la Terre. Mais l'attraction de la Terre sur les marées soulevées sur la Lune tendait à ralentir ce mouvement de rotation, et ce ralentissement est bien plus rapide que le ralentissement analogue de la rotation de la Terre. A partir du moment où la rotation de la Lune sur son axe atteint une vitesse angulaire qui n'est plus que le double de la vitesse angulaire sur l'orbite, la position de son axe de rotation, jusque-là parallèle à l'axe de la Terre, devient dynamiquement instable. L'obliquité de l'équateur lunaire sur le plan de l'orbite augmente, atteint un maximum et diminue ensuite. En même temps, la période de la rotation lunaire augmente toujours, et finalement, l'équateur de la Lune coïncide à fort peu près avec le plan de son orbite, en même temps que la marée dégénère en une déformation permanente de l'équateur lunaire, qui fait que la Lune tourne toujours la même face vers la Terre. C'est aussi le résultat auquel est arrivé Laplace.

En même temps, l'orbite lunaire changeait aussi de forme et de position. A mesure que le mois augmente en longueur, l'orbite lunaire devient excentrique, et l'excentricité atteint un maximum lorsque la durée du mois est d'environ une rotation et demie de la Terre. Ensuite l'excentricité diminue. Plus tard encore, lorsque la Terre est devenue plus rigide, et que les océans se sont formés, le frottement de la marée océanique commence à jouer un rôle plus important que celui de la marée du globe entier. Alors l'excentricité recommence à croître, après avoir passé par un état stationnaire. Le plan de l'orbite est d'abord nécessairement identique avec l'équateur terrestre ; mais à mesure que la Lune s'éloigne de la Terre, l'attraction du Soleil commence à faire sentir son action. Au moment de la genèse de la Lune, l'équateur terrestre devait être incliné de 4° à 12° sur l'écliptique, nous dirons plus tard la cause probable de cette obliquité ; l'orbite lunaire était dans le plan de l'équateur. M. Darwin introduit ici la considération de deux plans fictifs qu'il appelle les *plans propres* de la Terre et de la Lune. Le plan propre de la Lune n'est autre que le plan introduit par Laplace au liv. VII de la *Mécanique céleste*, chap. II, § 20, pour l'étude des inégalités lunaires dues à la non-sphéricité de la Terre et de la Lune ; ce plan passe constamment par la ligne des équinoxes, le plan de l'orbite de la Lune est incliné sur lui d'un angle constant, et la ligne des nœuds de l'orbite avec ce plan rétrograde sur lui d'un mouvement uniforme. Le plan propre de la Terre joue le même rôle par rapport à l'équateur. Dans l'état actuel des choses, les deux plans sont inclinés d'un angle constant l'un sur l'autre et sur l'écliptique, ils se coupent dans ce dernier plan, sur lequel leur nœud commun rétrograde d'un lent mouvement précessionnel. L'action solaire a fait varier lentement depuis l'origine la position de ces plans propres et celles de l'équateur et de l'orbite lunaire par rapport à eux.

Les deux plans propres coïncidaient primitivement à très peu près l'un avec l'autre et avec l'équateur terrestre, donc aussi avec l'orbite lunaire. Peu à peu, ils se sont écartés l'un de l'autre, l'inclinaison du plan propre de la Lune sur l'écliptique a continuellement diminué, tandis que celle du plan propre de la Terre a augmenté continuellement. En même temps, les plans de l'équateur terrestre et de l'orbite lunaire oscillaient par rapport à leurs plans propres respectifs. L'inclinaison de l'orbite lunaire sur son plan propre augmente d'abord, jusqu'à un maximum de 6° à 7°, qui a été atteint à l'époque où le jour avait une durée d'un peu moins de 9 de nos heures actuelles, et où le mois durait un peu moins de 6 de nos jours. Cette inclinaison a été ensuite constamment en diminuant. L'équateur s'est également incliné de plus en plus sur son plan propre jusqu'à un maximum de 2° 45', après quoi il s'en est constamment rapproché. L'inclinaison maximum de l'équateur a précédé l'inclinaison maximum de l'orbite lunaire.

Une fois passées les époques de ces maxima, nous avons un système dans lequel aucune nouvelle phase ne survient : le jour et le mois vont en croissant, mais le mois beaucoup plus vite que le jour ; l'inclinaison du plan propre de la Lune sur l'écliptique et de l'orbite sur son plan propre vont en diminuant ; le plan propre de la Terre s'écarte de l'écliptique, l'équateur se rapproche de son plan propre ; en même temps, l'excentricité de l'orbite lunaire va croissant. Nous arrivons ainsi, au bout d'un temps suffisamment long, à l'état actuel du système de la Terre et de la Lune.

L'action des marées sur la matière plus ou moins visqueuse du globe terrestre a dû produire, en outre, des effets collatéraux. Le couple de frottement de la marée, d'où résulte le ralentissement du mouvement de rotation, n'a pas la même valeur aux diverses latitudes ; la protubérance de la marée est surtout équatoriale, et, par suite, la Lune tend à retarder la rotation des régions équatoriales du globe plus que celle des régions polaires. De là dans la masse totale un mouvement de torsion, d'où résulte un mouvement lent de l'ouest vers l'est des régions polaires par rapport à l'équateur. Cette action est aujourd'hui excessivement faible et n'a certainement laissé aucune trace sensible de son effet dans les dernières périodes géologiques. Mais il se peut qu'elle ait eu une certaine importance à l'époque où la Terre était encore presque fluide, et où la Lune était beaucoup plus voisine de la Terre ; et M. Darwin n'est pas éloigné de lui attribuer la forme de nos grands continents. Il croit aussi trouver l'indice d'une semblable action dans la configuration des îles et des canaux de Mars, tels que les a dessinés M. Schiaparelli. Mais il ne faut pas donner à ces remarques plus de valeur que ne leur en attribue l'Auteur lui-même.

Une deuxième conséquence du frottement des marées est que l'énergie du système va en diminuant ; mais le principe de la conservation de l'énergie oblige à admettre que la portion perdue reparaît sous forme de chaleur. M. Darwin a consacré un chapitre important de ses recherches à la détermination de la chaleur engendrée par le frottement dans l'intérieur d'un sphéroïde visqueux tordu par l'action des marées. Il en résulte que la portion de beaucoup la plus grande de cette chaleur est engendrée dans les régions centrales. Si la Terre et la Lune ont passé par les périodes successives que suppose M. Darwin, la chaleur ainsi produite suffirait à porter la masse entière de la Terre à 3000° Fahrenheit, en lui supposant la chaleur spécifique du fer, et cette chaleur suffirait à un refroidissement se faisant suivant la loi actuelle pendant 3600 millions d'années. Il semble donc au premier abord que cette prodigieuse quantité de chaleur pourrait être regardée comme l'origine de la chaleur centrale ; mais, en réalité, elle ne saurait produire un accroissement actuel de la température du sous-sol supérieur à

1° Fahrenheit pour chaque 2600 pieds, par conséquent $\frac{1}{50}$ à peine de l'accroissement réel qui est de la même quantité pour 50 pieds.

L'histoire complète du système de la Terre et de la Lune est ainsi rattachée par M. Darwin à une cause mécanique véritable; et il est bien certain que, l'exactitude de ses déductions mathématiques étant admise, on arrive, par l'intervention de cette seule cause, à produire un système qui a la plus grande ressemblance avec le nôtre. Mais combien a-t-il fallu de temps pour que l'action réciproque des marées amenât la Lune, du contact de la Terre où elle est née, à sa distance actuelle? M. G. Darwin a calculé que la durée minima de cette histoire de la Lune est de 54 millions d'années. Or, nous savons que depuis l'origine de la condensation de la nébuleuse solaire, c'est-à-dire depuis une époque bien antérieure à ce que M. Darwin considère comme l'état primitif de la Terre et de la Lune, il n'a pu s'écouler jusqu'à présent que 20 à 30 millions d'années au maximum. Nous nous retrouvons ici en présence de la même difficulté qui s'est toujours dressée devant l'hypothèse nébulaire, sous quelque forme que celle-ci ait été considérée.

D'autre part, si l'évolution du système lunaire s'est faite sous l'action du frottement des marées, il faut que des traces au moins d'une semblable action se retrouvent dans les autres systèmes de satellites, et peut-être aussi dans le système des planètes qui sont les satellites du Soleil. M. G. Darwin a étudié dans ses derniers Mémoires ce nouvel aspect de la question.

Une planète, considérée comme satellite du Soleil, tend à produire sur cet astre une marée dont le frottement ralentit la rotation du Soleil, et augmente par réaction la vitesse de la planète sur l'orbite, par conséquent tend à accroître le rayon de l'orbite. En même temps, le Soleil produit sur la planète une marée, dont l'effet est facile à analyser comme nous l'avons fait plus haut. Il en résulte d'une part un ralentissement de la rotation de la planète, et d'autre part un accroissement de la vitesse sur l'orbite, ou un accroissement de la distance au Soleil. Quelle peut être la grandeur de l'un et l'autre de ces deux effets? Si l'on tient compte de l'énorme différence des rayons du Soleil et de la planète et de la gravité à leur surface, ainsi que de la lenteur relative de la rotation du Soleil, on voit d'abord que l'effet de la marée solaire sur la Terre est environ 113000 fois plus grand que celui de la marée produite par la Terre sur le Soleil; ce dernier est donc tout à fait insignifiant par rapport au premier, ce qui permet de considérer l'effet produit par un soleil rigide sur une planète qu'il déforme incessamment.

Nous avons déjà fait remarquer que le point fondamental de la théorie est la transformation de la quantité de mouvement de rotation d'une planète en quantité de mouvement sur l'orbite. Il suffit donc de calculer, au moins approximativement, les valeurs de ces deux quantités de mouvement pour voir quel accroissement de la vitesse sur l'orbite a pu engendrer le ralentissement de la rotation. Or, ce calcul a montré à M. G. Darwin que la quantité de mouvement de rotation d'une planète quelconque, en y·comprenant le mouvement orbital de ses satellites qui en dérive, est toujours très petit par rapport à la quantité de mouvement de la planète sur l'orbite. La plus grande valeur de ce rapport appartient à Jupiter, où la quantité de mouvement interne est 0,00026, tandis que la quantité du mouvement orbital est 13 ou 5000 fois le premier. D'où il suivrait que si le mouvement de rotation de Jupiter avec ses satellites venait à être détruit par le frottement de la marée solaire, la moyenne distance de Jupiter au Soleil ne serait accrue que de $\frac{1}{2500}$ de sa valeur. Il faudrait donc que la rotation des planètes eût été jadis des milliers de fois plus rapide qu'aujourd'hui, pour que l'effet des marées ait pu accroître notablement les rayons de leurs orbites. Il est vrai que, les planètes étant alors beaucoup plus voisines du Soleil, les marées soulevées par elles sur cet astre auraient ajouté un effet sensible à celui des marées produites par le Soleil sur les planètes. Mais il est peu probable que les masses planétaires aient jamais eu des vitesses de rotation aussi énormes que le voudrait cette hypothèse; et M. Darwin est conduit à admettre que les planètes, formées de portions détachées d'une masse nébulaire en voie de contraction, sont nées très probablement aux distances mêmes, ou à peu près, où elles se trouvent aujourd'hui. Il fait remarquer d'ailleurs qu'il serait difficile de concilier un élargissement progressif du système planétaire avec l'existence de la loi à laquelle semblent soumises les distances actuelles des planètes au Soleil. La loi de Bode, quelque valeur qu'on veuille lui attribuer, apparaît comme le vestige, un peu déformé sans doute, de l'influence des lois qui ont déterminé les époques successives d'instabilité de la nébuleuse en mouvement de rotation et de contraction. Elle aurait complètement disparu, si une cause quelconque avait notablement changé les distances planétaires; c'est une remarque que nous avons déjà faite en discutant la nouvelle conception cosmogonique de M. Faye.

Mais si l'action des marées solaires n'a pu altérer la moyenne distance des planètes, il ne semble pas impossible de lui attribuer une part d'influence dans l'excentricité des orbites et aussi l'inclinaison des axes de rotation sur le plan de ces orbites.

C'est surtout dans la formation des systèmes secondaires, beaucoup plus resserrés que le système des planètes, que l'on doit espérer retrouver des traces de l'action du frottement des marées. D'après l'hypothèse nébulaire, une nébuleuse planétaire va se contractant, et tourne plus vite à mesure qu'elle se contracte. La rapidité de la rotation rend bientôt sa forme instable; une portion de matière s'en détache, soit sous forme d'anneau, soit autrement; et comme cette portion détachée était celle qui possédait la plus grande quantité de mouvement angulaire, le reste peut reprendre une forme d'équilibre. Il se reproduit ainsi à intervalles une série d'époques d'instabilité et de production de satellites.

Mais le frottement de la marée solaire agit en sens contraire de la contraction et tend à diminuer la vitesse de rotation. Par suite donc de la simultanéité des deux actions, les époques d'instabilité reviennent à de plus longs intervalles que si la contraction agissait seule. Si même l'action retardatrice de la marée est suffisante, cette instabilité ne se produira jamais, et par conséquent, les planètes les plus voisines du Soleil, Mercure et Vénus, ne se sont pas trouvées dans les conditions favorables à la production d'un satellite. Les grandes planètes plus éloignées du Soleil ont dû, au contraire, voir les périodes d'instabilité se renouveler fréquemment, en raison de la faiblesse des marées solaires; elles doivent donc posséder un plus grand nombre de satellites. Pendant la contraction de la masse terrestre, l'équilibre a pu exister longtemps entre l'accélération due à la contraction et le ralentissement produit par la marée. La Lune a donc dû naître à une époque déjà avancée de l'histoire de la Terre et lorsque celle-ci s'était déjà contractée presque à ses dimensions actuelles. Nous avons vu que M. Roche est arrivé aussi de son côté à des conclusions semblables. Il n'est donc pas étonnant que la Lune possède relativement à la Terre une masse plus considérable que celle des autres satellites en regard de leurs planètes, si ceux-ci se sont formés dans des conditions différentes. De même aussi la genèse d'un gros satellite, auprès d'une planète déjà avancée en âge, a produit des marées considérables dans le système, et l'on doit s'attendre à voir l'action de ces marées prédominer dans les phases successives qui ont amené le système à son état actuel.

L'action de la marée solaire sur Mars est à fort peu près la même que sur la Terre. La masse de cette planète est fort petite. On doit donc supposer que Mars est déjà arrivé à une période très avancée de son histoire, et c'est ce que confirme l'existence de ses singuliers satellites, Phobos en particulier. Ce corps s'est formé comme la Lune au contact de Mars ; mais la petitesse du satellite n'a donné à l'action des marées qu'une influence extrêmement faible sur l'état du système : le satellite s'est éloigné, mais à une très petite distance, en même temps que sa période de révolution augmentait, et que la vitesse de rotation de la planète diminuait d'une quantité presque infinitésimale. Il est donc venu bientôt pour lui un temps, qui arrivera plus tard pour la Lune, où les deux vitesses sont devenues angulairement égales ; et à partir de ce moment, le frottement de la marée solaire a continué à diminuer la vitesse angulaire de Mars, la réaction de la marée sur le satellite a changé de sens, la vitesse de celui-ci sur son orbite s'est accrue et en même temps il s'est rapproché de sa planète, mais très lentement. C'est ce que les âges futurs verront se passer dans le système de la Terre et de la Lune ; mais tandis que celle-ci, en raison de sa grande masse, devra s'éloigner beaucoup de la Terre avant que la réversion des actions ait lieu, le petit satellite de Mars n'a eu besoin d'aller qu'à une faible distance de sa planète avant de revenir vers elle. Le second satellite, Déimos, fait encore sa révolution en 30^h18^m, tandis que Mars tourne sur lui-même en 24^h37^m ; Déimos doit donc encore aujourd'hui s'éloigner de la planète, mais très lentement. Les plans des orbites doivent se trouver à fort peu près en coïncidence avec l'équateur de la planète. Celui-ci est assez fortement incliné, 27°, sur le plan de l'orbite ; cette inclinaison serait due entièrement aux marées solaires, et sa grandeur indique aussi une évolution déjà très avancée de Mars, si primitivement son axe a été presque exactement perpendiculaire à l'écliptique.

L'énorme planète Jupiter tourne sur elle-même en dix heures
environ; son axe est presque perpendiculaire au plan de l'orbite;
trois de ses satellites font leur révolution en sept jours au plus,
le quatrième n'a encore qu'une période de 16^j 16^h. Tous ces caractères sont ceux d'une planète beaucoup moins avancée en âge que
la nôtre. Cette lenteur de l'évolution tient d'une part à la grandeur de la masse de Jupiter et à la petitesse relative des satellites,
qui n'ont soulevé sur la planète que des marées insignifiantes, incapables de modifier rapidement leurs orbites; et d'autre part à
l'éloignement du Soleil, qui n'a pu aussi retarder que très lentement la rotation de la planète. Cette diminution de l'action retardatrice du Soleil est l'explication de la vitesse de rotation dont sont
douées les grandes planètes, tandis que les plus voisines du Soleil
tournent plus lentement sur elles-mêmes.

Saturne est dans le même cas que Jupiter, mais il présente certaines particularités difficiles à expliquer. Sa rotation rapide, l'existence de l'anneau, la brièveté de la durée de révolution des satellites intérieurs, tout cela indique une période d'évolution encore
peu avancée; tandis que la grande durée de révolution des satellites
extérieurs et la forte inclinaison de l'équateur sont des indices d'un
âge plus avancé. Il semble difficile d'admettre, puisque les plans
de l'anneau et des orbites des satellites sont en général voisins de
l'équateur de la planète, que l'inclinaison de ce dernier plan puisse
résulter uniquement de l'action des marées; c'est une remarque que
j'ai déjà faite plus haut. Aussi M. Darwin est-il porté à croire à
l'existence d'une obliquité primitive, produite à la naissance même
de la planète par des causes différentes de celles qu'il invoque pour
expliquer l'obliquité des équateurs des corps voisins du Soleil. A
plus forte raison, faut-il renoncer à trouver dans l'action des marées la cause de la position singulière des axes de rotation d'Uranus et de Neptune, qui reste jusqu'à présent complètement in-
expliquée.

L'introduction de l'action des marées dans l'évolution du système
planétaire me paraît être un fait d'une notable importance, et j'espère que l'analyse très incomplète que je viens de faire des travaux
de M. Darwin, en essayant de traduire en langage ordinaire les
résultats de recherches mathématiques fort complexes et très ardues,
donnera à nos jeunes Géomètres le désir de connaître et d'appré-

cier à sa juste valeur une cause de perturbation des mouvements des astres dont la *Mécanique céleste* de Laplace n'a tenu aucun compte. Sans doute les théories de M. Darwin laissent intacts les points fondamentaux de l'hypothèse nébulaire; elles ne touchent ni à la genèse des planètes, ni même à celle des satellites des planètes extérieures. Mais elles nous indiquent l'existence d'une cause qui a pu et qui a dû modifier considérablement l'état primitif très simple du système et y introduire ces excentricités et ces inclinaisons qui en altèrent aujourd'hui la simplicité et la régularité originelles. Dans le cas particulier de la Terre et de la Lune, qui a toujours embarrassé les auteurs des hypothèses cosmogoniques et les a forcés à introduire des suppositions spéciales, M. G. Darwin montre que l'action des marées a dû jouer un rôle très important et sans doute le plus important, si bien que la considération de cette seule action a pu le conduire à rendre compte de l'état actuel du système terrestre, et à établir des relations nécessaires de grandeur entre les durées actuelles du jour et du mois, l'obliquité de l'écliptique et l'inclinaison et l'excentricité de l'orbite lunaire. Il faut remarquer que, si ce résultat a été obtenu en supposant la Terre à l'état visqueux et subissant par l'action des marées des déformations de toute sa masse, les mêmes effets se produiraient à fort peu près, quelle que soit la nature de la marée qui engendrerait les frottements.

Mais la théorie de l'évolution du système terrestre, telle que l'expose M. Darwin, le conduit à un énoncé qui suffirait à rendre impossible la conciliation de cette histoire particulière avec l'hypothèse nébulaire. Il a fallu au minimum 54 millions d'années à l'action des marées pour amener la Lune de sa position primitive où elle s'est détachée de la Terre, déjà fort avancée en âge, à la distance où elle se trouve aujourd'hui. L'estimation de la chaleur engendrée par la condensation totale de la nébuleuse solaire montre que la durée du système complet ne peut dépasser 30 millions d'années. Il y a donc incompatibilité entre l'hypothèse nébulaire et la théorie de M. Darwin, si l'on veut suivre celle-ci jusque dans ses dernières conséquences, et supposer avec cet auteur que la Lune s'est détachée de la Terre, à une époque où celle-ci était un globe de 8000 milles de diamètre.

Pourrait-on concilier les deux hypothèses, en faisant remonter la naissance de la Lune à une époque antérieure? M. Darwin a poursuivi l'intégration en arrière, jusqu'au moment où l'équateur de la Terre était incliné de 11° seulement sur l'écliptique et où la période de sa rotation était de 2^h à 4^h seulement. Il faudrait arrêter cette intégration à une époque moins reculée de l'histoire de la Terre; la durée de rotation serait plus considérable, la contraction étant beaucoup moindre; mais il faudrait aussi que l'obliquité de l'équateur sur l'écliptique fût déjà à ce moment assez considérable, puisque l'action des marées lunaires, par laquelle M. Darwin l'explique en majeure partie, n'aurait qu'une durée beaucoup moindre. Quelle serait alors l'origine de cette obliquité primitive? Il faudrait la trouver dans l'action du Soleil sur la marée qu'il soulève sur la Terre, et à laquelle M. Darwin semble attribuer, au moins en partie, celle de 11° qu'il suppose exister lors de la naissance de la Lune. D'autre part, la rapidité de rotation de la Terre étant beaucoup moindre, la figure de l'ellipsoïde nébuleux terrestre ne serait plus une forme instable, et la Lune ne se détacherait plus de la Terre de la façon que suppose notre auteur. Il faudrait la faire naître comme l'a admis M. Roche par exemple; et dès lors le rôle des marées, mis en lumière d'une façon si saisissante par M. Darwin, se réduirait à une action bien moindre, éloignement progressif de la Lune, augmentation de la durée du mois et du jour, accroissement d'obliquité de l'écliptique, jusqu'à l'état actuel du système.

Mais je ne dois pas oublier de faire remarquer que cette objection tirée de la durée de l'évolution, nous l'avons rencontrée se dressant contre toutes les hypothèses, aussi bien contre celles de Laplace et de M. Faye que contre l'hypothèse plus restreinte de M. G. Darwin. Elle doit donc être considérée comme s'attaquant bien plutôt à la base de l'hypothèse nébulaire elle-même qu'aux diverses manières dont cette hypothèse a pu être traitée. Elle est née de la conception que nous nous sommes faite de l'état de la nébuleuse primitive, dans laquelle nous avons voulu voir la matière à l'état le plus simple, en désagrégation complète et au zéro absolu de température. Dès lors, la chaleur engendrée par la condensation de cette nébuleuse est nécessairement limitée; et il se trouve que l'espace de temps dans lequel cette énergie calorifique peut être dissipée n'est plus suffisant à la durée de l'évolution géologique de la Terre. M. Faye a cherché à allonger autant que possible cette durée limite; je ne crois pas qu'il soit parvenu à satisfaire les géologues. M. Darwin, de son côté, prend la Terre à une époque où elle était déjà fortement condensée et presque arrivée au commencement des périodes géologiques, et il vient se buter à la même difficulté. Si les exigences des géologues sont justifiées, si le frottement des marées, tel que l'introduit M. Darwin, est la cause réelle de l'état actuel du système terrestre, c'est la base même de l'hypothèse nébulaire qu'il faut modifier; ou plutôt, il faut attendre du temps et des investigations futures la réconciliation de théories en apparence aujourd'hui contradictoires.

Telle me paraît être la pensée de l'éminent analyste anglais : « Mes recherches, dit-il, n'apportent aucune raison de rejeter l'hypothèse nébulaire; mais, tout en conservant les traits principaux de cette théorie, elles y introduisent des modifications d'une importance considérable. Le frottement des marées est une cause de changement dont la théorie de Laplace n'a point tenu compte, et bien que l'activité de cette cause doive être regardée comme appartenant plus spécialement à une époque ultérieure aux événements décrits dans l'hypothèse nébulaire, cependant son influence a été de grande importance, et même dans le cas de la Lune d'une importance prépondérante, dans la détermination de l'état présent des planètes et de leurs satellites (*On the tidal friction of a planet attended by several satellites*, etc., p. 535) ».

Cette action des marées, assez puissante pour faire naître de nouveaux astres à l'époque de fluidité des planètes, persiste encore aujourd'hui au moins sur la partie encore liquide de ces corps, et, quoique bien affaiblie, doit modifier lentement l'état du système tout entier. Il nous reste à examiner, dans un dernier Chapitre, à la lumière de ces données nouvelles, ce qu'il adviendra, dans la suite des temps, de notre système planétaire.

CHAPITRE VII.

LA FIN DES MONDES.

Une étude cosmogonique complète doit nous apprendre comment finiront les mondes dont elle nous a montré l'origine. Les mêmes forces mécaniques qui ont transformé le Chaos primitif et donné naissance aux globes célestes gravitant isolément dans des espaces vides continuent à agir sur eux, transforment et modifient incessamment leurs mouvéments et leurs positions relatives; l'énergie primitive placée à l'origine dans la matière reste sans doute entière, mais subit d'incessantes métamorphoses qui la font apparaître tour à tour sous forme de mouvement, de chaleur, d'électricité; la chaleur accumulée dans un soleil se répand progressivement dans l'Univers entier; la quantité du mouvement soit orbital, soit rotationnel, que possédait un astre, passe dans ses satellites et une portion se transforme en chaleur : nous sommes ainsi amenés à nous faire du monde et du mécanisme qui le gouverne une idée complètement différente de celle qui, nous devons l'avouer, régnait dans l'Astronomie il y a quelques années encore.

Un des plus beaux titres de gloire de Laplace est d'avoir démontré l'invariabilité des grands axes du système planétaire. Les orbites des planètes se déforment et se déplacent, leurs intersections avec l'écliptique parcourent successivement les différents signes du zodiaque, leurs périhélies peuvent faire le tour entier du ciel; les inclinaisons se modifient sans cesse; « mais dans cet ensemble de mouvements si complexes et si divers, il est un élément qui reste constant, ou du moins ne varie qu'entre des limites très étroites : les grands axes des orbites planétaires n'ont pas d'inégalités séculaires, ils ne font qu'osciller de part et d'autre de leurs valeurs moyennes, en vertu des inégalités périodiques; ces grands axes, qui sont aujourd'hui très différents les uns des autres, le seront donc toujours. — Il en résulte que les temps des révolutions des diverses planètes sont constants, ou du moins ne sont soumis qu'à de petits changements périodiques. Ce beau théorème est la base fondamentale sur laquelle repose aujourd'hui l'Astronomie théorique, de même que l'Astronomie d'observation est fondée sur l'invariabilité de la durée du jour sidéral ([1]). »

La stabilité mécanique du système planétaire étant ainsi établie, quelle sera la fin des mondes qui le composent? J'en emprunte la description à M. Faye : « Le Soleil perd constamment de sa chaleur, sa masse se condense et se contracte; sa fluidité actuelle doit aller en diminuant. Il arrivera un moment où la circulation qui alimente la photosphère, et qui régularise sa radiation en y faisant participer l'énorme masse presque entière, sera gênée et commencera à se ralentir. Alors la radiation de lumière et de chaleur diminuera, la vie végétale et animale se resserrera de plus en plus vers l'équateur terrestre. Quand cette circulation aura cessé, la brillante photosphère sera remplacée par une croûte opaque et obscure qui supprimera immédiatement toute radiation lumineuse. Bientôt on pourra marcher sur le Soleil, comme on le fait au bout de quelques jours sur les laves, encore incandescentes au dedans, qui sortent de nos volcans. Réduit désormais aux faibles radiations stellaires, notre globe sera envahi par le froid et les ténèbres de l'espace. Les mouvements continuels de l'atmosphère feront place à un calme complet. La circulation aéro-tellurique de l'eau qui vivifie tout aura disparu : les derniers nuages auront répandu sur la Terre leurs dernières pluies; les ruisseaux, les rivières cesseront de ramener à la mer les eaux que la radiation solaire lui enlevaient incessamment. La mer elle-même, entièrement gelée, cessera d'obéir aux mouvements des marées. La Terre n'aura plus d'autre lumière propre que celle des étoiles filantes qui continueront à pénétrer dans l'atmosphère et à s'y enflammer. Peut-être les alternatives qu'on observe dans les étoiles, au commencement de leur phase d'extinction, se produiront-elles aussi dans le Soleil; peut-être un développement accidentel de chaleur, dû à quelque affaissement de la croûte solaire, rendra-t-il un instant à cet astre sa splendeur première; mais il ne tardera pas à s'affaiblir et à s'éteindre de nou-

---

([1]) M. F. Tisserand, *Notice sur les perturbations* (*Annuaire du Bureau des Longitudes pour* 1885, p. 823).

veau comme les étoiles fameuses du Cygne, du Serpentaire et dernièrement encore de la Couronne boréale (¹). »

« Quant au système lui-même, les planètes obscures et froides continueront à circuler autour du Soleil éteint. Sauf ces mouvements, représentants derniers du tourbillonnement primitif de la nébuleuse que rien ne saurait effacer, notre monde aura dépensé toute l'énergie de position que la main de Dieu avait accumulée dans le Chaos premier. » (Faye, *Sur l'Origine du monde*, p. 252 et 253.)

Ainsi la vie disparaîtra de notre système planétaire, mais les mouvements purement astronomiques du système continueront indéfiniment..... à moins, ajoute M. Faye, que le mouvement qui entraîne le Soleil vers la constellation d'Hercule n'amène une collision fortuite, qui transformerait en chaleur l'énergie que notre système a possédée jusqu'ici, et ramènerait ses matériaux à l'état de nébulosité incandescente. Mais une pareille collision est bien peu probable, de l'aveu même de M. Faye. Il semble même que l'idée dominante de la stabilité du système du monde exclut absolument la possibilité de ces chocs. Si les choses ont été arrangées autour du Soleil de manière que les planètes même éteintes puissent continuer indéfiniment leurs mouvements suivant les mêmes lois, les mouvements des étoiles dans l'immense amas de l'Univers doivent aussi avoir été combinés, par des lois que nous sommes impuissants à expliquer, de manière à ne pas se gêner réciproquement et à interdire toute rencontre entre elles. Ce n'est donc pas seulement notre système qui finira, comme M. Faye vient de le décrire en un si beau langage : c'est l'Univers tout entier, qui, à la fin des temps, aura perdu toute lumière, toute chaleur et toute vie, et ne se composera plus que de globes obscurs et glacés, circulant silencieusement dans les ténèbres d'une nuit éternelle.

Telle est la destinée finale du monde, si le théorème de Laplace est vrai. Et pourtant combien M. Faye est loin déjà des idées que Laplace et ses contemporains pouvaient se faire du Soleil et des planètes! Pour eux, le Soleil est une source indéfinie et intarissable de chaleur et de lumière; une mince couche de gaz incandes-

---

(¹) L'étoile de la Couronne n'est pas éteinte; elle est aujourd'hui de 9°,5 grandeur comme elle l'était avant son énorme accroissement d'éclat en 1866.

cent, entourant un globe froid et obscur, c'est tout ce qu'il faut sous le règne des fluides impondérables, pour expliquer la chaleur et la lumière solaire; l'idée n'est pas encore née, ou plutôt elle s'est perdue, que ce foyer a besoin d'être entretenu. La vie des planètes peut donc durer éternellement, et le système planétaire est réellement stable.

Mais l'Astronomie physique est intervenue, et c'est elle qui nous a montré dans le Soleil et dans les planètes les transformations incessantes qu'ils éprouvent, et nous a forcés à croire à leur durée passagère. Un premier pas a donc été fait : le système planétaire, stable mécaniquement, ne l'est pas pour les productions vivantes dont il est le support; la vie s'éteindra un jour à sa surface. Les mouvements mécaniques, désormais inutiles et sans but, vont-ils continuer indéfiniment? Un nouveau pas en avant est nécessaire, pour résoudre cette question.

Aux yeux du Philosophe, la durée éternelle des êtres matériels qui ont eu un commencement est un non-sens : tout naît, vit et meurt. Les astres se sont formés aux dépens du Chaos primitif; pendant un temps ils forment des systèmes animés de mouvements réguliers; mais pour eux, comme pour les êtres qui vivent à leur surface, vient le jour de la destruction et de la mort. Newton, Buffon, Kant ont tous énoncé cette idée de la destruction finale et complète des systèmes qui composent l'Univers, et ce dernier en particulier a consacré à l'exposition de la fin des mondes de magnifiques pages dans le septième Chapitre de la deuxième Partie de la *Théorie générale de l'Univers*. Au sein du Chaos qui remplit l'espace sans limite, la création des mondes ou plus exactement leur formation va progressant sans cesse, autour d'un centre où le mouvement s'est manifesté d'abord. A chaque instant, des mondes nouveaux naissent à la limite extérieure d'une vaste sphère qui contient les mondes déjà façonnés; et en même temps à l'intérieur de cette sphère, les mondes vieillissent et meurent. « Lorsqu'un système de mondes a épuisé, dans sa longue durée, toute la série des transformations que sa constitution peut embrasser, quand il est devenu ainsi un membre superflu dans la chaîne des êtres, rien n'est plus naturel que de lui faire jouer, dans le spectacle des métamorphoses incessantes de l'Univers, le dernier rôle qui appartient à toute chose finie : il n'a plus qu'à payer son tribut à la mort... Il semble que cette fin nécessaire des mondes et de tous les êtres de la nature soit soumise à une loi déterminée. D'après cette loi, les astres qui sont les plus voisins du centre de l'Univers disparaissent les premiers, comme ils sont nés les premiers. A partir de là, la destruction et la ruine s'étendent de proche en proche jusqu'aux régions les plus lointaines par l'anéantissement successif des mouvements, pour ensevelir dans un Chaos unique tous les mondes qui ont traversé la période de leur existence. D'autre part la nature, sur les limites opposées du monde déjà formé, est incessamment occupée à façonner des mondes avec les matériaux des éléments décomposés; et pendant que, d'un côté, elle vieillit autour du centre, de l'autre elle est toujours jeune et féconde en nouvelles créations. » Mais que devient la matière des mondes ainsi détruits? « N'est-il pas permis de croire que la nature qui a pu, une première fois, faire sortir du Chaos l'ordonnance régulière de systèmes si habilement construits, peut bien de nouveau renaître aussi aisément du second Chaos, où l'a plongée la destruction des mouvements, et régénérer de nouvelles combinaisons?... Après que l'impuissance finale des mouvements de révolution dans l'Univers aura précipité les planètes et les comètes en masse sur le Soleil, l'incandescence de cet astre recevra un accroissement prodigieux du mélange de ces masses si nombreuses et si grandes... Ce feu ainsi remis en une effroyable activité par ce nouvel aliment, non seulement résoudra de nouveau toute la matière en ses derniers éléments, mais la dilatera et la dispersera, avec une puissance d'expansion proportionnée à sa chaleur, et avec une vitesse que n'affaiblira aucune résistance du milieu, dans le même espace immense qu'elle avait occupé avant la première construction de la nature. Puis, après que la vivacité du feu central se sera calmée par cette diffusion de la masse incandescente, la matière recommencera, par l'action réunie de l'attraction et de la force de répulsion, avec la même régularité, les anciennes créations et les mouvements systématiques relatifs, et ainsi reformera un nouveau monde. Et lorsque chaque système particulier de planètes sera ainsi tombé en ruines, puis se sera régénéré par ses propres forces, lorsque ce jeu se sera reproduit un certain nombre de fois; alors enfin arrivera une période qui ruinera et rassemblera en un même Chaos le grand système dont les étoiles sont les membres. Mieux encore que la chute de planètes froides sur leur Soleil, la réunion d'une quantité innombrable de foyers incandescents, tels que sont ces Soleils enflammés, avec la série de leurs planètes, réduira en vapeur la matière de leurs masses par l'inconcevable chaleur qu'elle produira, la dispersera dans l'ancien espace de leur sphère de formation et y produira les matériaux de nouvelles créations qui, façonnés par les mêmes lois mécaniques, peupleront de nouveau l'espace désert de mondes et de systèmes de mondes. »

On ne peut lire sans une profonde admiration les pages éloquentes que le philosophe de Kœnigsberg a consacrées à l'exposition de ses idées sur la fin et la régénération des mondes. Sans doute elles portent l'empreinte des théories encore bien vagues qui régnaient au milieu du xviiie siècle, touchant la combustion et le mécanisme général des forces naturelles. Mais n'est-il pas étonnant de voir un jeune homme de vingt-cinq ans, confiné dans une petite ville du nord de la Prusse, à une époque où les communications scientifiques étaient encore lentes et difficiles, exposer d'une façon aussi magistrale les idées mêmes auxquelles la Science, bien plus avancée de nos jours, va nous ramener? Et n'y a-t-il pas dans cette conception de l'Univers, renaissant incessamment de ses cendres, une notion bien plus grandiose et plus philosophique des lois générales de la nature, que dans l'éternelle stabilité des systèmes qui les ferait survivre, inanimés et déserts, aux êtres vivants auxquels ils auraient servi d'habitation pendant un instant seulement de leur immortelle durée?

Les calculs de Laplace, de Lagrange et de Poisson ont démontré que, malgré les actions perturbatrices que les corps du système solaire exercent les uns sur les autres, leurs distances moyennes au Soleil ne changeront pas dans le cours des siècles de manière à les rapprocher ou à les éloigner de ces astres d'une façon continue. Mais, dans ces calculs, les globes célestes sont considérés comme absolument rigides et indéformables, ou plus exactement même comme réduits à des points matériels. De plus, ces corps sont supposés se mouvoir dans un vide parfait, ou dans un milieu dont la résistance est absolument nulle, et enfin la gravitation est la seule force qui agisse sur eux.

Bien que l'existence d'un milieu résistant n'ait encore paru se manifester' que par l'accélération du mouvement de la comète d'Encke et ne semble pas avoir altéré les mouvements des planètes ou de leurs satellites depuis les temps historiques, il n'en est pas moins vrai que le sentiment unanime des Astronomes admet que les espaces interplanétaires ne sont pas absolument vides. Newton écrivait que les mouvements des grands corps célestes se conservent *plus longtemps* que celui des projectiles lancés dans l'air, parce qu'ils ont lieu dans des espaces *moins résistants.* Des milliers d'années ne suffisent pas à rendre sensible la résistance du milieu éthéré, ni celle du milieu météorique sur le mouvement des planètes : est-il permis d'affirmer que cette résistance est nulle et qu'elle ne se manifestera pas par un rétrécissement de leurs orbites au bout d'un temps suffisamment long?

L'état électrique du Soleil et des planètes semble aujourd'hui démontré par les concordances au moins fort singulières qui se manifestent entre les variations d'aspect de la surface solaire d'une part, et les aurores boréales et les variations du magnétisme terrestre de l'autre. De là des actions inductrices s'exerçant entre le Soleil et les planètes, dont M. Quet a fait une étude approfondie. Or de pareilles actions engendrent des courants de sens contraire à ceux dont l'effet électrodynamique serait de produire les mouvements réels de rotation et de révolution des planètes. Ils agissent donc nécessairement à la manière d'un frein pour diminuer à chaque instant les quantités de mouvement de ces astres. Si les travaux de Laplace ne permettent pas de considérer l'attraction newtonienne comme une cause de désordre dans le système solaire, l'induction électrique semble au contraire y introduire une cause de perturbation graduellement croissante, dont les Astronomes doivent aujourd'hui se préoccuper.

Enfin il est encore une autre résistance indirecte, résultant des mouvements relatifs des corps voisins, qui enlève incessamment à ces corps une part de leur énergie. Les astres ne sont pas réduits à des points matériels : ce sont des sphéroïdes en partie solides, en partie fluides; la rigidité des parties solides n'est pas absolue. L'attraction newtonienne produit donc sur eux des déformations continuelles; et puisque les portions solides ne sont pas parfaitement élastiques, puisque les fluides n'ont pas une mobilité absolue, il en résulte des frottements qui altèrent les mouvements relatifs, absorbent une partie de l'énergie de mouvement, et la transforment en chaleur. L'étude de cet effet des marées a été faite surtout par MM. W. Thomson et Tait et par M. G.-H. Darwin, et le résumé des travaux de ce dernier auteur, que j'ai donné dans le Chapitre précédent, montrent quelles peuvent être les conséquences du frottement des marées sur les positions et les mouvements relatifs des corps de notre système, lorsque son action est prolongée pendant un temps suffisamment long. Si l'on considère seulement deux corps, la Terre et la Lune, tournant toutes deux sur elles-mêmes et autour de leur centre commun d'inertie, une analyse très simple de l'action de chacune d'elles sur la protubérance qu'elle soulève sur l'autre fait voir qu'elle finirait par réduire la Terre et la Lune à tourner toutes deux d'un même mouvement angulaire autour d'un axe passant par leur centre d'inertie, comme si elles faisaient partie d'un même corps rigide. S'il n'existait aucun autre corps dans l'Univers, ces deux astres continueraient donc indéfiniment à décrire des orbites circulaires autour de ce centre, en tournant sur eux-mêmes dans le même temps, de manière à se regarder constamment par la même face, la forme de chacun d'eux restant dès lors invariable. Mais l'introduction d'un troisième corps, le Soleil, change cet état de choses. Les marées solaires, qui se produiront deux fois dans l'espace d'un jour solaire, devenu égal au mois, déterminent une nouvelle perte d'énergie par le frottement qu'elles engendrent. Le premier effet sera de faire tomber la Lune sur la Terre, en même temps que la distance de ces corps au Soleil augmentera; l'astre unique résultant de la réunion de la Lune à la Terre verra son mouvement de rotation se ralentir, jusqu'à prendre une période égale à la durée de sa révolution, qui sera devenue aussi la durée de la rotation du Soleil. Dans ce nouvel état, la Terre et le Soleil, plus éloignés l'un de l'autre qu'ils ne l'étaient d'abord, tourneront autour de leur centre commun d'inertie, comme si leur ensemble constituait un corps rigide, en se regardant constamment par la même face. Qu'un nouvel astre intervienne, la Terre va se rapprocher peu à peu du Soleil et finir par s'unir à lui. La conclusion définitive sera donc celle de W. Thomson ([1]) « : Nous ne pos-

---

([1]) Sir W. Thomson and Tait, *Treatise on Natural Philosophy*, vol. I, Part I, p. 258.

sédons dans l'état présent de la Science aucune donnée pour estimer l'importance relative du frottement des marées ni celle de la résistance du milieu à travers lequel se meuvent la Terre et la Lune; mais quelle qu'elle puisse être, il n'y a qu'un seul état final pour un système constitué comme celui du Soleil et des planètes, si son existence se prolonge pendant un temps suffisamment long sous l'empire des lois actuelles, et s'il n'est pas perturbé par la rencontre d'autres masses en mouvement à travers l'espace. Tous les corps de ce système se réuniront en une seule masse, qui tournera sur elle-même encore pour un temps, mais finira par rentrer au repos relatif dans le milieu qui l'entoure. »

Nous voilà bien loin déjà du résultat final auquel M. Faye a été conduit par la seule application des lois de Laplace. Mais faut-il s'en tenir là et, suivant l'expression de Kant, faut-il considérer la destruction du système solaire comme une véritable perte de la nature? Nous avons vu ce grand esprit faire renaître ce système de ses cendres, par le retour à l'état de nébuleuse résultant de l'incandescence du foyer solaire ranimé par l'apport de la matière combustible des planètes. Il suffit de changer quelques mots à son exposé de la résurrection des mondes pour le mettre en complet accord avec les données de la Science actuelle. La Lune finira par tomber sur la Terre, celle-ci et toutes les planètes se réuniront au Soleil. Chacune de ces collisions sera l'origine d'un développement mécanique de chaleur, puisque les deux corps n'arriveront pas l'un sur l'autre sans vitesse; et la Terre reprendra peut-être l'état nébuleux ou tout au moins une température assez élevée pour pouvoir reproduire des satellites par le mode de génération qu'a indiqué M. G. Darwin. Le Soleil pourra de même reproduire des planètes. Les mondes ne périraient que pour renaître de leurs cendres, et préparer peut-être de nouvelles habitations à de nouvelles créatures qu'y placerait la Providence divine.

Quelque téméraires que puissent être ces vues sur l'avenir de l'Univers, j'ai tenu à les poursuivre jusqu'au bout, pour bien mettre en relief les idées nouvelles qui tendent aujourd'hui à s'introduire dans l'Astronomie. La Mécanique céleste, fondée sur l'application des seules lois de Newton, et considérant les planètes comme des points matériels ou des corps indéformables en mouvement dans le vide absolu, suffit à nous rendre compte des mou-

vements des astres depuis l'époque des premières observations
précises. Mais déjà lorsque nous voulons remonter jusqu'aux
époques éloignées de l'histoire, la comparaison des éclipses fait
ressortir dans le mouvement de la Lune une accélération dont
l'explication ne semble pas pouvoir être demandée à la Mécanique
céleste de Laplace. L'influence du frottement des marées, suivant
les uns, la résistance du milieu interplanétaire, suivant les autres,
doivent être prises en sérieuse considération. Les idées que nous
nous étions faites de la stabilité du système du monde reçoivent, de
l'introduction de ces causes de perturbation, de sérieuses atteintes.
Sans doute leur action ne devient sensible qu'au bout d'un nombre
énorme d'années, et semble n'intéresser que très faiblement les
mouvements et les positions relatives des astres pendant la durée
de la vie humaine et peut-être de la vie de l'humanité. Déjà, en
effet, les conditions climatériques assignent à la présence de l'homme
sur la terre une durée assez limitée : la vie n'a pu apparaître sur
notre globe que longtemps après le commencement de la formation du système, lorsque la chaleur résultant de la condensation de
la nébuleuse primitive s'était déjà dissipée en partie. La continuation incessante de cette déperdition pose une autre limite où l'action
calorifique et lumineuse du Soleil deviendra impuissante à entretenir
la vie sur la Terre. Entre ces deux limites, il ne paraît pas que les
causes perturbatrices que je viens d'énumérer puissent influencer
d'une façon bien sensible les mouvements des grosses planètes;
l'analyse de Laplace suffit et suffira encore longtemps à calculer les
positions de ces astres. On peut donc dire que, relativement à
l'homme, le système planétaire est stable. Mais dans les longues
périodes qui ont précédé la création des êtres vivants, dans les
périodes illimitées qui s'écouleront après leur disparition, par conséquent dans ces temps qui sont le domaine proprement dit de la
Science cosmogonique, il devient nécessaire de tenir compte de
l'influence des causes qui ajoutent leur action à celle de la gravitation. L'établissement définitif d'une hypothèse cosmogonique complète exige donc l'étude complète aussi de cette influence. Nous ne
pouvons aujourd'hui encore que signaler l'existence des forces
mécaniques qui ont dû intervenir dans la formation des mondes
et qui présideront à leur fin et peut-être à leur renouvellement.

HISTOIRE NATURELLE GÉNÉRALE ET THÉORIE

DU CIEL

ou

ESSAI SUR LA CONSTITUTION ET L'ORIGINE MÉCANIQUE

DE L'UNIVERS

D'APRÈS LES LOIS DE NEWTON,

PAR

Emmanuel KANT.

1755.

TRADUCTION

PAR C. WOLF,

Membre de l'Académie des Sciences, Astronome de l'Observatoire de Paris.

FRÉDÉRIC,

ROI DE PRUSSE,

MARGRAVE DE BRANDEBOURG, GRAND CHAMBELLAN ET ÉLECTEUR DU SAINT-EMPIRE
ROMAIN, GRAND-DUC SOUVERAIN DE SILÉSIE, ETC.

MON SÉRÉNISSIME ROI ET SEIGNEUR.

Sérénissime et très puissant Roi,
Très gracieux Roi et Seigneur,

Quelque effroi que puissent inspirer à ma faiblesse le sentiment
de mon indignité et l'éclat du trône, la bienveillance que le plus
gracieux des Monarques étend avec une égale générosité sur tous
ses sujets me donne la confiance que mon humble hommage ne
sera pas accueilli d'un œil défavorable. Je dépose ici avec une
crainte respectueuse aux pieds de Votre Royale Majesté une preuve
bien modeste du zèle avec lequel les Académies de Son royaume
sont entraînées vers les sciences, à l'envi des autres nations, par les
encouragements et la protection d'un souverain éclairé. Combien

je serais heureux, si le présent essai pouvait attirer la très haute approbation de mon Roi sur les efforts par lesquels le plus humble et le plus respectueux de ses sujets a sans cesse tâché de se rendre utile à sa Patrie !

Je suis jusqu'à la mort, avec le plus profond dévouement,

de Votre Royale Majesté,

le très humble serviteur,

L'Auteur (¹).

Kœnigsberg, 14 mars 1755.

(¹) Cet ouvrage de Kant a paru à Kœnigsberg chez Joh. Fr. Petersen, en 1755, sans nom d'auteur.

PRÉFACE.

J'ai choisi un sujet qui peut paraître, à première vue, de nature à rebuter bon nombre de lecteurs par ses difficultés propres, et aussi parce qu'il semble froisser leurs sentiments religieux. Découvrir les lois systématiques qui relient les mondes créés dans l'étendue de l'espace infini, et déduire de l'état primitif de la nature, par les seules lois de la Mécanique, la formation des corps célestes et l'origine de leurs mouvements : une telle entreprise semble dépasser de beaucoup les forces de la raison humaine.

D'autre part, la Religion menace de ses foudres l'audacieux qui oserait attribuer à l'action de la nature seule une œuvre où elle voit avec raison l'intervention immédiate de l'Être suprême, et elle craint de rencontrer dans la curiosité indiscrète d'une pareille tentative, une apologie de l'athéisme.

Je vois clairement la force de ces objections et pourtant je ne me laisse pas décourager. Je sens toute la puissance des obstacles qui se dressent devant moi, et je ne me laisse pas abattre. Sur la foi d'une simple conjecture, j'ai entrepris un dangereux voyage, et déjà j'aperçois les avancées de terres nouvelles ! Ceux qui auront le courage de poursuivre cette entreprise les atteindront et auront la gloire d'y attacher leur nom.

Ce n'est qu'après avoir mis ma conscience en sûreté au point de vue religieux que j'ai dressé le plan de mon entreprise. Mon zèle a redoublé, quand j'ai vu, à chaque pas en avant, les nuages, qui semblaient cacher des monstruosités derrière leurs ténèbres, se dissiper et laisser apparaître la majesté de l'Être suprême, brillante d'une plus vive lumière. A présent que je sais que mon but n'a rien de répréhensible, je vais exposer en toute sincérité les objections que des esprits bien intentionnés, mais faibles, peuvent faire à mon travail; et je suis prêt à les soumettre à la sévérité de l'Aréopage orthodoxe, avec la loyauté d'un esprit qui ne cherche que la vérité. L'avocat de la foi va d'abord faire entendre ses raisons.

Si le système du monde, dans son harmonie et sa beauté, n'est que l'œuvre de la matière abandonnée aux lois générales de son mouvement; si la mécanique aveugle des forces naturelles suffit à faire sortir du chaos une œuvre aussi magistrale, et peut atteindre par elle-même à une telle perfection, la preuve de l'existence d'un Dieu créateur, que l'on déduit du spectacle des beautés de l'Univers, perd absolument sa force; la nature est par elle-même suffisante; l'intervention divine devient inutile; Epicure revit au milieu du Christianisme, et une philosophie impie met sous ses pieds la Foi, qui prétendait éclairer ses pas d'une vive lumière.

Quand même je reconnaîtrais quelque fondement à une telle objection, si grande est en moi la fermeté de ma croyance à l'infaillibilité des Vérités divines, que je tiendrais pour suffisamment réfuté par elles et que je rejetterais tout ce qui les contredit. Mais l'heureuse concordance que je trouve entre mon système et les principes de la Religion donne à ma conviction, en face de ces difficultés, une inébranlable tranquillité.

Je reconnais toute la valeur des preuves que l'on déduit des beautés et de l'ordre parfait de l'Univers, pour établir l'existence d'un Créateur souverainement sage. Quiconque ne se refuse pas, de parti pris, à toute conviction, doit se laisser toucher par des preuves aussi irréfutables. Mais je prétends que les apologistes de la Religion font un maladroit usage de ces preuves et éternisent ainsi la lutte avec les partisans du Naturalisme, en leur offrant sans nécessité un côté faible.

On a l'habitude de signaler et de faire ressortir dans la nature les harmonies, la beauté, les fins des choses et la parfaite adaptation des moyens à ces fins. Mais tandis que de ce côté on glorifie la nature, en même temps d'un autre, on s'efforce de l'amoindrir. Toute cette belle ordonnance, dit-on, lui est étrangère; abandonnée à ses lois générales, elle n'enfanterait que le désordre. Les harmonies dénoncent l'intervention d'une main étrangère, qui a su soumettre à un plan sagement ordonné une matière dépourvue de toute régularité. A cela je réponds : Si les lois générales de l'action de la matière sont toutes une conséquence des desseins du

Très-Haut, elles ne peuvent apparemment pas avoir d'autre desti-
nation que de tendre à accomplir par elles-mêmes le plan que la
divine Sagesse s'est proposé. S'il en était autrement, ne serait-on
pas tenté de croire que la matière et ses lois générales sont indépendantes, et que la puissance souverainement sage, qui a su en
faire un si glorieux usage, était grande sans doute, mais point infinie; puissante sans doute, mais pourtant insuffisante par elle
seule?

Le défenseur de la Religion craint encore qu'en expliquant ces
mêmes harmonies par une tendance naturelle de la matière, on n'en
vienne à démontrer l'indépendance de la nature vis-à-vis de la Providence divine. Il avoue sans détour que si l'on parvenait à découvrir à tout l'ordre de l'Univers des causes naturelles, capables de le
faire sortir des seules propriétés générales et essentielles de la
matière, il deviendrait inutile de recourir à un gouvernement
supérieur. Le Naturalisme trouve son compte à ne pas combattre
cette proposition. Il met en avant des exemples qui démontrent
que les lois générales de la nature conduisent à des conséquences
parfaitement belles, produisent des effets parfaitement ordonnés;
et il met ainsi la Foi en danger par des raisons, qui auraient pu
être, dans les mains du croyant, des armes invincibles. Je vais en
donner des exemples. On a maintes fois allégué, comme une
des preuves les plus évidentes de la Providence qui veille sur les
hommes, ce fait que, dans les zones torrides, c'est surtout à l'époque
où le sol échauffé réclame une action rafraîchissante que les brises
de mer soufflent et le refroidissent. Ainsi, dans l'île de la Jamaïque,
sitôt que le Soleil est assez haut pour jeter sur le sol une chaleur
insupportable, à peu près vers 9^h du matin, il commence à s'élever
de la mer un vent qui souffle de toutes parts vers la terre; et sa
force augmente en même temps que la hauteur du Soleil. A 1^h de
l'après-midi, où naturellement il fait le plus chaud, ce vent atteint
sa plus grande force, puis il baisse peu à peu en même temps que
le Soleil, si bien qu'au soir le calme règne comme au matin; sans
cette heureuse circonstance, l'île serait inhabitable. Le même bien-
fait est le partage de toutes les côtes des terres situées dans la zone
torride. C'est à ces côtes que la brise est le plus nécessaire, car
elles sont les parties les plus basses des régions sèches et, par
suite, elles supportent la plus vive chaleur. Les portions élevées de

ces terres, où n'arrive pas cette brise de mer, en ont un moindre besoin, puisque leur élévation même les place dans un air plus froid. Tout cela n'est-il pas admirable? n'y a-t-il pas là un but évident, atteint par un moyen habilement ménagé? Mais voici que le Naturalisme trouve les causes naturelles de ce phénomène dans les propriétés les plus générales de l'air, sans avoir besoin d'imaginer pour cela une intervention spéciale de la Providence. Il remarque avec raison que la brise de mer aurait les mêmes mouvements périodiques, quand même aucun homme n'habiterait ces îles, et que son existence est le résultat nécessaire des propriétés que l'air doit indispensablement posséder, indépendamment d'une fin spéciale, et simplement pour la croissance des plantes, à savoir son élasticité et sa pesanteur. La chaleur du Soleil rompt l'équilibre de l'air, en raréfiant celui qui se trouve au-dessus de la Terre, et force ainsi l'air plus froid de la mer à quitter sa place pour venir prendre celle du premier. De quelle utilité ne sont pas les vents sur la Terre, et quel emploi n'en fait pas l'esprit inventif de l'homme! Pourtant il n'est pas besoin pour les produire de dispositions spéciales : il suffit des propriétés générales que l'air et la chaleur possèdent, indépendamment du but particulier dont on vient de parler.

Accordez-vous, dit ici l'esprit fort, que si l'on peut expliquer les harmonies naturelles, celles même dont l'utilité pour l'homme est la plus évidente, par les lois physiques les plus simples et les plus générales, il n'est plus besoin de recourir à l'intervention spéciale d'une souveraine sagesse? Eh bien! voyez ces preuves qui, de votre propre aveu, vous prennent en flagrant délit de contradiction. Toute la nature, et surtout la nature inorganisée, est pleine de semblables faits, qui forcent à reconnaître que la matière, se constituant elle-même par le mécanisme de ses propres forces, peut arriver à un ordre admirable dans ses effets et satisfait d'elle-même et sans contrainte aux règles de l'harmonie. Que le défenseur de la Religion essaye de nier cette aptitude des lois générales de la nature; en dépit de sa bonne intention, il se met lui-même dans l'embarras et, par sa maladroite défense, il donne à l'incrédulité l'occasion de triompher.

Mais voyons comment ces raisons mêmes, qui semblent des moyens d'attaque terribles entre les mains de l'ennemi, peuvent bien plutôt devenir des armes puissantes pour le combattre. La matière, obéissant à ses lois générales, produit par des procédés naturels, ou, si l'on veut, par l'impulsion d'un mécanisme aveugle, des effets harmonieux, qui semblent conduire à la négation d'une Sagesse supérieure. L'air, l'eau, la chaleur, lorsqu'on les considère abandonnés à eux-mêmes, donnent naissance aux vents et aux nuages, aux pluies et aux fleuves qui arrosent les terres, et à tant d'autres effets bienfaisants, sans lesquels la nature resterait désolée, inculte et stérile. Mais ils ne produisent point ces effets par un pur hasard, ou par un accident qui pourrait tout aussi bien les rendre nuisibles et dommageables ; nous voyons au contraire qu'ils sont astreints à des lois naturelles, qui ne leur permettent pas d'agir autrement qu'ils ne le font. Et alors que penser d'un si merveilleux accord dans leurs actions ? Comment se pourrait-il que des éléments de nature diverse tendissent par leur action combinée à produire des phénomènes si harmonieux et si utiles, au profit d'êtres placés complètement en dehors du cercle de la matière inerte, l'homme et les animaux, s'ils ne reconnaissaient pas une origine commune, une Intelligence infinie dans laquelle a été esquissé le plan général des propriétés essentielles de toute chose ? Si les caractères des divers agents naturels étaient nécessaires en soi et indépendamment, quel étonnant hasard, ou plutôt quelle impossibilité n'y aurait-il pas à ce que leurs tendances naturelles se résument en un concert admirable, comme si un choix habile avait présidé à leur réunion !

Maintenant j'applique avec confiance ces principes à mon entreprise présente. Je suppose la matière de tout l'Univers dans un état de décomposition générale, et j'en fais un véritable chaos. Je vois alors les éléments se façonner d'après les lois connues de l'*attraction*, et modifier leurs mouvements en raison de la *répulsion*. J'ai la satisfaction de voir surgir de ce chaos un tout bien ordonné, sous la seule action des lois connues du mouvement et sans l'aide d'aucune supposition arbitraire ; et ce tout est si semblable au système de l'Univers que nous avons devant les yeux, que je ne puis m'empêcher de l'identifier avec lui. Ce développement inattendu de l'ordre de la nature m'est d'abord suspect, parce qu'il fait dériver un ensemble très compliqué et très régulier d'un état primitif où régnaient à la fois la simplicité et le

désordre. Mais les considérations que j'ai fait valoir plus haut
m'apprennent qu'un pareil développement de la nature n'a en soi
rien d'extraordinaire; qu'il est au contraire une conséquence
nécessaire de sa tendance essentielle, et que c'est la démonstration
la plus magistrale de sa dépendance d'un Être préexistant, qui a
en lui-même la source de tous les êtres et des lois primitives de
leurs actions. Cette vue redouble ma confiance dans le dessein que
j'ai conçu. Ma confiance s'augmente à chaque pas que je fais en
avant et ma timidité s'évanouit.

Mais l'apologie de votre système, me dira-t-on, est en même
temps l'apologie des imaginations d'Epicure, avec lesquelles il a la
plus grande ressemblance. Je n'essayerai pas de nier tout point de
contact avec ce philosophe. Beaucoup sont devenus athées au
simple aperçu de certains arguments, chez qui un examen plus
approfondi aurait au contraire éveillé une conviction profonde de
l'existence de l'Être suprême. Les conséquences qu'un esprit
dévoyé tire des principes les plus innocents sont le plus souvent
fort blâmables, et telles ont été les convictions d'Épicure, bien
que son ingénieux système porte la marque d'un grand esprit.

Je ne nierai pas non plus que la théorie de Lucrèce ou celle des
prédécesseurs d'Épicure, Leucippe et Démocrite, n'ait beaucoup
de ressemblance avec la mienne. Avec ces philosophes, je considère le premier état de la matière comme une décomposition générale des éléments de tous les astres, ou des atomes pour parler
comme eux. Épicure supposait une pesanteur qui forçait ces particules élémentaires à tomber, et cette force ne diffère guère de
l'attraction newtonienne que j'admets. Il leur imprimait en outre
une déviation déterminée en dehors de la direction rectiligne de
leur chute, bien qu'il ait fait sur la cause de cette déviation et ses
conséquences des hypothèses erronées : cette déviation correspond
à peu près à l'altération de la chute verticale que nous déduisons
de la répulsion mutuelle des molécules. Enfin les tourbillons qui
résultent de cette perturbation du mouvement jouaient un rôle
capital dans les théories de Leucippe et de Démocrite et on les
retrouvera dans la nôtre. Tant de points de contact avec une doctrine, qui était dans l'antiquité la vraie théorie de la négation de
Dieu, ne doivent pas cependant faire regarder la mienne comme
complice de leurs erreurs; même dans les conceptions les plus

absurdes qui ont pu s'attirer les suffrages des hommes, on peut trouver çà et là quelque vérité. Une loi fausse, un raisonnement irréfléchi conduisent l'esprit humain, par une pente insensible, du seuil de la Vérité jusque dans l'abîme. Malgré des ressemblances que je reconnais, il subsiste, entre les anciennes cosmogonies et celle que je présente, des différences assez essentielles pour que les conséquences en soient absolument opposées.

Les auteurs des théories que je viens de rappeler sur la formation mécanique de l'Univers faisaient sortir toute l'ordonnance que l'on y admire d'un hasard purement accidentel, d'où résultait un si heureux concours des atomes que ceux-ci constituaient un tout parfaitement ordonné. Épicure osa même prétendre que les atomes déviaient de la ligne droite et se rencontraient sans l'intervention d'aucune cause. Tous ces philosophes poussaient l'absurdité jusqu'à attribuer la naissance des êtres vivants à ce même concours fortuit et aveugle des atomes, faisant ainsi naître la raison de l'irraisonnable. Dans mon système, je trouve la matière soumise à des lois certaines et nécessaires. Je vois cette matière, décomposée en ses derniers éléments, se façonner successivement et sous l'empire de ces lois naturelles, en un tout admirablement ordonné. Ce n'est point là l'effet du hasard, c'est la conséquence nécessaire des propriétés naturelles de la matière. Et alors n'est-on pas forcé de se demander pourquoi la matière obéit précisément à des lois qui ont pour but une si merveilleuse ordonnance? Serait-il possible que tant d'éléments, dont chacun a sa nature propre et indépendante, puissent d'eux-mêmes se prêter un concours tel qu'il en sortît un tout bien ordonné; et s'ils agissent ainsi, n'y a-t-il pas là une preuve indéniable de la communauté de leur origine première, qui ne peut être qu'une Intelligence souveraine et toute-puissante, par laquelle les caractères divers des éléments ont été dessinés en vue de leurs combinaisons futures?

La matière, élément primitif de toutes choses, est donc astreinte à des lois déterminées, et, librement abandonnée à ces lois, elle engendre nécessairement d'admirables combinaisons. Elle n'est point libre de s'écarter du plan tracé par son Créateur. Puisqu'elle est ainsi soumise à des vues souverainement sages, il faut nécessairement qu'elle ait reçu ses propriétés si bien concertées d'une cause première supérieure : il existe un Dieu, précisément parce que le

Chaos lui-même ne peut rien engendrer que l'ordre et la régularité.

J'ai trop bonne opinion de la rectitude de jugement des lecteurs qui feront à mon Essai l'honneur de l'examiner, pour ne pas être assuré que les raisons que je viens d'exposer, si elles n'écartent pas entièrement la crainte de voir mon système aboutir à des conséquences coupables, mettront du moins hors de doute la pureté de mes intentions. Si néanmoins il est des personnes, animées d'un zèle plus malicieux, qui croient devoir à leur pieuse réputation de donner à mes intentions les plus innocentes des interprétations mauvaises, je suis persuadé que leurs critiques produiront sur les gens sensés un effet exactement opposé à celui qu'elles en attendent. Je réclame d'ailleurs hautement le droit que les juges de tous les temps ont accordé à Descartes, lorsqu'il a osé expliquer la formation de l'Univers par le seul jeu des lois de la Mécanique. Je citerai sur ce point l'opinion des auteurs de l'*Histoire générale du monde* ([1]) : « Il nous est impossible de croire que la tentative de ce philosophe, d'expliquer la formation du monde, à un moment déterminé, par la simple continuation d'un mouvement initial imprimé à la matière isolée, et de ramener cette formation à l'action d'un petit nombre de lois simples et générales, puisse être, comme on l'a dit parfois, répréhensible ou attentatoire à la majesté divine. Nous en dirons autant des essais d'autres savants qui, depuis Descartes et avec plus de succès, ont tenté la même entreprise, en s'appuyant sur les propriétés originelles imprimées à la matière par son Créateur. De pareils essais tendent bien plutôt à donner une plus haute idée de l'infinie sagesse de Dieu. »

J'ai essayé d'écarter les objections que l'on pouvait faire à ma thèse au point de vue religieux. Il en est d'autres non moins fortes contre le but même que je me propose. S'il est vrai, dira-t-on, que Dieu a placé dans les forces de la nature un art caché, en vertu duquel elles ont pu tirer du Chaos l'ordre parfait de l'Univers ; comment l'intelligence de l'homme, si faible en face des sujets les plus ordinaires, sera-t-elle capable de sonder les mystérieuses propriétés qui ont concouru à un si vaste dessein? Une aussi folle entreprise

---

([1]) Campbell et Swinton. Je n'ai pu trouver aucun renseignement sur cet ouvrage. (*Note du Traducteur.*)

équivaut à dire : *Donnez-moi de la matière, et je vous en ferai
un monde.* Est-ce que la faiblesse de tes lumières, presque toujours
en défaut dans les moindres choses qui se présentent à tes sens,
journellement et à ta portée, ne te démontre pas combien est vaine
la tentative de vouloir découvrir l'incommensurable et ce qui se
passa dans la nature avant que le monde fût? Je réduis à néant
cette objection, en montrant clairement que, de toutes les
recherches qui peuvent être tentées dans l'étude de la nature, celle
que j'entreprends est précisément celle où l'on peut le plus facilement et le plus sûrement remonter jusqu'aux origines. De même
qu'entre tous les problèmes des sciences naturelles, aucun n'a été
résolu avec plus de justesse et de certitude que celui de la véritable
constitution de l'Univers en général, des lois des mouvements et
du mécanisme intime du cours des planètes; de même que dans la
philosophie naturelle, il n'est rien de comparable aux vues que
nous a ouvertes la philosophie de Newton; de même je prétends
que, parmi toutes les choses de la nature dont on recherche la cause
première, l'origine du système du monde et la formation des corps
célestes avec les causes de leurs mouvements sont les premiers
mystères au fond desquels notre vue doit pouvoir pénétrer. La
raison en est facile à saisir. Les astres sont des masses rondes, par
conséquent de la forme la plus simple que puisse prendre un corps
dont on recherche l'origine. Leurs mouvements aussi sont sans
complication; ils ne sont que la libre continuation d'une impulsion
une fois donnée, qui devient circulaire par sa combinaison avec
l'attraction du corps central. En outre, l'espace dans lequel ils se
meuvent est vide; les intervalles qui les séparent les uns des
autres sont immensément grands; tout est donc disposé le plus
clairement pour éviter la confusion des mouvements et en rendre
la détermination facile. Il me semble que l'on pourrait dire ici sans
témérité et dans le vrai sens des mots : *Donnez-moi de la matière
et j'en ferai un monde,* c'est-à-dire, donnez-moi de la matière,
je vais vous montrer comment un monde doit en sortir. Car si l'on
a de la matière douée par essence de la force d'attraction, il n'est
pas difficile de déterminer les causes qui peuvent avoir contribué
à l'arrangement du système du monde considéré en général. Nous
savons à quoi tient qu'un corps prend une forme arrondie; nous
comprenons pourquoi il est nécessaire que des sphères librement

lancées prennent un mouvement circulaire autour du centre vers lequel elles sont attirées. La position des orbites les unes par rapport aux autres, la concordance de direction des mouvements, l'excentricité, tout peut se ramener aux causes mécaniques les plus simples ; et l'on peut en toute confiance espérer découvrir ces causes, parce qu'il suffit pour cela des raisonnements les plus faciles et les plus clairs. Pourrait-on se flatter du même espoir, s'il s'agissait de la moindre plante ou d'un insecte ? Est-on en état de dire : Donnez-moi de la matière, je vais vous montrer comment on peut faire une chenille ? N'est-on pas arrêté ici dès le premier pas par l'ignorance des véritables propriétés intimes de l'objet et la complication des organes si variés qui le composent ; il ne faut donc pas s'étonner si j'ose affirmer que le mode de formation des astres, la cause de leurs mouvements, bref, l'origine de la constitution présente de l'Univers, pourront être mis en lumière, bien avant que l'on puisse expliquer clairement et complètement, par des causes mécaniques, la naissance d'une seule plante ou d'une chenille.

Tels sont les motifs sur lesquels j'appuie ma conviction que la partie physique de la science de l'univers atteindra dans l'avenir la même perfection, à laquelle Newton en a élevé la partie mathématique. Après les lois qui régissent la constitution actuelle de l'univers, il n'en est peut-être pas d'autres, dans toute la science de la nature, qui se prêtent plus aisément à des développements mathématiques, que celles qui ont présidé à sa naissance ; et je ne doute pas que la main d'un habile géomètre n'y trouve un champ fertile à défricher.

Après avoir ainsi recommandé le sujet de mes méditations au gracieux accueil de mes lecteurs, je demande encore la permission d'expliquer brièvement la manière dont je l'ai traité. Dans la première Partie, j'expose des vues nouvelles sur la constitution de l'univers en général. Le Mémoire de M. Wright, de Derham, dont j'ai eu connaissance par les *Freie Urtheilen*, de Hambourg, pour l'année 1751, m'a conduit à considérer les étoiles fixes, non comme une fourmilière disposée sans ordre apparent, mais comme un système qui a la plus grande ressemblance avec celui des planètes, si bien que, de même que les planètes se trouvent au voisinage d'un plan commun, de même aussi les étoiles se rapprochent autant que possible d'un plan que l'on doit se figurer mené à travers tout le ciel, et, par leur amoncellement dans ce plan, produisent la bande lumineuse que l'on appelle la *Voie lactée*. Je me suis assuré que notre Soleil doit se trouver aussi presque exactement dans ce plan, par la raison que cette zone illuminée par d'innombrables soleils a presque exactement la forme d'un grand cercle. En examinant de plus près la cause de cette distribution des étoiles, j'ai trouvé fort vraisemblable l'opinion que les étoiles dites fixes sont bien plutôt des astres errants d'un ordre supérieur, animés d'un mouvement propre très lent. Comme confirmation de cette idée, que l'on trouvera exposée en son lieu dans la suite de mon travail, j'invoquerai ici une page extraite d'un écrit de M. Bradley sur le mouvement des étoiles fixes.

» S'il est permis de se prononcer à ce sujet (l'invariabilité ou la variation de position des étoiles), d'après les résultats de la comparaison de nos meilleures observations modernes à celles qui ont été faites antérieurement avec un degré tolérable d'exactitude; il semble qu'il s'est produit un changement réel dans les positions relatives de quelques étoiles fixes; et ce changement paraît être indépendant de tout mouvement de notre système et ne pouvoir être attribué qu'à un déplacement des étoiles elles-mêmes. Arcturus en est un exemple probant : car la comparaison de sa déclinaison actuelle avec celle que lui assigne Tycho ou Flamsteed fait ressortir une différence beaucoup plus grande que celle qui peut être attribuée à l'incertitude des observations.

On a des raisons de croire que d'autres exemples de même genre se présenteront parmi le grand nombre des étoiles visibles, car leurs positions relatives peuvent être modifiées par diverses causes. Si l'on imagine que notre système solaire change de place par rapport à l'espace absolu, ce mouvement devra, dans la suite des temps, occasionner un changement apparent dans les distances angulaires des étoiles fixes. Et dans ce cas, les positions des étoiles les plus voisines étant plus affectées que celles des étoiles très éloignées, leurs positions relatives en sembleront altérées, quoique les étoiles elles-mêmes restent en réalité immobiles. Si au contraire notre propre système est en repos, et quelques étoiles en mouvement réel, il en résultera de même une variation de leurs positions apparentes, et une variation d'autant plus grande que ces étoiles seront plus proches de nous, ou que leurs mouvements seront plus rapides, ou enfin que la direction de ce mouvement sera plus propre à nous le rendre perceptible. Puis donc que les positions relatives des étoiles peuvent changer pour des causes si variées, si l'on considère l'étonnante distance à laquelle il est certain que plusieurs d'entre elles sont placées, on comprendra qu'il faille recourir à des observations de plusieurs siècles pour déterminer les lois du déplacement apparent même d'une seule étoile; bien plus difficile par conséquent doit-il être de poser des lois qui s'appliquent à l'ensemble des plus belles étoiles (¹). »

Je ne puis fixer exactement les limites qui séparent mon système de celui de M. Wright, ni dire les points où j'ai simplement adopté ses idées, et ceux où j'ai été plus loin que lui. Pourtant j'ai eu dans les mains des documents d'un très haut intérêt qui, sur un point, m'ont permis d'élargir considérablement ses vues. Je veux parler de cette espèce d'astres nébuleux, dont Maupertuis fait mention dans son Mémoire sur la figure des astres (²) et qui

---

(¹) Le passage de Bradley, que j'ai traduit du texte anglais, est emprunté à un Mémoire intitulé : *A letter to the Right honourable George, Earl of Maccles-fied, concerning an apparent motion observed in some of the fixed stars* (*Philosophical Transactions*, vol. XLV, p. 39 à 41; 1748. C'est dans cette lettre que Bradley fait connaître la découverte de la nutation.

(*Note du Traducteur*).

(²) N'ayant pas ce Mémoire sous la main, j'insère ici ce qui a trait à mon sujet d'après une citation des *Ouvrages divers de M. de Maupertuis* dans les *Acta eruditorum*, 1745.

« Le premier phénomène est celui de ces *taches brillantes* du ciel, que l'on nomme *nébuleuses*, et qui ont été considérées comme des amas de petites étoiles. Mais les astronomes, à l'aide de meilleures lunettes, ne les ont vues que comme de grandes aires ovales, lumineuses, ou d'une lumière plus claire que le reste du ciel. Huygens en a rencontré d'abord une dans Orion; Halley, dans les *Philosophical Transactions*, signale six de ces nébulosités, dont la première est dans l'épée d'Orion; la deuxième dans le Sagittaire; la troisième dans le Centaure; la quatrième devant le pied droit d'Antinoüs; la cinquième dans Hercule, et la sixième dans la Ceinture d'Andromède. Cinq de ces taches ayant été observées avec un réflecteur de 8 pieds, il ne s'en est trouvé qu'une, la quatrième, qui puisse être prise pour un amas d'étoiles; les autres paraissent de grandes aires blanchâtres et ne diffèrent entre elles qu'en ce que les unes sont plus rondes et les autres plus ovales. Il semble aussi que, dans la première, les petites étoiles qu'on découvre avec le télescope ne paraissent pas capables de causer sa blancheur. Halley a été frappé de ces phénomènes qu'il croit propres à éclaircir une chose qui paraît difficile à entendre dans le livre de la Genèse, qui est que la lumière fut créée avant le Soleil. Durham les regarde comme des trous, à travers lesquels on découvre une région immense de lumière, et enfin le ciel empyrée. Il prétend avoir pu distinguer que les étoiles qu'on aperçoit dans quelques-unes sont beaucoup moins éloignées de nous que ces taches. M. de Maupertuis donne dans son

se présentent sous la forme d'ellipses plus ou moins ouvertes. Je m'assurais aisément que ces astres ne pouvaient être autre chose que des amas de nombreuses étoiles. La rondeur toujours constatée de leur figure m'apprenait que là une immense multitude d'étoiles devaient être groupées autour d'un centre commun ; car, indépendantes les unes des autres, leur amas aurait pris une forme irrégulière et non la figure que l'observation faisait voir. Je comprenais encore que le système qu'elles forment devait être aplati et presque plan, puisque nous lui voyons une forme elliptique et non pas circulaire ; enfin la faiblesse de leur lumière dénotait leur immense éloignement. Quant aux conséquences que j'ai tirées de ces analogies, mon Mémoire les soumet à l'examen du lecteur impartial.

Dans la deuxième Partie, qui contient la portion la plus originale de mon travail, j'essaye de démontrer, à l'aide des seules lois de la Mécanique, comment l'univers a pu sortir de la matière primitive réduite à son état le plus simple. Je me permettrai de conseiller aux personnes qui s'effrayent de l'audace de mon entreprise de suivre un ordre déterminé dans l'examen dont elles voudront bien honorer mon Mémoire ; et je les prie de parcourir d'abord le VIIIᵉ Chapitre ; cette lecture, je l'espère, prédisposera leur esprit à

Ouvrage un catalogue de ces nébuleuses d'après Hévélius. Il les considère comme de grandes masses de lumière, qui ont été aplaties par une puissante rotation. Si la matière dont elles sont formées possédait le même pouvoir éclairant que les étoiles, il faudrait que leur grosseur fût énorme par rapport à la leur, pour que, malgré leur éloignement beaucoup plus grand, que fait voir la diminution de leur lumière, on les voie au télescope avec grandeur et figure. Si on les suppose d'une grosseur égale à celle des étoiles, il faut que la matière qui les forme soit moins lumineuse et qu'elles soient infiniment plus proches de nous, pour que nous les puissions voir avec une grandeur sensible. Cela vaudrait donc la peine de chercher à déterminer leur parallaxe, dans le cas où elles en auraient une. Car ce n'est peut-être que par un trop petit nombre d'astres observés qu'on a désespéré de la parallaxe des autres. Les petites étoiles que l'on rencontre sur ces taches comme dans Orion (ou mieux dans celle du pied droit d'Antinoüs, qui apparaît comme une étoile entourée d'une nébulosité), si elles sont proches de nous, seraient vues projetées sur le disque de ces astres ; si elles le sont moins, nous voyons les étoiles à travers comme on les voit à travers les queues des comètes. »

[Ces lignes sont extraites du *Discours sur les différentes figures des astres* par M. de Maupertuis, Chap. VI, p. 104 à 114. J'ai reproduit le texte de M. de Maupertuis, dont celui de Kant ne s'écarte d'ailleurs que dans les limites d'une traduction. (*Note du Traducteur.*)]

un jugement plus équitable de mon travail. En effet, tout en invitant le lecteur bénévole à l'examen de mes idées, je ne puis me dissimuler que les hypothèses de cette espèce ne sont généralement pas regardées comme autre chose que des rêves philosophiques ; et je n'ignore pas ce qu'il faut de complaisance au lecteur pour se résoudre à l'étude attentive d'une histoire de la nature purement imaginaire, pour suivre patiemment l'auteur à travers tous les détours par lesquels il évite les obstacles qu'il rencontre et pour ne pas, en fin de compte, se détourner en souriant de sa propre crédulité, à la façon des spectateurs que Gellert nous peint écoutant le crieur du marché de Londres ([1]). Cependant j'ose me persuader que, lorsque la lecture du Chapitre préparatoire que j'indique aura, comme je l'espère, déterminé le lecteur, sur la foi de présomptions très vraisemblables, à me suivre dans mon voyage d'aventures à travers le monde physique, il ne rencontrera pas dans le cours de son chemin autant de tortueux détours ni autant d'obstacles à sa marche, qu'il avait pu le craindre au commencement.

En fait, je me suis interdit avec la plus grande rigueur toute invention arbitraire. Après avoir décomposé le monde dans le chaos le plus simple, je n'ai fait intervenir, pour en tirer la magnifique ordonnance de la nature, que deux forces, l'attraction et la répulsion, forces également certaines, également simples et en même temps également primitives et générales. Toutes deux sont empruntées à la *Philosophie naturelle* de Newton. La première est une loi de la nature aujourd'hui démontrée sans conteste. La seconde, à laquelle peut-être la théorie newtonienne n'apporte pas le même degré d'évidence, je la fais intervenir dans des conditions où personne ne peut en nier l'existence, dans l'état de diffusion extrême de la matière, par exemple dans les vapeurs. Telles sont les bases très simples sur lesquelles j'ai bâti tout mon système, de la manière la moins factice, sans m'ingénier à déduire des principes d'autres conséquences que celles qui devront se présenter d'elles-mêmes à l'attention du lecteur.

Qu'on me permette, en terminant, de faire une brève déclaration touchant la valeur que j'attribue aux diverses propositions qui se

---

[1] *Voir* la fable de Gellert : *Hans Nord.*

présenteront dans le cours de ma théorie, et de prier le lecteur bienveillant d'en tenir compte dans ses appréciations. On juge volontiers un auteur d'après l'étiquette qu'il imprime sur sa marchandise; c'est pourquoi j'espère que l'on n'exigera de mes démonstrations qu'une rigueur proportionnée à la valeur que j'attribue moi-même à chaque proposition. D'abord un travail de cette espèce ne peut prétendre à l'exactitude géométrique absolue, ni à l'infaillibilité mathématique. Si les analogies et les concordances sur lesquelles je fonde mon système ne s'écartent pas des règles de la vraisemblance et d'un raisonnement juste, ce système satisfait aux exigences de son but. Je pense avoir atteint ce degré d'exactitude dans plusieurs parties de mon Mémoire, comme la théorie des systèmes d'étoiles, l'hypothèse sur les propriétés des nébuleuses, le plan général de la formation mécanique de l'Univers, la théorie de l'anneau de Saturne, et d'autres encore. Quelques points spéciaux pourront paraître moins bien prouvés, comme par exemple la détermination des rapports des excentricités, la comparaison des masses des planètes, les déviations irrégulières des comètes et plusieurs autres.

Lorsque ensuite, dans le VIIe Chapitre, séduit par la fécondité de mon système et le charme du sujet le plus grandiose et le plus admirable qui puisse s'offrir à nos méditations, toujours guidé d'ailleurs par le fil conducteur de l'analogie et d'une vraisemblance conforme à la raison, je m'enhardis à poursuivre aussi loin que possible les conséquences de mes principes; lorsque j'expose l'infini de la création, la formation de nouveaux mondes et la fin des mondes anciens, l'étendue illimitée du chaos où la puissance formatrice a exercé son action; j'espère que le charme ravissant du sujet, la satisfaction que l'on éprouve de voir une théorie concorder avec les faits jusque dans ses dernières conséquences, vaudront à mes aperçus assez d'indulgence pour qu'on ne les juge pas selon les règles d'une rigueur géométrique qui n'a rien à faire dans cette espèce de considérations. Je demande la même bienveillance à l'égard de la troisième Partie. Si l'on n'y trouve pas des vérités certaines, on y trouvera mieux en tout cas que des conjectures arbitraires.

TABLE ANALYTIQUE

DES MATIÈRES CONTENUES DANS CET OUVRAGE.

PREMIÈRE PARTIE.

DEUXIÈME PARTIE.

PREMIER CHAPITRE.

RAISONS SUR LESQUELLES S'APPUIE LA DOCTRINE DE L'ORIGINE MÉCANIQUE DU MONDE.

DEUXIÈME CHAPITRE.

DES DENSITÉS DES PLANÈTES ET DES RAPPORTS DE LEURS MASSES.

Cause pour laquelle les planètes voisines du Soleil sont plus denses que les plus éloignées. Insuffisance de l'explication de Newton. Pourquoi le corps central est d'une nature plus légère que les globes qui circulent dans son voisinage. Rapport entre les masses des planètes et leurs distances. Comment, en raison de son mode de formation, le corps central possède la plus grande masse. Calcul du degré de ténuité auquel tous les éléments de la matière universelle étaient primitivement réduits. Probabilité et nécessité de cette raréfaction. Preuve remarquable du mode de formation des planètes déduite d'une curieuse loi indiquée par M. de Buffon.

TROISIÈME CHAPITRE.

DE L'EXCENTRICITÉ DES ORBITES PLANÉTAIRES ET DE L'ORIGINE DES COMÈTES.

L'excentricité croît graduellement avec la distance au Soleil. Cause de cette loi tirée de la Cosmogonie. Pourquoi les comètes n'ont pas de relation nécessaire avec le plan de l'écliptique. Preuve que les comètes sont formées de l'espèce de matière la plus légère. Digression sur l'aurore boréale.

QUATRIÈME CHAPITRE.

DE L'ORIGINE DES SATELLITES ET DU MOUVEMENT DES PLANÈTES AUTOUR DE LEUR AXE.

La matière dont se sont formés les satellites était contenue dans la sphère d'où la planète a tiré les matériaux de sa propre formation. Causes qui ont déterminé les conditions du mouvement de ces satellites. Pourquoi les grosses planètes ont seules des Lunes. De la rotation axiale des planètes. La Lune a-t-elle eu jadis un mouvement de rotation plus rapide? La vitesse de rotation de la Terre va-t-elle en diminuant? De la position des axes des planètes relativement au plan de leurs orbites. Déplacement de l'axe de rotation.

CINQUIÈME CHAPITRE.

DE L'ORIGINE DE L'ANNEAU DE SATURNE ET CALCUL DE SA ROTATION DIURNE D'APRÈS LES CONDITIONS DE SA FORMATION.

État primitif de Saturne comparé à celui d'une comète. Formation d'un anneau aux dépens des particules de son atmosphère, sous l'influence des mouvements résultant de sa rotation. Détermination de la durée de la rotation de Saturne dans cette hypothèse. Considérations sur la figure de Saturne. De l'aplatissement des planètes en général. Détermination plus approchée des propriétés de l'anneau.

Probabilité de nouvelles découvertes. La Terre a-t-elle possédé un anneau avant le déluge?

SIXIÈME CHAPITRE.

DE LA LUMIÈRE ZODIACALE.

SEPTIÈME CHAPITRE.

DE LA CRÉATION ET DE SON ÉTENDUE INFINIE DANS LE TEMPS ET DANS L'ESPACE.

Origine du grand système des étoiles fixes. Corps central de ce système. La Création est infinie. Subordination systématique de toutes les parties de l'Univers. Corps central de la Nature entière. Progression successive de la Création dans l'infini du temps et de l'espace, par la formation de nouveaux Mondes. Considérations sur le chaos de la Nature non encore façonnée. Destruction successive et disparition des Mondes. Beautés de cette conception. Comment la Nature renaît de ses ruines.

ADDITION AU SEPTIÈME CHAPITRE.

THÉORIE GÉNÉRALE ET HISTOIRE DU SOLEIL.

Pourquoi le corps central d'un système est un globe de feu. Examen plus approfondi de sa nature. Idée des changements qui se produisent dans l'air qui l'enveloppe. Extinction des soleils. Coup d'œil plus approfondi sur leur forme. Opinion de M. Wright sur le corps central de l'Univers. Modifications apportées à cette idée.

HUITIÈME CHAPITRE.

DÉMONSTRATION GÉNÉRALE DE L'EXACTITUDE D'UNE THÉORIE MÉCANIQUE DE LA FORMATION DU MONDE, ET EN PARTICULIER DE LA CERTITUDE DE LA PRÉSENTE THÉORIE.

La faculté que possèdent essentiellement les divers éléments d'engendrer d'eux-mêmes un état de choses régulier et parfait est la preuve la plus magnifique de l'existence de Dieu. Réfutation des théories du naturalisme.

La constitution de l'Univers est simple et n'est pas au-dessus des forces de la nature. Analogies qui établissent la certitude de l'origine mécanique du Monde. La même démonstration tirée des exceptions à ces lois. L'admission d'un ordre immédiat de Dieu ne suffit pas à rendre compte de ces questions. Difficulté qui a détourné Newton d'adopter la théorie mécanique. Solution de cette difficulté. Le système proposé est le seul entre tous ceux qu'on peut concevoir qui donne satisfaction aux deux manières de voir. Il est démontré en outre par les rapports des densités des planètes, de leurs masses, des intervalles qui les séparent, et par la dépendance essentielle de leurs caractères. La raison d'un choix de Dieu ne détermine pas immédiatement ces conditions. Justification de la théorie au point de vue religieux. Difficultés qui se présentent dans une théorie fondée sur l'intervention immédiate de Dieu.

TROISIÉME PARTIE.

COMPARAISON ENTRE LES HABITANTS DES ASTRES.

Les planètes sont-elles toutes habitées? Motifs que l'on a d'en douter. Raison des rapports physiques qui doivent exister entre les habitants des diverses planètes. Considération de l'homme. Cause de l'imperfection de sa nature. Rapport naturel des propriétés corporelles des créatures vivantes, d'après la différence de leur distance au Soleil. Conséquence de ces rapports relativement à leurs facultés spirituelles. Comparaison des êtres pensants sur les différents astres. Confirmation déduite des conditions connues de leur lieu d'habitation. Autre preuve tirée des dispositions prises par la Providence pour assurer leur bien-être. Courte digression.

Conclusion.

Les conditions de l'homme dans la vie future.

HISTOIRE NATURELLE GÉNÉRALE ET THÉORIE

DU CIEL.

PREMIÈRE PARTIE.

ESQUISSE D'UNE DISTRIBUTION DES ÉTOILES EN SYSTÈME, ET MULTIPLICITÉ DE SEMBLABLES SYSTÈMES STELLAIRES.

Look round our World; behold the chain of Love
Combining all below and all above.
        (Pope, *An essay on man*, Epistle III.)

Regarde notre monde : en haut, en bas, partout
Une chaine d'amour enlace ce grand tout.

RÉSUMÉ

DES LOIS FONDAMENTALES DE LA PHILOSOPHIE NATURELLE DE NEWTON (¹).

———

Six planètes, dont trois sont accompagnées de satellites, Mercure, Vénus, la Terre avec sa Lune, Mars, Jupiter qui a quatre lunes et Saturne qui en a cinq, circulent autour du Soleil comme centre. Avec les comètes, qui se meuvent dans toutes les directions et sur des orbites très allongées, elles constituent un système que l'on appelle système solaire ou planétaire. Les mouvements de tous ces corps, dans des courbes circulaires et fermées, supposent l'existence de deux forces qui sont également nécessaires dans toute théorie, savoir une force d'impulsion, qui ferait que le corps, en un point quelconque de son orbite courbe, continuerait sa course en ligne droite et s'éloignerait à l'infini, si une autre force, quelle qu'en soit la nature, ne l'obligeait pas à changer incessamment de direction et à courir sur une trajectoire courbe, qui entoure le Soleil comme centre. Cette deuxième force, comme la géométrie le démontre, est une attraction constamment dirigée vers le Soleil; on la nomme en conséquence force de chute, force centripète, ou gravité.

Si les orbites des planètes étaient des cercles parfaits, la plus simple analyse de la composition des mouvements curvilignes montrerait que ce mouvement exige une tendance continuelle vers le centre; mais quoique les courbes suivies par les planètes, aussi bien que par les comètes, soient des ellipses dont le Soleil occupe le foyer commun, dans ce cas encore, la géométrie déduit avec une certitude absolue de l'analogie de Kepler, d'après laquelle le rayon vecteur, ou la ligne qui joint le Soleil à la planète, décrit à chaque

---

(¹) Cette brève introduction, qui pourra paraître superflue à la plupart des lecteurs, a été écrite pour les personnes moins familiarisées avec les lois fondamentales de Newton, en vue de leur faciliter l'intelligence de la théorie qui va suivre.

instant des aires elliptiques proportionnelles aux temps, l'existence d'une force qui, en chaque point de son orbite, attire constamment la planète vers le centre du Soleil. Cette force de chute,
qui règne dans toute l'étendue du système planétaire et attire les
astres vers le Soleil, est donc un phénomène incontestable de la
nature, et en même temps est surabondamment démontrée la loi
d'après laquelle cette force rayonne du centre vers les régions les
plus éloignées. Elle décroît toujours comme augmente le carré des
distances à ce centre. Cette deuxième règle découle d'une manière
aussi évidente du temps que les planètes emploient à parcourir
leurs orbites, à des distances très diverses du Soleil. Ces temps
sont entre eux comme les racines carrées des cubes des moyennes
distances au Soleil, d'où l'on déduit que la force qui attire les astres
vers le centre de leur mouvement circulaire doit décroître en raison inverse du carré de la distance.

Cette même loi, qui gouverne les planètes à quelque distance
qu'elles tournent autour du Soleil, se retrouve aussi dans les petits
systèmes que forment les satellites autour de leur planète principale. Leurs temps de révolution sont dans le même rapport avec
leurs distances, et par suite la force qui les attire vers la planète varie dans le même rapport que celle qui attire la planète
vers le Soleil. Tout ceci est mis hors de contestation par la géométrie la plus évidente appliquée à des observations inattaquables.
Alors surgit l'idée que cette force d'attraction est la même que l'on
appelle pesanteur à la surface des planètes et qui, à partir de
cette surface, va en s'affaiblissant peu à peu suivant la loi énoncée.
La preuve s'en déduit de la comparaison de l'intensité de la pesanteur sur la surface de la Terre avec la force qui attire la Lune vers
le centre de son orbite; ces deux forces sont l'une à l'autre dans le
rapport du carré des distances, exactement comme l'attraction
dans tout l'Univers. Et c'est pourquoi la force centrale porte souvent le nom de gravité.

D'autre part, comme il est extrêmement vraisemblable que,
lorsqu'une action s'exerce seulement en présence d'un corps et en
proportion de la proximité de ce corps, la cause de cette action
doit être, d'une manière ou d'une autre, attribuée au corps lui-
même; on a, pour cette raison, considéré comme suffisamment
démontré que la chute générale des planètes vers le Soleil est due

à une attraction exercée par cet astre, et que cette puissance d'attraction doit être regardée comme une propriété générale de tous les corps célestes.

Lorsqu'un corps est abandonné librement à cette attraction qui le force à tomber vers le Soleil ou vers toute autre planète, il tombe vers lui d'un mouvement accéléré et finit par se réunir à sa masse. Mais s'il a reçu une impulsion latérale, il arrive, lorsque celle-ci n'est pas assez puissante pour équilibrer exactement l'attraction, que le corps suit une ligne courbe dans sa chute ; et si l'impulsion qui lui a été imprimée est assez forte pour le dévier de la ligne droite, avant qu'il n'atteigne la surface du corps attirant, d'une quantité égale au demi-diamètre de ce corps, il n'en viendra plus toucher la surface ; mais après l'avoir contournée, il remontera, en vertu de la vitesse acquise dans sa chute, jusqu'au point d'où il est tombé et continuera sa course autour de lui d'un mouvement curviligne continu.

La différence des orbites des comètes avec celles des planètes provient donc de la proportion du mouvement latéral à la pression que ces corps reçoivent de l'attraction ; plus ces forces se rapprocheront de l'égalité, plus la forme de l'orbite se rapprochera du cercle ; et plus elles seront différentes, c'est-à-dire plus faible sera l'impulsion par rapport à la force centrale, plus l'orbite s'allongera, ou, comme on dit, plus elle sera excentrique, l'astre se rapprochant beaucoup du Soleil dans une portion de sa course, s'en éloignant beaucoup dans une autre.

Comme il n'y a rien dans la nature qui soit absolument exact, aucune planète n'a un mouvement absolument circulaire ; mais les orbites des comètes s'éloignent le plus de cette forme, parce que l'impulsion latérale qui leur a été imprimée a été la plus faible relativement à la force centrale correspondant à leur distance initiale.

Je me servirai souvent dans le cours de ce Mémoire de l'expression : constitution systématique de l'Univers. Afin d'écarter toute ambiguïté sur le sens que j'y attache, je dois ici donner quelques mots d'explication. A proprement parler, toutes les planètes et les comètes qui appartiennent à notre monde forment un système par la raison qu'elles tournent autour d'un centre commun. Je prends ici cette dénomination dans son sens strict, puisque je fais

allusion aux relations étroites que des liaisons générales et régulières ont établies entre elles. Les orbites des planètes sont aussi
voisines que possible d'un plan commun, qui est celui de l'équateur solaire prolongé ; les exceptions à cette règle ne se rencontrent
qu'aux limites extérieures du système, où les mouvements s'étei-
gnent peu à peu. Lorsqu'un certain nombre d'astres, ordonnés
autour d'un centre commun, autour duquel ils se meuvent, seront
en même temps compris dans un certain plan, sans avoir la liberté
de s'en écarter que très peu de part et d'autre ; lorsque les écarts
ne se présenteront que dans les corps les plus éloignés du centre,
dans ceux qui, par suite, semblent plus étrangers aux relations générales : alors je dirai que l'ensemble de ces corps constitue un
système.

PREMIÈRE PARTIE.

DE LA DISTRIBUTION DES ÉTOILES FIXES EN SYSTÈMES.

La Science de la constitution générale de l'Univers n'a fait aucun progrès remarquable depuis l'époque de Huygens. On n'en sait aujourd'hui que ce que l'on savait déjà à ce moment, à savoir que six planètes avec leurs satellites, qui accomplissent toutes leurs courses à peu près dans le même plan, ainsi que les nombreux globes cométaires qui étendent leurs queues dans toutes les directions, forment un système, dont le centre est le Soleil, vers lequel tombent tous ces astres, autour duquel ils tournent, et par qui tous sont éclairés et vivifiés ; que les étoiles fixes, comme autant de Soleils, sont les centres de semblables systèmes, dans lesquels tout doit être arrangé avec la même magnificence et le même ordre que dans le nôtre ; et qu'enfin l'espace indéfini fourmille de mondes, dont le nombre et la beauté sont en rapport avec la puissance sans limites de leur Créateur.

L'organisation systématique, que l'on admire dans la réunion des planètes autour de leur soleil, paraissait absente dans la multitude des étoiles fixes ; et il semblait que ces relations régulières, que l'on rencontre dans notre petit monde, n'étendaient pas leur empire jusqu'aux autres membres de l'Univers ; les étoiles fixes n'obéissaient à aucune loi qui pût limiter leurs positions les unes par rapport aux autres, et l'on regardait tout le ciel et tous les cieux des cieux comme remplis d'astres semés en désordre et sans but. En limitant sa curiosité au spectacle de ce désordre apparent, l'esprit humain n'a rien fait de plus que diminuer, tout en l'admirant, la grandeur de Celui qui s'est manifesté dans des œuvres si incompréhensiblement grandes.

Il était réservé à M. Wright de Durham, un Anglais, de faire un pas heureux vers la vérité, par une remarque dont il ne paraît pas cependant avoir compris toute la portée et dont il n'a pas su tirer les conséquences fécondes.

Il considérait les étoiles fixes, non comme une fourmilière dispersée sans ordre et sans dessein, mais comme un ensemble d'astres soumis à une organisation systématique et obéissant à une attraction générale vers un plan principal des espaces qu'ils occupent.

Nous allons essayer de perfectionner l'idée qu'il a émise, et de lui donner la forme sous laquelle elle peut devenir féconde en conséquences importantes, dont la vérification complète est réservée d'ailleurs aux temps à venir.

Si l'on jette les yeux sur le ciel étoilé par une nuit bien claire, on y remarque une bande lumineuse, où une multitude d'étoiles, plus condensées que partout ailleurs, se confondent en raison de leur immense éloignement et produisent une blancheur uniforme, à laquelle on a donné le nom de *Voie lactée*. On est en droit de s'étonner que la vue de cette zone si remarquable du ciel n'ait pas, depuis longtemps, poussé les Astronomes à des réflexions sur la distribution singulière des étoiles. Car on la voit suivre, sans interruption dans sa continuité, la trace d'un grand cercle tout autour du ciel : double condition dans laquelle apparaissent si nettement les indices d'une distribution régulière, où rien n'a été laissé au hasard, qu'ils auraient dû attirer les remarques du Philosophe attentif au spectacle du ciel, et le pousser à en chercher l'explication.

Puisque les étoiles ne sont pas fixées sur la concavité apparente de la sphère céleste, mais se perdent dans les profondeurs du ciel à des distances très différentes du point d'où nous les voyons, le phénomène de la Voie lactée nous apprend qu'aux distances où elles sont les unes derrière les autres, elles ne sont pas semées uniformément dans toutes les directions, mais qu'elles ont une tendance à se masser au voisinage d'un plan déterminé, lequel passe par notre point de vue.

Cette tendance est un phénomène si incontestable, que même les autres étoiles qui ne sont pas comprises dans la bande blanchâtre de la Voie lactée paraissent d'autant plus pressées et ramassées qu'elles sont plus voisines de cette zone ; si bien que des 2000 étoiles que l'œil nu aperçoit au ciel, la plus grande partie se rencontre dans une zone assez étroite, dont la Voie lactée occupe le milieu.

Si nous nous figurons maintenant un plan tracé à travers le ciel étoilé et prolongé indéfiniment, et si nous supposons que toutes les étoiles et leurs systèmes ont une tendance générale à se condenser au voisinage de ce plan, au détriment des autres régions du ciel; l'œil qui se trouvera dans ce même plan, plongeant son regard à travers le champ des étoiles dans la concavité sphérique du firmament, verra cet amoncellement des étoiles dans la direction du plan idéal, sous la forme d'une zone éclairée d'une plus vive lumière. Cette bande lumineuse s'étendra sur le contour d'un grand cercle, puisque le lieu du spectateur se trouve dans le plan lui-même. Cette zone fourmillera d'étoiles qui, en raison de la petitesse des points lumineux que l'œil ne pourra pas isoler les uns des autres, et en raison de leur densité apparente, produiront une lueur blanchâtre, en un mot une Voie lactée. Le reste de la foule des astres, moins rapprochés de ce plan ou plus voisins du lieu d'observation, paraîtra plus dispersé, quoiqu'il montre encore des signes évidents de condensation vers le même plan. Enfin, comme dernière conséquence, notre monde solaire, par cela seul qu'il voit les étoiles de la Voie lactée sur le contour d'un grand cercle, se trouve nécessairement dans ce même plan, et par suite appartient au système de ces étoiles.

Nous allons maintenant, pour étudier plus à fond les caractères du lien général qui réunit tous les astres de l'Univers, essayer de découvrir la cause de cet amoncellement des étoiles au voisinage d'un plan commun.

L'action attractive du Soleil n'est pas limitée au cercle étroit du monde planétaire. Nul doute qu'elle ne s'étende jusqu'à l'infini. Les comètes qui s'élèvent bien loin au-dessus de l'orbite de Saturne sont forcées par l'attraction solaire à revenir en arrière et à parcourir des orbites fermées. Bien qu'il soit de la nature d'une force, qui semble être incorporée à l'essence même de la matière, de s'étendre sans limites, et tous ceux qui admettent les principes de Newton reconnaîtront ce caractère à l'attraction; néanmoins nous ne pouvons que soupçonner que cette attraction du Soleil s'étend jusqu'aux étoiles les plus voisines; que les étoiles, comme autant de soleils, exercent une action semblable sur les

astres qui les environnent; et en conséquence que toute l'armée
de ces étoiles tend à se condenser par une attraction réciproque.
Mais s'il en est ainsi, tous les systèmes de l'Univers se trouvent, en
vertu de cette condensation incessante et que rien n'arrête, amenés à tomber les uns sur les autres et à se réunir tôt ou tard en
une masse unique; à moins que, comme dans notre système planétaire, une semblable destruction ne soit prévenue par des forces
centrifuges qui détournent les astres de la chute en ligne droite et,
par leur combinaison avec les forces d'attraction, les forcent à
suivre des orbites courbes constantes, préservant ainsi l'édifice du
monde de la destruction et lui assurant une durée sans fin.

Tous les soleils du firmament sont donc animés de mouvements
orbitaires, soit autour d'un centre unique commun, soit autour de
plusieurs centres. Et par analogie avec ce qui se remarque dans
notre monde solaire, on doit croire que, comme la cause qui a
communiqué aux planètes la force centrifuge en vertu de laquelle
elles décrivent leurs orbites a en même temps donné à ces orbites
une position très voisine d'un même plan; de même aussi les causes,
quelles qu'elles soient, qui ont donné l'impulsion aux soleils des
mondes supérieurs, et en ont fait autant de planètes d'ordres plus
élevés, ont en même temps amené leurs orbites à coïncider dans un
même plan, en ne leur permettant que des écarts très limités.

D'après cette conception, on peut se représenter le système des
étoiles comme un système planétaire énormément agrandi. Si au
lieu des six planètes entourées de dix satellites, on en imagine des
milliers, et au lieu de 28 ou 30 comètes qui ont été observées, si
l'on en suppose des centaines et des mille; si l'on se figure en outre
ces corps lumineux par eux-mêmes; le spectateur, qui de la terre
considérera cet ensemble, aura devant les yeux l'apparence des
étoiles de la Voie lactée. Car ces planètes supposées, par leur
proximité d'un plan commun, dans lequel se trouve aussi la Terre,
produiront une zone illuminée par d'innombrables étoiles, qui
suivra un grand cercle de la sphère céleste. Cette traînée lumineuse
sera toujours en tous ses points suffisamment garnie d'étoiles,
quoique, selon notre hypothèse, il s'agisse d'étoiles en mouvement,
et non d'un amoncellement d'étoiles immobiles; car leur transport
même amènera toujours en chaque point assez d'étoiles pour
remplacer celles qui auront abandonné cette position.

La largeur de cette zone lumineuse, qui figure une sorte de bande zodiacale, sera déterminée par les différents degrés d'écart des étoiles égarées de part et d'autre du plan relatif et par l'inclinaison de leurs orbites sur cette même surface. Comme d'ailleurs le plus grand nombre reste au voisinage de ce plan, elles sont de plus en plus rares à mesure qu'on s'en éloigne. Mais les comètes, qui occupent toutes les régions du ciel, couvriront de tous côtés les espaces célestes.

L'aspect du ciel étoilé est donc dû à une distribution systématique des étoiles, qui reproduit en grand ce qu'est en petit notre système planétaire ; l'ensemble des soleils forme un système, dont le plan général est la Voie lactée ; les soleils qui échappent à l'attraction restent à côté de ce plan, ils sont pour cette raison moins condensés, largement dispersés et rares. Ce sont pour ainsi dire les comètes du système stellaire.

Cette nouvelle conception conduit à attribuer aux étoiles un mouvement de progression, et pourtant tout le monde les considère comme immobiles et fixes dans l'espace depuis leur origine. Le nom d'*étoiles fixes* qu'on leur a donné paraît justifié et mis hors de conteste par l'observation de tous les siècles. Cette objection réduirait à néant tout le système que je viens d'exposer, si elle était fondée. Mais il y a tout lieu de croire que cette immobilité n'est qu'apparente. En réalité, ce n'est qu'une lenteur excessive de mouvement, due à l'immense éloignement du centre commun autour duquel elles tournent, ou rendue imperceptible par suite de la distance au point d'observation. La vraisemblance de cette conception est aisée à vérifier, si l'on calcule le mouvement qu'aurait l'étoile la plus voisine de nous, dans l'hypothèse que notre Soleil soit le centre de son orbite. Si sa distance, d'après Huygens, est plus de 21 000 fois plus grande que celle de la Terre au Soleil, en appliquant la loi connue d'après laquelle les temps des révolutions sont proportionnels aux racines carrées des cubes des distances, on trouve que le temps qu'elle emploierait pour faire une révolution autour du Soleil serait de plus d'un million et demi d'années, et qu'en 4000 ans elle ne s'éloignerait que d'un degré de sa position primitive. Comme il est sans doute très peu d'étoiles aussi voisines du Soleil que le serait Sirius d'après l'estimation de Huygens, comme la distance du reste de l'armée céleste surpasse peut-être énormément celle de cette étoile, les révolutions périodiques de ces étoiles exigeraient un nombre d'années incomparablement plus grand. Il est d'ailleurs bien vraisemblable que le mouvement des soleils du ciel étoilé s'exécute, non autour du Soleil, mais autour d'un centre commun, situé à une distance excessivement grande, ce qui doit rendre encore les déplacements des étoiles énormément plus lents. On peut donc conclure avec beaucoup de vraisemblance que l'intervalle de temps écoulé depuis que l'on fait des observations sur le ciel n'est pas suffisant pour rendre perceptibles les changements qui se produisent dans les positions des étoiles. Il ne faut cependant pas désespérer de les découvrir avec le temps. Il faudra pour cela des observateurs habiles et soigneux, et en outre la comparaison d'observations séparées par un large intervalle de temps. On devra particulièrement diriger ces observations sur les étoiles de la Voie lactée (^{1}), qui est le plan principal des mouvements. M. Bradley a observé des déplacements d'étoiles presque imperceptibles. Les Anciens ont remarqué des étoiles dans des régions du ciel où nous ne les voyons plus, et nous en voyons de nouvelles en d'autres. Qui sait si ce ne sont pas les mêmes astres qui ont changé de place? L'intérêt d'une pareille étude et la perfection de la science astronomique nous donnent l'espoir fondé de la découverte de si singulières merveilles (^{2}). Et la vraisemblance du fait en lui-même est si bien démontrée par les lois de la nature et de l'analogie, qu'il ne peut manquer d'exciter la curiosité des astronomes et les inviter à réaliser notre attente.

La Voie lactée est, pour ainsi dire, le zodiaque de ces étoiles nouvelles, qui, là plus fréquemment qu'en aucune autre région du ciel, apparaissent tour à tour et s'évanouissent. Si cette variation de visibilité dépend d'un rapprochement et d'un éloignement périodiques, il ressort bien de la distribution systématique des étoiles que j'admets qu'un pareil phénomène doit se produire le

---

(^{1}) En même temps sur ces amas où des étoiles nombreuses sont rassemblées dans un petit espace, comme par exemple les Pléiades, qui forment peut-être un petit système au milieu du grand.

(^{2}) De la Hire remarque, dans les *Mémoires de l'Académie de Paris* pour l'année 1693, que ses propres observations, aussi bien que leur comparaison avec celles de Riccioli, démontrent un changement considérable dans les positions des étoiles des Pléiades.

plus souvent dans la région de la Voie lactée. Car, s'il existe des étoiles qui tournent autour d'autres étoiles dans des courbes très allongées, comme des satellites autour de leur planète, l'analogie avec notre monde planétaire, où seuls les corps qui se trouvent au voisinage du plan commun du mouvement possèdent des compagnons, exige que seules aussi les étoiles qui sont dans la Voie lactée aient des soleils circulant autour d'elles.

J'arrive à une autre partie de mon système qui, par la haute idée qu'elle donne du plan de la création, me paraît la plus séduisante. L'enchaînement des idées qui m'y ont amené est bien simple et n'a rien d'artificiel : les voici en quelques mots. Supposons un système d'étoiles ramassées aux environs d'un plan commun, à la manière de celles de la Voie lactée, mais situé si loin de nous que la lunette même ne puisse nous faire distinguer les astres dont il se compose; supposons que sa distance soit à la distance qui nous sépare des étoiles de la Voie lactée, dans le même rapport que celle-ci à la distance de la Terre au Soleil; un tel monde stellaire n'apparaîtra à l'observateur qui le contemple à une si énorme distance que comme un petit espace faiblement éclairé et sous-tendant un très petit angle; sa figure sera circulaire, si son plan est perpendiculaire au rayon visuel, elliptique s'il est vu obliquement. La faiblesse de sa lumière, sa forme et la grandeur apparente de son diamètre différencieront d'une manière évidente un pareil phénomène des étoiles isolées qui l'environnent.

Il n'y a pas à chercher longtemps dans les observations des astronomes pour rencontrer de semblables apparences. Elles ont été vues par divers observateurs. On s'est étonné de leur rareté; on a imaginé sur leur compte et l'on a admis tantôt les fantaisies les plus étonnantes, tantôt des conceptions plus spécieuses, mais qui n'avaient pas plus de fondement que les premières. Nous voulons parler des nébuleuses, ou plus exactement d'une espèce particulière de ces astres, que M. de Maupertuis décrit ainsi (¹) : ce sont de petites plaques lumineuses, un peu plus brillantes seulement que le fond obscur du ciel; elles se présentent dans toutes les régions; elles offrent la figure d'ellipses plus ou moins ouvertes; et leur lumière est beaucoup plus faible que celle d'aucun autre objet

---

(¹) *Discours sur la figure des astres;* Paris, 1742.

que l'on puisse apercevoir dans le ciel. L'auteur de l'*Astrothéo-
logie* (¹) se figurait que c'étaient des trous dans le firmament, à travers lesquels il croyait voir le ciel de feu ou l'Empyrée. Un philosophe dont les vues sont plus éclairées, M. de Maupertuis, les
tient, en raison de leur figure et de leur diamètre apparent sensible,
pour des corps célestes d'une grandeur énorme, fortement aplatis
par suite d'une rotation rapide et qui, vus obliquement, offrent la
forme ovale.

On reconnaîtra aisément que cette dernière explication ne peut
être acceptée. Puisque ces nébuleuses sont certainement au moins
aussi éloignées de nous que les étoiles fixes, il ne suffirait pas
de leur supposer une grandeur prodigieuse, qui surpasserait des
milliers de fois celle des plus grosses étoiles : il faudrait ensuite
expliquer par quel paradoxe ces corps, qui sont des soleils lumineux par eux-mêmes, nous paraissent, malgré leurs étonnantes
dimensions, comme les plus faibles et les plus pâles de tous les
astres.

Il est bien plus naturel et raisonnable de supposer qu'une nébuleuse n'est pas un unique et énorme soleil, mais un système de
nombreux soleils, rassemblés en raison de leur distance dans un
espace si étroit, que leur lumière, qui serait imperceptible pour
chacun d'eux isolément, parvient, grâce à leur innombrable quantité, à produire une blancheur pâle et uniforme. L'analogie avec le
système d'étoiles dont nous faisons partie, leur forme qui est
exactement celle qu'ils doivent avoir dans notre théorie, la faiblesse de leur lumière qui dénote un éloignement infini, tout concorde admirablement pour nous faire prendre ces taches elliptiques
pour des mondes ordonnés comme le nôtre, en un mot, pour des
Voies lactées semblables à celle dont nous avons expliqué la constitution. Et si des hypothèses, où l'analogie et l'observation concourent merveilleusement à se prêter un mutuel appui, ont exactement la même valeur que des démonstrations formelles, on devra
tenir pour démontrée l'existence de pareils systèmes.

L'attention des observateurs du ciel a donc maintenant de
sérieux motifs pour s'occuper de ce sujet. Les étoiles fixes, nous

---

(¹) *Astro-Theologie or a Demonstration of the being and attributes of God
from a survey of the Heavens*, by W. Derham ; Londres, 1714.

le savons, s'amoncellent toutes vers un plan commun, et forment par suite un ensemble régulièrement ordonné, qui est un monde de mondes. On voit qu'à des distances infinies il existe de semblables systèmes d'astres, et que la création, dans toute l'étendue de son infinie grandeur, est partout organisée en systèmes dont les membres sont en relation les uns avec les autres.

On pourrait encore s'imaginer que ces mondes d'ordre supérieur ne sont pas sans relation les uns avec les autres, et forment, en raison de ce rapport réciproque, un système encore plus immense. En fait, on voit que les formes elliptiques de ces astres nébuleux décrits par M. de Maupertuis ont une relation assez nette avec le plan de la Voie lactée. Il y a là un vaste champ ouvert aux découvertes, dont l'observation doit donner la clef. Les nébuleuses proprement dites, et celles auxquelles tous ne s'accordent pas à donner ce nom, devraient être observées et examinées au point de vue de ma doctrine. Si l'on voulait bien considérer les parties de la nature d'après des vues et un plan bien arrêtés, on découvrirait certainement des propriétés qui maintenant nous échappent et restent cachées, parce que l'observation s'éparpille sans fil conducteur sur toute espèce d'objets.

La doctrine que nous venons d'exposer nous ouvre une vue nouvelle sur le champ infini de la création, et nous amène à une conception de l'œuvre de Dieu proportionnée à la grandeur infinie de l'Ouvrier divin. Si la grandeur du monde planétaire, où la Terre n'est qu'un grain de sable à peine perceptible, plonge notre intelligence dans l'admiration, de quel étonnement n'est-on pas frappé, lorsqu'on voit la quantité infinie de mondes et de systèmes qui remplissent l'étendue de la Voie lactée! Mais combien cet étonnement s'augmente encore, quand on s'aperçoit que ces innombrables systèmes d'étoiles ne forment qu'une unité d'un nombre dont les limites nous échappent, et qui pourtant n'est peut-être à son tour qu'une unité dans une nouvelle combinaison de nombres! Nous voyons les premiers termes d'une progression continue de mondes et de systèmes, et cette première partie d'une progression indéfinie nous donne déjà à reconnaître ce qu'il faut penser de l'ensemble. Cette série n'a pas de fin, elle s'enfonce dans un abîme véritablement insondable, où sombre toute la puissance de l'intelligence humaine, cherchât-elle à s'appuyer sur la science des

nombres. La sagesse, la bonté, la puissance qui s'y sont mani-
festées sont infinies, et elles s'y montrent au même degré actives
et fécondes; le plan de leur manifestation doit donc être comme
elles infini et sans bornes.

Mais ce n'est pas seulement dans le système général du monde
qu'il y a à faire des découvertes qui étendront la conception que
nous pouvons nous former de la grandeur de la création. Bien des
détails sont encore inconnus, même dans notre petit monde solaire; nous en voyons les membres séparés les uns des autres par
des intervalles énormes, et nous ne savons pas ce qui existe dans
ces intervalles. Entre Saturne, la plus extérieure des planètes que
nous connaissons, et la comète la moins excentrique qui s'enfonce
dans le ciel à des distances dix fois plus grandes, ne peut-il y avoir
quelque planète dont le mouvement ressemblerait encore plus que
celui de Saturne au mouvement des comètes? Et s'il en existait
d'autres encore, ne verrait-on pas dans la série de ces astres intermédiaires, par une transformation progressive de leurs caractères,
les planètes dégénérer en comètes et les deux espèces d'astres se
réunir en une seule?

La loi d'après laquelle les excentricités des orbites planétaires
sont en rapport avec leurs distances au Soleil vient à l'appui de
cette supposition. L'excentricité des mouvements des planètes augmente avec leurs distances au Soleil, et par suite les planètes les
plus éloignées se rapprochent du caractère des comètes. Il y a
donc lieu de penser qu'il peut y avoir encore d'autres planètes
au delà de Saturne, qui sont encore plus excentriques que lui, et
qu'ainsi, par une série continue, les planètes finissent par se trans-
former en comètes. L'excentricité est pour Vénus $\frac{1}{126}$ du demi-axe
de son orbite elliptique; pour la Terre $\frac{1}{58}$; pour Jupiter $\frac{1}{28}$, et
pour Saturne $\frac{1}{11}$; elle croît donc visiblement en même temps que la
distance. Il est vrai que Mercure et Mars font exception à cette loi,
leur excentricité est beaucoup plus grande que ne le voudrait leur
distance au Soleil. Mais nous verrons dans la suite que la même
cause, qui a donné à quelques planètes une masse moindre que celle
qu'elles devraient avoir, a produit en même temps une diminution
de la force d'impulsion qui aurait déterminé une orbite circulaire,
et en a ainsi augmenté l'excentricité : une même cause explique à la
fois ce qui manque à ces planètes en masse et en vitesse.

N'est-il pas d'après cela vraisemblable que la variation de l'excentricité pour les astres qui se trouvent immédiatement au-dessus de Saturne se fait par degrés insensibles comme pour les planètes inférieures, et qu'ainsi les planètes se transforment peu à peu en comètes? Car il est certain que c'est cette excentricité qui fait la différence essentielle entre les comètes et les planètes, et non pas la queue et la chevelure qui ne sont que la conséquence de cette excentricité. Et en même temps ne doit-on pas admettre que la même cause, quelle qu'elle soit, qui a imprimé aux astres leurs mouvements de révolution, non seulement est devenue trop faible, à ces grandes distances, pour produire l'équilibre entre la force d'attraction et la force d'impulsion, d'où résulte l'excentricité des mouvements, mais aussi a été trop peu puissante pour forcer les orbites de ces astres à se coucher dans le plan où se meuvent les planètes inférieures, et a ainsi permis la dispersion des comètes dans toutes les régions du ciel?

Ces considérations permettent d'espérer peut-être la découverte, au delà de Saturne, de nouvelles planètes, qui devront être plus excentriques que lui, et se rapprocher des caractères des comètes. Mais par la même raison, de tels astres ne seront visibles que pendant un temps très court, au voisinage de leur périhélie; circonstance qui, jointe à leur grand éloignement et à la faiblesse de leur lumière, en a rendu la découverte impossible jusqu'ici, et la rendra toujours très difficile dans l'avenir. L'astre qui serait à la fois la dernière planète et la première comète serait, si l'on veut, celui dont l'excentricité serait assez grande pour qu'au périhélie son orbite vînt couper celle de la planète la plus voisine, celle de Saturne peut-être.

HISTOIRE NATURELLE GÉNÉRALE ET THÉORIE

DU CIEL.

DEUXIÈME PARTIE.

ÉTAT PRIMITIF DE LA NATURE, FORMATION DES ASTRES, CAUSES DE LEUR MOUVEMENT ET DE LEURS RELATIONS SYSTÉMATIQUES, AUSSI BIEN DANS LE MONDE PLANÉTAIRE EN PARTICULIER QUE DANS TOUT L'ENSEMBLE DE LA CRÉATION.

See plastic nature working to this end,
The single atoms each to other tend,
Attract, attracted to, the next in place
Form'd and impell'd its neighbour to embrace.
See matter next, with various life endued,
Press to one center still, the gen'ral Good.

      (POPE, *An Essay on man*, epistle III.)

Vois de la terre au ciel le monde inanimé,
Vois comme pour s'unir tout est mû, tout formé,
Vois pour ce grand dessein travailler la nature,
Chaque être s'approcher d'une autre créature,
Chaque atome attirant, attiré tour à tour,
Et l'univers entier enchaîné par l'amour,
Regarde en même temps la nature vivante
Vers le bien général suivre la même pente.

      (*Traduction de* JACQUES DELILLE.

CHAPITRE I.

DE L'ORIGINE DU MONDE PLANÉTAIRE EN PARTICULIER ET DES CAUSES DE SES MOUVEMENTS.

Lorsqu'on examine l'Univers au point de vue des relations réciproques qui existent entre ses diverses parties, et pour y chercher les causes dont elles tirent leur origine, on voit le problème se présenter sous deux aspects, également probables, également admissibles. Si, d'une part, on remarque que les six planètes et leurs neuf satellites, qui circulent autour du Soleil comme centre, se meuvent tous dans le même sens et dans le sens même de la rotation du Soleil qui dirige tous ces mouvements par la force de l'attraction; que leurs orbites ne s'éloignent pas beaucoup d'un plan commun, qui est le plan de l'équateur solaire prolongé; que, pour les astres les plus éloignés qui appartiennent au monde solaire, sur lesquels il semble que la cause commune du mouvement.a dû agir avec moins de puissance qu'au voisinage du centre, l'exactitude de ces lois est sujette à des écarts dont la grandeur est proportionnée à l'affaiblissement du mouvement imprimé; si, disje, on tient compte de toutes ces relations, on est forcé de croire qu'une même cause, quelle qu'elle soit, a exercé une même influence à travers toute l'étendue du système, et que l'accord dans la direction et la position des orbites des planètes est une conséquence de la relation qu'elles ont dû toutes avoir avec les causes matérielles qui les ont mises en mouvement.

Mais, d'autre part, si nous examinons l'espace dans lequel les planètes de notre système font leurs révolutions, nous le trouvons complètement vide (¹) et dépouillé de toute matière qui aurait pu

---

(¹) Je ne recherche pas ici si cet espace doit être considéré comme vide dans le sens absolu du mot. Il me suffit de remarquer que toute la matière qui pourrait se rencontrer dans cet espace serait tout à fait impuissante à produire une action appréciable sur les masses en mouvement dont il s'agit.

produire l'identité d'action sur les corps planétaires, et entraîner la concordance de leurs mouvements. C'est là un fait qui est absolument hors de doute, et dont la certitude dépasse encore, s'il est possible, la vraisemblance de notre première conclusion. Aussi Newton n'a-t-il pu assigner aucune cause matérielle qui, en s'étendant à tout l'espace du monde planétaire, ait été capable de produire la communauté du mouvement. Il admettait une intervention immédiate de la main de Dieu, qui avait déterminé directement cet ordre régulier, en dehors de tout emploi des forces naturelles.

Un examen impartial nous montre donc ici des deux côtés des raisons également puissantes et auxquelles il faut accorder une égale valeur. Mais il n'est pas moins évident qu'il doit exister quelque interprétation des faits, qui peut et doit concilier ces raisons en apparence contradictoires, et que c'est dans une telle interprétation qu'il faut chercher le système véritable. Nous allons la donner en quelques mots. Dans l'organisation actuelle de l'espace dans lequel circulent les sphères du monde planétaire, il n'existe aucune cause matérielle qui en puisse produire ou diriger les mouvements. Cet espace est complètement vide, ou du moins il est comme s'il était vide. Il faut donc qu'il ait été jadis autrement constitué et rempli d'une matière capable de produire les mouvements de tous les corps qui s'y trouvent et de les rendre concordants avec le sien propre, par suite concordants les uns avec les autres ; et après cela, l'attraction a nettoyé cet espace et en a rassemblé la matière diffuse en des masses isolées. Les planètes.doivent donc maintenant, en vertu du mouvement une fois imprimé, continuer librement leur course dans un espace sans résistance. Nos premières considérations rendent nécessaire cette manière de voir, et comme, entre les deux cas, il n'y a pas place pour un troisième, nous sommes amenés à lui accorder assez de confiance pour en faire mieux qu'une simple hypothèse. On pourrait, si l'on voulait développer ce sujet, arriver, par une suite de conséquences déduites les unes des autres à la manière de théorèmes mathématiques, et en y mettant un luxe de raisonnements que l'on ne trouve pas d'habitude dans les sujets de science physique, arriver finalement au plan même de la naissance du monde que je vais exposer. Mais je préfère présenter mes idées sous forme d'hypothèse, et laisser à l'intelligence du lecteur le soin d'en apprécier la valeur, plutôt que de les revêtir de l'éclat d'une démonstration, rigoureuse en apparence, mais qui pourrait en faire suspecter la valeur : j'aime mieux m'assurer les suffrages des savants que capter ceux des ignorants.

Je suppose donc que tous les matériaux dont se composent les sphères, planètes et comètes, qui appartiennent à notre monde solaire, décomposés à l'origine des choses en leurs éléments primitifs, ont rempli alors l'espace entier dans lequel circulent aujourd'hui ces astres. Cet état de la nature, lorsqu'on le considère en soi et en dehors de toute préoccupation de système, paraît être le plus simple qui ait pu succéder au néant. A cette époque, rien n'avait encore pris une forme. La formation et le rassemblement de corps célestes isolés, séparés par des intervalles proportionnés aux attractions, leur forme qui résulte de l'équilibre de la matière amassée pour les produire, tout cela constitue un état postérieur de la nature. Celle-ci, qui touchait encore immédiatement à la création, était aussi brute, aussi informe que possible. Mais déjà, dans les propriétés essentielles des éléments qui constituaient le chaos, on peut reconnaître la marque de cette perfection qu'ils tiennent de leur source, puisque leur existence découle de l'idée éternelle de l'Intelligence divine. Les propriétés les plus simples et les plus générales qui semblent avoir été ébauchées sans plan ; la matière, qui semble être purement passive et absolument dépourvue de forme et d'ordonnance, possède dans son état le plus simple une tendance à se façonner en une organisation parfaite par une évolution naturelle. Mais la *variété des genres d'éléments* est un fait capital pour la mise en mouvement de la matière et l'organisation du chaos, car elle détruit l'immobilité qui aurait été la conséquence de l'homogénéité des éléments, et le chaos commence à se façonner autour des points de plus forte attraction. Cette variété des éléments est sans aucun doute infinie, car la nature se montre partout sans limite. Ceux des éléments qui ont la plus grande densité spécifique et la plus grande force d'attraction, qui par suite occupent le moindre espace et sont en même temps plus rares, s'ils sont uniformément distribués dans l'espace, sont en conséquence plus disséminés que ceux d'espèce plus légère. Les éléments de poids spécifique mille fois plus grand sont mille fois et peut-être des mil-

lions de fois plus disséminés que ceux mille fois plus légers. Et
comme cette différence des densités n'a pas de limites, il arrivera
qu'en même temps qu'il pourra y avoir entre les densités de deux
corpuscules matériels la même proportion qu'entre les volumes
de deux sphères ayant pour rayon l'une celui du système planétaire et l'autre un millième de ligne, tel aussi pourra être le rapport de la distance de deux particules très lourdes à celle de deux
particules légères.

Dans un espace ainsi rempli, le repos ne dure qu'un instant.
Les éléments possèdent par essence les forces qui peuvent les mettre
en mouvement, et sont pour eux-mêmes sources de vie. La matière
est par suite en effort constant pour se façonner. Les éléments disséminés d'espèce plus dense attirent à eux toute la matière plus légère
qui les environne ; eux-mêmes, avec les matériaux qu'ils ont déjà
ramassés, se réunissent dans les points où existent des particules
d'espèce plus dense encore, ceux-ci à leur tour à d'autres plus
denses et ainsi de suite. Et si l'on suit par la pensée ce travail de la
nature à travers l'étendue du chaos, on voit aisément que la conséquence en sera la formation de diverses masses, qui, une fois
créées, resteront éternellement en repos, équilibrées par l'égalité
de leurs attractions mutuelles.

Mais la nature tient en réserve d'autres forces, qui s'exercent
particulièrement lorsque la matière est décomposée en très petites
particules ; ces forces font que les particules se repoussent mutuellement, et par leur lutte incessante contre l'attraction, elles
donnent naissance au mouvement, qui est la vie de la nature. Sous
l'empire de cette force de répulsion, qui se manifeste dans l'élasticité des vapeurs, la diffusion des corps odorants et l'expansion de
toute matière gazeuse, et qui est un phénomène incontestable de
la nature, les éléments qui tombent vers les centres d'attraction
abandonnent la direction rectiligne de leur mouvement, et leur
chute verticale se transforme en des mouvements curvilignes
autour du centre d'attraction. Pour rendre plus claire l'exposition de notre hypothèse cosmogonique, nous laisserons d'abord
de côté la formation de l'Univers infini, et nous nous bornerons
au système particulier de notre soleil. Après avoir examiné
la formation de ce système, nous appliquerons les mêmes principes à celle des mondes d'ordre supérieur, et nous compren-

drons ainsi dans une même doctrine la création de tout l'Univers.

Lorsque, dans un très grand espace, il se trouve un point où l'attraction agit plus énergiquement que partout ailleurs, c'est vers ce point que se rassemblent toutes les particules élémentaires disséminées dans cet espace. Le premier effet de cette chute générale est la formation, à ce centre d'attraction, d'un noyau d'abord infiniment petit, qui grandit peu à peu, en s'appropriant la matière environnante par une force toujours proportionnelle à sa masse qui augmente sans cesse. Quand la masse du corps central s'est suffisamment accrue pour que la vitesse avec laquelle il attire les particules situées à grande distance, étant déviée latéralement par la faible répulsion qu'elles exercent les unes sur les autres, se transforme en un mouvement curviligne autour du corps central par l'effet de la force centrifuge ; alors se forment de grands tourbillons de particules, dont chacune décrit une ligne courbe par la combinaison de l'attraction centrale et de l'impulsion latérale. Toutes ces orbites s'entre-croisent, grâce à la grande dissémination des corpuscules dans l'espace. Cependant, ces mouvements qui se contrarient de diverses manières tendent naturellement à s'uniformiser, ou à arriver à un état où le mouvement d'une particule gêne aussi peu que possible le mouvement d'une autre. Cela se produit de deux façons ; d'abord les particules modifient leurs mouvements relatifs jusqu'à ce que toutes se meuvent dans le même sens ; en second lieu, ces particules modifient leur mouvement de chute verticale vers le centre d'attraction, jusqu'à ce que tous les mouvements étant horizontaux, c'est-à-dire se faisant sur des cercles parallèles dont le Soleil est le centre, ces particules cessent de s'entre-croiser et continuent leur libre mouvement circulaire, à la distance à laquelle elles se trouvent, par l'équilibre de la force centrifuge et de la force d'attraction. Il en résulte que finalement, dans toute l'étendue de l'espace, ces particules seules restent en mouvement, à qui leur chute a donné une vitesse telle, et la résistance des autres une direction telle, qu'elles puissent se mouvoir sur des orbites circulaires. Dans cet état, toutes les particules marchant dans le même sens sur des orbites parallèles, qui sont des cercles décrits autour du noyau central, il n'y a plus ni rencontre ni choc des éléments, et tout est dans l'état de la moindre action réciproque. Telle est la transformation naturelle que subissent nécessairement des matériaux, lorsqu'ils ont reçu des mouvements contradictoires. Il est clair aussi que, parmi la foule des particules disséminées, un grand nombre pourront arriver à cette exacte relation des forces mouvantes, en vertu de la résistance qu'elles s'opposent mutuellement pour atteindre l'état final; mais qu'un bien plus grand nombre encore n'y arriveront pas, et ne serviront qu'à accroître la masse du noyau central, sur lequel elles tomberont, ne pouvant continuer à se maintenir librement à la hauteur où elles se trouvent, et se trouveront réduites au repos par la résistance des molécules qu'elles croisent incessamment. Ce corps, qui occupe le centre d'attraction, et qui va devenir le plus important du monde planétaire par la continuelle adjonction des matériaux qu'il attire, ce corps est le Soleil, bien qu'il n'ait pas encore l'éclat flamboyant qui se produira sur sa surface après sa complète formation.

Il faut encore remarquer que le mouvement des éléments de la nature en formation, tel qu'il vient d'être décrit, de même direction pour tous et sur des cercles parallèles ayant un axe commun, n'est pas un mouvement qui puisse persister. Car, d'après les lois du mouvement central, le plan des orbites doit passer par le centre d'attraction; et parmi tous ces cercles qui tournent dans le même sens autour d'un axe commun, il n'en est qu'un seul qui rencontre le centre du Soleil; par suite, tous les matériaux situés autour de l'axe commun des révolutions tendent à se réunir dans le plan du grand cercle engendré par la rotation autour du centre commun d'attraction. Ce cercle est donc le plan vers lequel tendent tous les éléments en mouvement de révolution, dans lequel ils s'amassent autant que possible, en laissant vides les régions qui en sont éloignées. Et les particules qui ne peuvent se rapprocher assez du plan vers lequel toutes se pressent ne peuvent se maintenir toujours dans la région où elles se meuvent; mais, rencontrant les éléments voisins en mouvement, elles finissent par tomber sur le Soleil.

Si l'on examine maintenant cette matière élémentaire du monde en mouvement, dans l'état où elle a été amenée par l'attraction et par une suite mécanique des lois générales de la résistance, nous voyons un espace, compris entre deux plans peu éloignés l'un de l'autre et également distants du plan général d'attraction, qui, à partir du centre du Soleil, s'étend à des distances inconnues, et dans l'intérieur duquel toutes les particules, chacune en raison de sa distance et de l'attraction qui la gouverne, décrivent d'une course libre des orbites circulaires déterminées. Par suite, puisqu'une telle distribution est celle où elles se gênent mutuellement le moins possible, ces particules persisteront éternellement dans leur mouvement, à moins que l'attraction de ces particules de la matière primitive les unes sur les autres ne commence à faire sentir son action et ne produise de nouvelles formations qui seront les semences d'où naîtront les planètes. Car, puisque les éléments qui se meuvent en cercles parallèles autour du Soleil, pris à des distances du Soleil peu différentes, sont presque en repos relatif en raison de l'égalité de leurs mouvements parallèles, l'attraction des éléments ainsi placés, et doués d'une force attractive prépondérante, commence aussitôt à produire une action considérable (¹) : ils provoquent la réunion des particules les plus voisines pour en former un corps, qui, à mesure de l'accroissement de sa masse, étend de plus en plus sa sphère d'attraction, et met en mouvement pour s'augmenter les éléments de régions de plus en plus éloignées.

La formation des planètes, dans ce système, repose avant tout sur ce principe, que la naissance de la masse est simultanée avec la naissance des mouvements et avec la détermination de forme et de position de l'orbite, de sorte que les défauts de concordance des divers éléments des orbites, aussi bien que leur accord, ont apparu dès le premier instant. Les planètes se composent de particules qui, à la hauteur où elles se meuvent, ont des mouvements exactement circulaires : *donc les masses formées par leur réunion auront exactement les mêmes mouvements, avec la même vitesse et dans la même direction.* Cela suffit pour faire voir pourquoi les orbites planétaires sont presque exactement circu-

---

(¹) L'origine des planètes en formation ne doit pas être attribuée à la seule attraction newtonienne. Elle agirait trop lentement et trop faiblement autour d'une particule de si extraordinaire petitesse. Il vaut mieux dire que la première formation dans ce petit espace s'est produite par la réunion de plusieurs éléments, obéissant aux lois ordinaires de la combinaison, jusqu'à ce que les noyaux ainsi formés soient devenus assez gros et l'attraction newtonienne assez puissante pour continuer à les accroître par son action à distance.

laires et pourquoi elles se trouvent toutes à peu près dans un même plan. Elles seraient des cercles parfaits, si l'étendue à laquelle ont été prises les particules qui les ont formées était fort petite et par suite la différence de leurs mouvements très faible (¹). Mais lorsqu'un plus grand espace est mis à contribution pour former la masse considérable d'une planète aux dépens de la matière si ténue et si largement disséminée dans les espaces célestes, la diversité des distances de ces éléments au Soleil, et par suite la différence de leurs vitesses, n'est plus négligeable; il faudrait donc, pour conserver au mouvement de la planète, malgré cette différence, l'équilibre entre la force centrale et la vitesse circulaire, qu'il s'établît une compensation exacte entre l'excès et le défaut de vitesse des particules qui se réunissent pour la former. Une pareille compensation est sans doute possible et même en fait à peu près exacte (²); pourtant, comme il y manque toujours quelque chose, il en résulte une déviation du mouvement circulaire et une excentricité de l'orbite. On explique aussi facilement pourquoi les orbites des planètes, qui devraient se trouver naturellement dans un même plan, présentent pourtant de légers écarts; cela tient à ce que les particules élémentaires, qui devraient se trouver uniquement dans le plan principal des mouvements, forment en réalité une couche d'une certaine épaisseur de part et d'autre de ce plan. Or, ce serait un hasard bien heureux, si toutes les planètes avaient commencé à se former juste dans ce plan, au milieu de la couche. Il y a donc place pour une certaine inclinaison des orbites les unes par rapport aux autres, quoique la tendance des particules à limiter le plus possible cet écart ne limite en même temps l'incli-

---

(¹) Les mouvements exactement circulaires appartiennent seulement aux planètes voisines du Soleil; car aux grandes distances où se sont formées les dernières planètes ou les comètes, il est aisé de voir que, en même temps que le mouvement de chute de la matière primitive est beaucoup plus lent, l'étendue de l'espace dans lequel elle est répandue est aussi plus grande. Les éléments y prennent donc par eux-mêmes des mouvements déjà différents du mouvement circulaire, et par suite aussi les corps qui en sont formés.

(²) Car les particules venant des régions plus voisines du Soleil et qui possèdent une vitesse de circulation plus grande que celle qui convient au lieu où la planète se forme compensent ce qui manque de vitesse aux particules plus éloignées du Soleil qui s'incorporent à ce même noyau, pour se mouvoir sur un cercle à la distance où est située la planète.

naison entre des bornes très étroites. Il ne faut donc pas s'étonner de ne pas rencontrer ici, pas plus qu'en aucune des œuvres de la nature, une parfaite correction, puisque la grande variété des conditions qui caractérise les actions naturelles ne permet jamais une absolue régularité.

CHAPITRE II.

DE LA VARIATION DE DENSITÉ DES PLANÈTES ET DES RAPPORTS DE LEURS MASSES.

Nous avons fait voir que les particules de la matière élémentaire, primitivement distribuées d'une manière uniforme dans l'espace, en tombant vers le Soleil, se mettaient à se mouvoir dans des orbites, au lieu même où la vitesse acquise dans la chute était équilibrée par l'attraction, et où sa direction déviée était perpendiculaire au rayon du cercle, comme cela doit avoir lieu dans le mouvement circulaire. Si nous considérons maintenant des particules de densité spécifique différente, placées à la même distance du Soleil, les plus pesantes, malgré la résistance des autres, pénétreront plus avant vers le Soleil, et ne subiront pas une aussi grande déviation de leur chute rectiligne que les particules plus légères. Au contraire, celles-ci, plus fortement déviées, prendront le mouvement circulaire avant d'avoir pénétré aussi profondément vers le centre, et décriront des orbites de plus grand rayon. En même temps, elles ne pourront traverser l'espace rempli de matière sans perdre une notable partie de leur vitesse, et elles ne pourront ainsi acquérir le degré de vitesse qui leur serait nécessaire pour circuler au voisinage du centre. Donc, une fois l'équilibre du mouvement établi, c'est dans les régions éloignées que circulent les particules plus légères, c'est au voisinage du Soleil que se rencontrent les éléments les plus lourds. Et par suite les planètes qui se forment de la réunion de ces matériaux seront, aux alentours du Soleil, plus denses que celles qui se sont formées plus loin.

Il existe donc une sorte de loi statique, qui distribue les matériaux de l'espace suivant la hauteur, en raison inverse de leur densité. Toutefois on comprend aisément qu'il ne faut pas s'attendre à trouver à une certaine hauteur uniquement des particules de même densité. Parmi les particules d'une espèce, les unes peuvent con-

tinuer à circuler loin du Soleil, et trouver à ces grandes distances
l'affaiblissement de leur vitesse de chute nécessaire pour le mouvement circulaire, si elles viennent d'une distance plus grande
encore. Les autres, qui, dans la distribution uniforme de la matière du chaos, se trouvaient primitivement plus proches du Soleil,
peuvent, sans avoir une densité plus forte, décrire plus près de lui
leur révolution circulaire. Et puisque ainsi la position des matériaux par rapport à leur centre d'attraction dépend non seulement
de leur poids spécifique, mais encore de la place qu'ils occupaient
primitivement dans l'état d'immobilité de la matière, il est aisé de
concevoir que des espèces très variées ont pu se réunir à chaque
distance du Soleil et y rester. Mais, en général, les matières plus
denses se trouveront plutôt autour du centre qu'à une grande distance ; et bien que les planètes soient formées d'un mélange de
matières très diverses, pourtant leur densité doit être plus considérable à mesure qu'elles sont plus proches du Soleil, et moindre
à mesure que leur distance augmente.

Notre théorie offre donc une explication de cette loi des densités
des planètes, beaucoup plus complète et plus rationnelle que les
idées que l'on s'est faites ou que l'on pourrait se faire sur l'origine de cette loi. Newton, qui a déterminé par le calcul les densités de quelques planètes, rapportait la cause de leur rapport
ordonné suivant la distance à un choix raisonné de la volonté
divine dicté par une cause finale : puisque les planètes plus voisines du Soleil reçoivent de lui plus de chaleur, et que les plus
éloignées doivent s'accommoder d'un moindre degré de chaleur,
il faut, pour qu'elles aient néanmoins la même température, que les
planètes plus proches soient plus denses, et les plus éloignées
formées d'une matière plus légère. Mais il ne faut pas beaucoup
d'attention pour découvrir l'insuffisance d'une pareille explication.
Une planète, notre Terre par exemple, est formée de la réunion
de matières d'espèces extrêmement variées. Parmi ces matières, il
suffirait que les plus légères, celles qui, pour une même action du
Soleil, se laissent mieux traverser et mettre en mouvement, dont
l'état d'agrégation permet une plus facile action des rayons calo-
rifiques, fussent répandues sur la surface. Mais que le mélange des
autres matières, dans la totalité de la masse, dût avoir la même
distribution, c'est ce qui n'est pas évident, car le Soleil n'exerce

aucune action sur l'intérieur des planètes. Newton craignait que la Terre, si elle était plongée dans les rayons du Soleil au voisinage de Mercure, ne vînt à s'enflammer comme une comète et que ses éléments ne fussent pas suffisamment réfractaires pour ne pas se dissiper sous l'action de cette même chaleur. Mais combien plus vite la matière propre du Soleil lui-même, plus de quatre fois plus légère que celle qui compose la Terre, ne serait-elle pas décomposée à cette excessive température ? Et aussi pourquoi la Lune est-elle deux fois plus dense que la Terre, tandis qu'elle se balance avec elle à la même distance du Soleil ? On ne peut donc attribuer la loi de densité des planètes au décroissement progressif de la chaleur solaire, sous peine de se trouver bien vite en contradiction avec soi-même. On voit que la cause qui a fixé les positions des planètes d'après la densité de leurs noyaux doit bien plutôt être en relation avec l'intérieur de ces astres qu'avec leur surface. De plus, tout en déterminant cette relation de la position avec la densité, elle devait pourtant laisser place à une large diversité des matériaux dans le même astre, et établir ce rapport des densités seulement dans la totalité de l'agrégat. Je laisse d'ailleurs à la perspicacité du lecteur le soin de décider si une autre loi statique pourrait satisfaire à ces conditions, aussi bien que celle qui est exposée dans notre système.

L'examen des densités des planètes met encore en relief un autre fait qui, par sa parfaite concordance avec l'explication que je viens de donner, garantit l'exactitude de notre doctrine. L'astre qui occupe le centre d'un système est ordinairement d'espèce plus légère que les corps qui circulent dans son voisinage immédiat. La Terre par rapport à la Lune, le Soleil par rapport à la Terre, sont des exemples de ce rapport des densités. Dans le plan de formation des astres que nous avons exposé, c'est là un caractère nécessaire. Car, tandis que les planètes inférieures ont été formées principalement de cette partie de la matière élémentaire, qui, grâce à son excès de densité, a pu pénétrer jusqu'au voisinage du centre avec le degré nécessaire de vitesse, le corps central lui-même est au contraire le résultat de la réunion de toutes les espèces de matière sans distinction qui n'ont pu arriver à des mouvements réguliers, parmi lesquels doivent prédominer les matériaux les plus légers. Il est donc aisé de voir que, tandis que l'astre ou les astres qui circulent le plus près du centre faisaient un choix des matériaux les plus denses, le corps central n'est qu'un mélange de toutes les matières sans distinction ; les premiers doivent donc être de nature plus dense que le dernier. En fait, la Lune est deux fois plus dense que la Terre, celle-ci quatre fois plus que le Soleil, et, suivant toute vraisemblance, celui-ci est encore plus léger relativement à Vénus et à Mercure.

Notre attention va se porter maintenant sur la relation qui doit exister, dans notre doctrine, entre les masses des planètes et leurs distances au Soleil, pour contrôler notre système à la lumière des calculs infaillibles de Newton. Il suffit de quelques mots pour faire comprendre que l'astre central doit être toujours le corps prédominant de son système ; que le Soleil doit être considérablement plus gros que l'ensemble des planètes ; et qu'il doit en être de même de Jupiter par rapport à ses satellites, de Saturne par rapport aux siens. Le corps central se forme par la condensation de toutes les particules, venues de tous les points de sa sphère d'attraction, qui n'ont pu arriver à équilibrer leur mouvement orbital, ni se maintenir dans le plan commun des mouvements, et dont le nombre est sans aucun doute bien plus considérable que celui des autres. Pour appliquer en particulier cette observation au Soleil, si l'on veut estimer l'étendue de l'espace dans lequel les particules en mouvement de révolution qui ont servi à la formation des planètes ont pu s'écarter le plus du plan commun, on peut le supposer un peu plus grand que l'étendue du plus grand écart relatif des orbites planétaires. Or la plus grande inclinaison relative n'est que de 7°30'. On peut donc supposer que toute la matière dont se sont formées les planètes était primitivement répandue dans un espace limité par deux surfaces passant par le centre du Soleil et faisant l'une avec l'autre un angle de 7°30'. Maintenant une zone de 7°30' de large, prise de part et d'autre d'un grand cercle de la sphère, n'occupe que la dix-septième partie de la surface de cette sphère ; par suite, l'espace solide compris entre les deux surfaces qui divisent le volume de la sphère sous l'angle précité est un peu plus que la dix-septième partie de ce volume. Donc, dans cette hypothèse, toute la matière qui a été employée à la formation des planètes ne serait que la dix-septième partie à peu près de la matière que le Soleil, pour se former, a empruntée des deux côtés

à un espace qui s'étend jusqu'à l'orbite de la planète la plus extérieure. En vérité, ce corps central possède un excès de masse sur
l'ensemble de toutes les planètes qui n'est pas dans le rapport de
17 à 1, mais de 650 à l'unité, d'après les calculs de Newton ; mais
il est aisé de voir que, dans les espaces situés au delà de Saturne,
où les formations planétaires cessent ou sont au moins très rares,
où il ne s'est formé qu'un petit nombre de corps cométaires, et
où les mouvements de la matière élémentaire, n'arrivant pas aussi
facilement que dans les régions voisines du centre à l'équilibre
régulier des forces centrales, ont dû dégénérer en une chute
presque générale vers le centre, il est aisé, dis-je, de voir que là
est l'origine de l'énorme prépondérance de la masse du Soleil.

Pour comparer les planètes entre elles au point de vue des
masses, nous remarquerons d'abord qu'en raison de leur mode de
formation, la quantité de matière qui se condense en une planète
dépend particulièrement de la grandeur de sa distance au Soleil :
1° parce que le Soleil diminue par sa propre attraction la sphère
d'attraction d'une planète, et que, à conditions égales, il modifie
moins celle des astres éloignés que celle des astres voisins ; 2° parce
que la couche sphérique d'où une planète éloignée tire ses matériaux a un plus grand rayon et par suite contient plus de matière
que les couches plus voisines du centre ; 3° parce que, pour la
même raison, la largeur comprise entre les deux surfaces de plus
grand écart, pour le même nombre de degrés, est plus grande en
proportion de la distance du Soleil. A l'encontre, cet avantage des
planètes plus éloignées sur les plus proches est limité par cette
circonstance que les particules sont plus denses au voisinage du
Soleil, et aussi moins dispersées, selon toute apparence, qu'elles
ne le sont à grande distance ; mais on peut aisément se convaincre
que les premières conditions favorables à la formation de grandes
masses l'emportent de beaucoup sur les dernières, et que ce sont
surtout les planètes les plus éloignées du Soleil qui doivent posséder de grandes masses. Ceci est vrai tant qu'on suppose une planète en présence du Soleil tout seul. Mais lorsque plusieurs planètes
viennent à se former à des distances différentes, chacune d'elles
modifie, par son attraction propre, la sphère d'attraction des
autres, et il peut en résulter des exceptions à la loi précédente.
Car toute planète qui sera voisine d'une autre de masse prépondé-

rante, subira une diminution de sa sphère de formation, et par suite n'acquerra qu'une grosseur beaucoup plus faible que celle que lui aurait assignée sa distance au Soleil. Aussi, quoique en somme les planètes augmentent de masse à mesure qu'elles sont plus loin du Soleil, ainsi que nous le voyons dans Jupiter et Saturne, qui sont les deux morceaux importants de notre système en même temps que les plus éloignés du Soleil, pourtant cette analogie souffre des exceptions; mais ces exceptions mêmes sont une éclatante confirmation du mode de formation que nous attribuons aux corps célestes. Une planète de grosseur exceptionnelle dérobe aux deux planètes ses voisines une portion de la masse qui devrait leur appartenir en raison de leur distance au Soleil, en s'appropriant une part des matériaux qui auraient dû contribuer à leur formation. En fait, Mars, qui, à cause de la place qu'il occupe, devrait être plus gros que la Terre, a été privé d'une partie de sa masse par l'attraction de son énorme voisin Jupiter ; et Saturne lui-même, tout en dépassant beaucoup Mars en raison de sa hauteur, n'a pas pu s'affranchir de payer un tribut considérable à l'attraction de Jupiter. Il me semble que Mercure doit la petitesse exceptionnelle de sa masse non seulement à l'attraction de son puissant voisin le Soleil, mais aussi au voisinage de Vénus, qui, d'après le rapport de sa densité probable à son volume, doit être une planète de masse considérable.

Puisque tous les faits concordent si bien et d'une manière si frappante à rendre plausible notre explication de l'origine de l'Univers et de la formation des astres par les seules lois de la Mécanique, nous allons maintenant montrer, par l'évaluation de l'espace dans lequel était disséminée la matière des planètes avant leur formation, à quel degré de ténuité était réduit ce milieu élémentaire, et combien peu de résistance il devait offrir au mouvement de ses particules. Nous venons de dire que l'espace dans lequel était renfermée toute la matière des planètes était une portion de la sphère de Saturne comprise entre deux surfaces, décrites autour du Soleil comme sommet commun et faisant l'une avec l'autre un angle de 7° ; cet espace était donc la dix-septième partie du volume d'une sphère décrite avec le rayon de l'orbite de Saturne. Pour calculer le changement d'état de la matière planétaire lorsqu'elle remplissait cet espace, nous admettrons que la distance de Saturne

n'est que de 100000 diamètres de la Terre; le volume de la sphère
de Saturne sera donc mille trillions de fois le volume de la Terre ([1]);
si, au lieu de la 17ᵉ partie, nous en prenons seulement la 20ᵉ, l'espace dans lequel se mouvait la matière élémentaire devait dépasser
50 trillions de fois le volume de la Terre. En admettant avec
Newton que la masse des planètes avec leurs satellites est $\frac{1}{650}$ de
celle du Soleil, la masse de la Terre, qui n'est que $\frac{1}{169282}$ de cette
dernière, sera à celle de l'ensemble des planètes comme 1 est à
$276\frac{1}{2}$; et par suite si l'on amenait toute cette matière à la densité
de la Terre, elle formerait un corps qui aurait $277\frac{1}{2}$ fois le volume
de la Terre. Si nous admettons ensuite que la densité de la Terre
prise en masse n'est pas beaucoup plus grande que celle des matériaux que l'on rencontre au-dessous de la couche superficielle,
comme le fait nécessairement supposer la figure de la Terre; que
ces matériaux sont à peu près 4 ou 5 fois plus lourds que l'eau, et
l'eau mille fois plus lourde que l'air, la matière de toutes les planètes, amenée au degré de ténuité de l'air, remplirait un espace
presque 1400000 fois plus grand que le volume de la Terre. Cet
espace, comparé à celui dans lequel nous supposons disséminée
toute la matière des planètes, est 30 millions de fois plus petit.
La dissémination de la matière planétaire dans cet espace l'amène-
rait donc à un état de ténuité ce même nombre de fois plus faible
que celle des particules de notre atmosphère. En réalité, ce degré
de dissémination, quelque fabuleux qu'il puisse paraître, était
absolument nécessaire et naturel. Il devait être aussi grand que
possible, pour donner aux particules mobiles la même liberté de
mouvement que dans le vide, et pour diminuer indéfiniment la
résistance mutuelle qu'elles pouvaient s'offrir. Que la matière ait pu
prendre d'elle-même un pareil état de dissémination, c'est ce dont
on ne peut guère douter, si l'on considère l'expansion qu'elle subit
quand elle se convertit en vapeur, ou bien, pour rester dans le
ciel, la dispersion de la matière dans les queues des comètes, qui,
avec une épaisseur énorme, dépassant peut-être cent fois le diamètre
de la Terre, sont pourtant si transparentes, qu'elles laissent voir les
plus petites étoiles, tandis que notre atmosphère éclairée par le

---

([1]) Kant fait ici confusion du diamètre avec le rayon; il faudrait écrire 8000
trillions.

Soleil les masque sous une épaisseur des milliers de fois moindre.

Je termine ce Chapitre par l'énoncé d'une analogie qui semble à elle seule élever notre présente théorie de la formation mécanique des astres au-dessus du rang d'une simple hypothèse et lui donner une certitude formelle. Si le Soleil s'est formé des particules de la même matière élémentaire dont sont composées les planètes, et s'il n'existe entre eux d'autre différence que celle qui résulte de ce que, dans le Soleil, toutes les espèces de matières sans distinction se sont réunies, tandis qu'elles se sont distribuées dans les planètes, en raison des distances, suivant l'ordre de leurs densités, il doit arriver que, si l'on fait un tout de la matière des planètes, sa densité sera à fort peu près égale à celle du Soleil lui-même. Cette conséquence forcée de notre système trouve une heureuse confirmation dans la comparaison que M. de Buffon, ce savant si digne de sa haute réputation, a faite de la densité moyenne des planètes à celle du Soleil. Il trouve qu'elles sont l'une à l'autre dans le rapport de 640 à 650. Lorsque des conséquences naturelles et nécessaires d'une doctrine trouvent de si heureuses confirmations dans la réalité des faits, est-il possible de croire qu'un simple hasard soit la cause d'une pareille concordance de la théorie et de l'observation?

CHAPITRE III.

DE L'EXCENTRICITÉ DES ORBITES PLANÉTAIRES, ET DE L'ORIGINE DES COMÈTES.

————

Il est impossible de faire des comètes une espèce d'astres à part, qui se différencient complètement du genre des planètes. La nature travaille ici, comme partout ailleurs, par gradation insensible; et tout en parcourant tous les degrés de variété, elle rattache toujours les caractères les plus éloignés aux plus proches par une chaîne ininterrompue d'intermédiaires. L'excentricité est, chez les planètes, le résultat de l'insuffisance de l'effort par lequel la nature tendait à rendre leurs mouvements absolument circulaires; par suite de l'intervention de circonstances diverses, cette perfection du mouvement n'a jamais été atteinte, mais l'écart est bien plus grand pour les planètes éloignées que pour celles qui sont plus proches du Soleil.

Cette considération permet de passer, d'une façon continue et par tous les degrés possibles d'excentricité, des planètes jusqu'aux comètes elles-mêmes. Cette liaison toutefois semble interrompue après Saturne par un énorme hiatus, qui sépare l'espèce comète de celle des planètes; mais nous avons remarqué, dans la première partie, que très vraisemblablement il y a au delà de Saturne encore d'autres planètes, que la plus grande excentricité de leurs orbites rapproche davantage des comètes, et que c'est seulement au manque d'observations ou à la difficulté de la recherche de telles planètes qu'il faut attribuer que cette parenté n'est pas aussi visible aux yeux qu'elle l'est à l'intelligence.

Nous avons déjà indiqué, dans le premier chapitre de cette deuxième partie, une cause qui peut rendre excentrique l'orbite d'un astre formé par la réunion de la matière environnante, quoique cependant on admette que celle-ci possède en tous ses points exactement les forces nécessaires pour produire le mouvement circulaire. Car en les empruntant à des hauteurs très diverses, où les vitesses circulaires sont très différentes, une planète réunit des éléments qui apportent chacun une vitesse différente, et différente aussi de celle qui répond à la distance de la planète, et qui par suite impriment à l'ensemble un degré d'excentricité d'autant plus fort, que la compensation s'établit moins exactement entre l'excès de vitesse des uns et le défaut de vitesse des autres.

S'il n'y avait pas d'autre cause de l'excentricité, elle serait partout assez faible; elle serait aussi plus petite chez les petites planètes et chez celles qui sont éloignées du Soleil, que chez celles qui sont à la fois plus grosses et plus voisines, toujours dans l'hypothèse que les particules de la matière primitive étaient animées à l'origine de mouvements exactement circulaires. Mais, comme cette conséquence n'est pas d'accord avec les faits, puisque, ainsi que nous l'avons déjà remarqué, l'excentricité augmente avec la distance au Soleil, et que la petitesse des masses semble plutôt déterminer une exception à la loi d'accroissement de l'excentricité, comme on le voit chez Mars; nous sommes forcés de modifier l'hypothèse du mouvement circulaire absolu des particules primitives et d'admettre que, si elles possédaient à fort peu près un tel mouvement dans les régions voisines du Soleil, elles s'en écartaient d'autant plus que ces éléments se mouvaient plus loin de l'astre central. Un tel adoucissement dans l'application de la loi du mouvement circulaire libre à la matière originelle paraît plus conforme au mode général d'action de la nature. Car si, d'un côté, la rareté du milieu laisse à la matière toute liberté de modifier ses mouvements de manière à atteindre à l'égalité complètement pondérée des forces centrales; d'autre part, il existe des causes non moins importantes qui peuvent empêcher la réalisation de ce but de la nature. Plus les particules de la matière primitive sont loin du Soleil, plus faible est la force qui les attire vers lui; la résistance des particules inférieures qui doit infléchir latéralement la trajectoire des premières et les amener à se mouvoir perpendiculairement au rayon, diminue à mesure que ces particules inférieures tombent au-dessous d'elles, soit pour s'incorporer au Soleil, soit pour graviter dans des régions plus voisines de cet astre. La grande légèreté spécifique de ces matériaux les plus élevés ne leur permet pas non plus de prendre un mouvement de chute, principe de tous les autres mouvements, assez rapide pour

forcer à céder les particules résistantes. Les actions réciproques de
ces particules éloignées se bornent sans doute à faire cesser, au
bout d'un temps plus ou moins long, l'état d'homogénéité du milieu. Alors commencent à se former dans son sein de petites masses,
origines d'autant d'astres futurs qui, en raison de la faiblesse du
mouvement de la matière dont elles se sont créées, tombent vers le
Soleil dans des orbites très excentriques ; chemin faisant, elles s'incorporent des particules animées d'un mouvement plus rapide qui
les détournent de plus en plus de la chute verticale ; et finalement
ces masses constituent les comètes, lorsque l'espace dans lequel
elles se sont formées a été nettoyé et vidé par la chute des matériaux vers le Soleil ou leur réunion en masses isolées. Telle est la
cause pour laquelle croît, avec la distance au Soleil, l'excentricité
des planètes et celle de ces astres dont on a fait une espèce à part
sous le nom de comètes, parce que leurs orbites sont encore beaucoup plus allongées. Il est vrai qu'il y a encore deux exceptions à
la loi d'accroissement de l'excentricité avec la distance au Soleil ;
on les rencontre dans les deux plus petites planètes de notre système, Mars et Mercure. Mais, pour le premier, c'est vraisemblablement le voisinage du puissant Jupiter qui en est cause ; en déro-
bant à Mars par son attraction les particules situées de son côté
et ne lui permettant ainsi de se grossir que du côté du Soleil,
Jupiter a déterminé un excès de la force centrale et par suite une
forte excentricité. Quant à Mercure, la plus intérieure, mais en
même temps la plus excentrique des planètes, on peut présumer
que la vitesse du Soleil dans sa rotation étant loin d'atteindre
encore la vitesse de Mercure, la résistance qu'il oppose à la matière
qui l'enveloppe, non seulement enlève aux particules les plus voisines leur mouvement central, mais encore a bien pu étendre son
action retardatrice jusqu'à Mercure, et par suite diminuer considérablement sa vitesse d'impulsion.

L'excentricité est le principal caractère distinctif des comètes.
Leur atmosphère et leur queue, qui, aux approches du Soleil,
s'épanouissent sous l'action de la chaleur, ne sont que de simples
conséquences de cette excentricité, quoique, dans les siècles d'ignorance, le peuple ait voulu lire la prédiction chimérique de l'avenir
dans l'apparition inattendue de ces épouvantails célestes. Les astronomes, qui font plus attention aux lois des mouvements des astres

qu'à leur forme plus ou moins extraordinaire, ont remarqué un
second caractère, qui différencie le genre des comètes de celui des
planètes : c'est qu'elles ne restent pas, comme ces dernières, confinées dans la zone zodiacale, mais tracent leur course indifféremment
dans toutes les régions du ciel. Cette particularité a la même cause
que l'excentricité. Si les planètes ont leurs orbites resserrées dans
la région étroite du zodiaque, c'est que la matière élémentaire
reçoit au voisinage du Soleil des mouvements circulaires, qui à
chaque révolution sont obligés de croiser le plan d'attraction et ne
permettent pas aux corps une fois formés de s'écarter de cette surface vers laquelle toute la matière se précipite de part et d'autre.
Mais la matière des espaces situés loin du centre, à qui la faiblesse
de l'attraction n'a pu communiquer assez de vitesse pour qu'elle
prenne le mouvement circulaire, ne possède, pour le même motif
qui a permis l'excentricité de ses mouvements, aucune tendance à
s'amasser dans le plan de relation de tous les mouvements planétaires, ni à maintenir dans cette espèce d'ornière les corps qui se
forment à ces hauteurs. Dès lors, l'élément du chaos primitif, ne
se trouvant pas limité à une région particulière, comme chez les
planètes inférieures, se condensera en astres, aussi bien d'un côté
que de l'autre, aussi bien à distance du plan de relation que dans
ce plan lui-même. Aussi les comètes viendront à nous en toute
indépendance de toutes les régions du ciel ; mais pourtant celles
qui sont nées en des points peu élevés au-dessus du plan des orbites planétaires montreront à la fois et une moindre inclinaison
et une moindre excentricité. A mesure qu'elles s'éloignent du
centre du système, les comètes manifestent dans leurs écarts une
plus libre indépendance ; plus loin encore, dans les profondeurs des
cieux, les dernières traces de mouvement orbital disparaissent,
les corps qui s'y forment sont abandonnés à leur chute libre vers
le Soleil, et ainsi se limite l'espace dans lequel la formation systématique est possible.

J'admets, dans cette esquisse des mouvements cométaires, que
la plupart de ces astres doivent se mouvoir dans le même sens que
es planètes. Une telle concordance ne me paraît pas douteuse
pour les comètes voisines du Soleil, et elle ne peut se perdre que
dans les dernières profondeurs des cieux, où la matière, animée
de mouvements à peine sensibles, dirige à peu près indifférem-

ment dans tous les sens la rotation qui résulte de sa chute, et où, en raison de l'énorme distance, la communication des mouvements inférieurs, qui pourrait établir l'uniformité du sens des révolutions, n'aurait pas le temps d'étendre son influence, avant que la formation de la nature soit complète dans les régions inférieures. Il existe donc peut-être des comètes animées d'un mouvement rétrograde, c'est-à-dire dirigé de l'est à l'ouest; quoique, par les raisons que je viens de dire, je me laisse aller à affirmer que, des dix-neuf comètes dans lesquelles on a signalé cette particularité, quelques-unes ont bien pu être prises pour telles par une pure illusion d'optique.

J'ai encore quelques remarques à faire sur les masses des comètes et sur la densité de leur substance. Par les raisons exposées dans le Chapitre précédent, dans les hautes régions où se forment ces corps, leur masse devrait croître en même temps que leur distance au Soleil; et il y a lieu de croire en effet que quelques comètes sont plus grosses que Saturne et Jupiter. Mais il ne faudrait pas non plus s'imaginer que la grandeur des masses doit aller toujours en croissant. La diffusion de la matière, la légèreté spécifique de ses particules, rendent très lente la formation d'un astre dans ces régions reculées du monde planétaire; l'expansion indéfinie de la matière dans un espace sans limites, l'absence de toute tendance à se concentrer vers une surface déterminée, permet la formation d'un grand nombre de petits corps, bien plutôt que la condensation en une masse unique un peu considérable; et la faiblesse de la force centrale fait tomber sur le Soleil la plus grande partie de la matière, sans l'avoir rassemblée en masses.

La densité spécifique de la matière dont sont composées les comètes est bien plus étonnante que la grandeur de leur masse. Vraisemblablement, puisqu'elles se forment dans la région la plus élevée du monde planétaire, les particules de leur agrégat sont de l'espèce la plus légère; et l'on ne peut douter que ce ne soit là la cause principale de l'atmosphère vaporeuse et de la queue par lesquelles elles se distinguent des autres corps célestes. On ne peut en effet attribuer spécialement à l'action de la chaleur solaire cette expansion de la matière cométaire en vapeur. Plusieurs comètes à leur périhélie ne se rapprochent pas plus du Soleil que la Terre elle-même; beaucoup viennent entre les orbites de Vénus et de la

Terre, puis s'en retournent. Pour qu'un degré d'échauffement aussi modéré suffise à dilater et à vaporiser les matières qui forment la surface de ces corps, ne faut-il pas que ces matières soient formées d'un élément plus léger et plus facile à diffuser par la chaleur qu'aucun des corps que nous connaissons dans la nature ?

On ne peut pas davantage attribuer les vapeurs qui s'élèvent si abondantes sur les comètes à la chaleur que ces corps auraient conservée d'une approche antérieure du Soleil ; il est vrai qu'on peut se figurer qu'une comète, à l'époque de sa formation, a fait d'abord un certain nombre de révolutions dans une orbite fort excentrique qui s'est resserrée ensuite peu à peu ; mais les autres planètes, dont on pourrait penser la même chose, n'offrent aucune trace de ce phénomène. Cependant elles le présenteraient, si les espèces de matières les plus légères qui sont entrées dans la formation de la planète y étaient aussi abondantes que chez les comètes.

La Terre présente quelque chose que l'on peut comparer à l'expansion vaporeuse des comètes et à leur queue : je veux parler de l'aurore boréale. Les plus fines particules que l'action du Soleil élève de sa surface se rassemblent autour de l'un des pôles, pendant que le Soleil accomplit la moitié de sa course dans l'hémisphère opposé. Les particules les plus subtiles et les plus actives, qui montent au-dessus de la zone torride, après qu'elles ont atteint une certaine hauteur dans l'atmosphère, sont forcées par l'action des rayons solaires de se dévier et de se rassembler vers ces régions qui sont alors éloignées du Soleil et ensevelies dans une longue nuit ; et elles apportent aux habitants de la zone glaciale une compensation à l'absence de la vive lumière de cet astre, en leur faisant sentir, même à ces distances, l'effet de son action calorifique. Cette même action du rayonnement solaire, qui produit l'aurore boréale, produirait une chevelure de vapeur avec une queue, si ces particules extrêmement fines et volatiles étaient aussi abondantes sur la Terre qu'elles le sont dans les comètes.

CHAPITRE IV.

DE L'ORIGINE DES SATELLITES ET DU MOUVEMENT DES PLANÈTES AUTOUR DE LEUR AXE.

La tendance d'une planète à se former aux dépens des particules matérielles qui environnent son noyau est à la fois la cause de sa rotation axiale et celle de la création des lunes qui doivent circuler autour d'elle. Ce que le Soleil est en grand avec les planètes, une planète l'est en petit, si elle a une sphère d'attraction un peu étendue ; elle devient le centre d'un système dont les parties sont mises en mouvement par l'attraction du corps central. La planète en formation, en même temps qu'elle appelle de tout son entour les particules matérielles pour se former, transforme tous leurs mouvements de chute en mouvements curvilignes par l'intervention de leurs actions réciproques, et finalement leur donne à toutes une direction commune, pendant que quelques-unes acquièrent la pondération nécessaire pour le libre mouvement en cercle, et par cette même influence se rapprochent d'une surface commune. C'est dans cet espace que, à la façon des planètes principales autour du Soleil, les lunes se forment autour de la planète, si toutefois l'étendue de l'attraction de cet astre produit les conditions favorables à leur naissance. Tout ce que nous avons dit ailleurs de l'origine du système solaire peut se répéter également bien des systèmes de Saturne et de Jupiter. Les satellites dirigeront tous leurs courses dans un même sens et à fort peu près dans un même plan, et cela pour les mêmes motifs qui déterminent cette loi des mouvements du grand système. Mais pourquoi ces satellites, dans leur mouvement d'ensemble, se dirigent-ils plutôt du côté où marchent les planètes, que dans le sens opposé ? Leur révolution n'a rien à voir avec le mouvement orbital de la planète ; elle reconnaît exclusivement pour cause l'attraction de la planète ; et ,par rapport à celle-ci, toutes les directions semblent indifférentes ; c'est un simple hasard qui décide, parmi toutes les directions possibles, celle que prendra la particule qui tombe. En fait, la circulation de la planète principale ne peut rien pour imprimer un mouvement de révolution autour d'elle à la matière dont doivent se former les satellites. Toutes les particules qui entourent la planète sont entraînées d'un même mouvement avec elle autour du Soleil, et sont donc par rapport à elle en repos relatif. C'est l'attraction seule de la planète qui fait tout. Mais le mouvement de révolution qui doit en résulter, par cela même qu'il est en soi indifférent à toutes les directions, ne demande que la plus légère impulsion pour se déterminer dans une direction plutôt que dans une autre. Et cette légère impulsion lui est donnée par la rencontre des particules élémentaires qui circulent autour du Soleil, mais avec plus de vitesse, et qui entrent dans la sphère d'attraction de la planète. Celle-ci, en effet, force les particules plus voisines du Soleil, qui circulent avec une vitesse linéaire plus grande, à quitter déjà de loin la direction de leur route et à s'élever au-dessus de la planète par une sinuosité allongée. Ces particules, qui possèdent un plus grand degré de vitesse que la planète elle-même, lorsqu'elles sont amenées à tomber par son attraction, donnent à leur chute recti- ligne, et en même temps à la chute des autres, une déviation de l'ouest vers l'est; et il suffit de cette légère inflexion pour faire que le mouvement curviligne dans lequel se résout la chute produite par l'attraction prenne plutôt cette direction que toute autre. Par ces motifs, toutes les lunes ont un mouvement concordant avec celui de la circulation des planètes. En même temps les plans de leurs orbites ne peuvent s'écarter beaucoup du plan des orbites planétaires, puisque les mêmes raisons qui déterminent la direc- tion du mouvement de la matière dont se forment ces satellites assignent aussi à ce mouvement des limites étroites et le forcent à s'exécuter dans le plan principal.

On voit clairement par ces considérations quelles sont les con- ditions dans lesquelles une planète peut acquérir des satellites. Sa force d'attraction doit être grande, et par suite sa sphère d'action doit s'étendre au loin, pour que d'une part les particules tombent d'assez haut sur la planète et acquièrent une vitesse suffisante pour circuler librement malgré la perte de mouvement résultant de la résistance du milieu; et pour que d'autre part il y ait dans cette sphère assez de matériaux pour constituer une lune, double condition à laquelle une puissance d'attraction trop faible ne pourrait satisfaire. Aussi ce ne sont que les planètes douées d'une grande masse et suffisamment éloignées du Soleil qui possèdent des satellites. Jupiter et Saturne, les deux plus grosses et les deux plus lointaines des planètes, ont le plus grand nombre de lunes. La Terre, beaucoup plus petite, n'en a qu'une en partage; et Mars qui, en raison de sa distance, aurait quelque droit à une semblable faveur, en est privé en raison de la petitesse de sa masse.

C'est un véritable plaisir de voir comment cette même attraction de la planète, qui a fourni les matériaux pour la formation des satellites, et en a en même temps déterminé les mouvements, étend ensuite son influence jusqu'au corps même de cette planète, et par le même mécanisme qui lui a donné naissance, lui communique une rotation autour d'un axe, dans le sens général de l'ouest à l'est. Les particules de la matière qui tombent vers le noyau ont reçu, nous l'avons dit, un mouvement commun de rotation de l'ouest à l'est; elles tombent en majeure partie sur la surface de la planète dont elles accroissent le noyau, parce qu'elles n'ont pas le degré exact de vitesse qu'il leur faudrait pour circuler librement sur des orbites. Après s'être incorporées ainsi à la masse de la planète, elles continuent nécessairement à se mouvoir comme auparavant du même mouvement de rotation et dans la même direction. Et comme tout ce qui précède nous a appris que la multitude des particules que le manque de vitesse force à se précipiter sur le corps central dépasse de beaucoup le nombre de celles qui ont pu acquérir l'exact degré de vitesse nécessaire, on voit aisément pourquoi la rotation des planètes est loin d'atteindre la vitesse qui produirait à leur surface l'équilibre entre le pesanteur et la force centrifuge; et aussi pourquoi, chez les planètes de grande masse et situées à grande distance, elle est beaucoup plus rapide que chez les planètes petites et voisines du Soleil. En fait, c'est Jupiter qui a la plus grande vitesse de rotation que l'on connaisse; et je ne vois pas par quel système on pourrait accorder cette vitesse avec une masse qui dépasse celle de toutes les autres planètes, si l'on ne regardait son mouvement comme un effet de l'attraction même qu'exerce cet astre en raison de cette énorme masse de son noyau. Si la rotation axiale était l'effet d'une cause extérieure, Mars devrait tourner plus vite que Jupiter; car la même force motrice imprime un mouvement plus rapide à un petit corps qu'à un gros; et surtout on s'étonnerait à bon droit de voir, quand tous les mouvements se ralentissent à mesure que la distance augmente, la vitesse de rotation croître au contraire avec cette distance, et atteindre pour Jupiter une valeur deux fois et demie plus grande que celle de son mouvement annuel.

Cette nécessité de reconnaître, dans la rotation diurne des planètes, la même cause qui est la source de tous les mouvements naturels, l'attraction, me paraît apporter un témoignage considérable en faveur de l'exactitude de notre théorie qui, d'un principe fondamental unique, fait découler si aisément l'explication des faits particuliers.

Mais si la rotation d'un corps résulte de son mode de formation même, toutes les sphères de l'univers doivent tourner sur elles-mêmes. Pourquoi la Lune ne tourne-t-elle pas? Car si elle semble tourner en ce sens qu'elle présente toujours la même face à la Terre, cette rotation apparente n'est, pour plusieurs astronomes, que l'effet d'un défaut d'équilibre entre ses deux hémisphères. Ne pourrait-elle pas avoir autrefois tourné beaucoup plus vite autour de son axe, puis je ne sais quelles causes seraient intervenues, qui auraient réduit peu à peu son mouvement à ce faible reste que nous percevons aujourd'hui! Si l'on peut résoudre ce problème pour une seule des planètes, l'application s'en fera d'elle-même à toutes les autres. Je réserve cette solution pour une autre occasion, parce que le problème a une connexion étroite avec celui que l'Académie des Sciences de Berlin a proposé comme sujet de prix pour 1754 (¹).

La théorie qui explique la rotation des planètes, doit pouvoir

---

(¹) Kant a traité cette question de la variabilité du mouvement de rotation de la Terre dans une note de quelques pages intitulée : *Untersuchung der Frage ob die Erde in ihrer Umdrehung um die Achse... einige Veränderung erlitten habe,* 1754 (t. VI de l'édition de Rosenkranz et Schubert, p. 3. — T. I de l'édition de Hartenstein, p. 179). C'est dans cette note que se trouve énoncée pour la première fois, que je sache, la solution d'un problème qui a pris dans ces derniers temps une très grande importance. Kant arrive en effet à cette conclusion, que le mouvement des marées produites par les actions du Soleil et de la Lune a nécessairement pour conséquence un ralentissement progressif de la rotation de la Terre.

aussi déduire des mêmes principes la cause de l'inclinaison de
l'axe sur le plan de l'orbite. Il y a lieu de s'étonner de ce que
l'équateur du mouvement diurne n'est pas toujours dans le plan
des orbites des satellites de la planète ; car c'est le même mouvement qui a déterminé la circulation des satellites, qui a produit
aussi la rotation de la planète, et il n'a pu que lui donner la même
direction et la même situation. Les astres qui n'ont pas de compagnons n'en ont pas moins reçu leur mouvement de rotation de ce
même mouvement des particules qui ont servi à les former ; or ce
mouvement était soumis à la loi qui a forcé les orbites des planètes
à se tenir dans un même plan : le plan de rotation devrait donc,
pour les mêmes raisons, coïncider avec le plan de l'orbite. En conséquence, les axes de toutes les planètes devraient être perpendiculaires au plan principal du système planétaire, qui ne s'écarte
pas beaucoup du plan de l'écliptique. En fait, cette perpendicularité
n'existe que pour les deux corps les plus importants, Jupiter et le
Soleil ; chez toutes les autres planètes dont la rotation est connue,
l'axe est plus ou moins incliné sur le plan de l'orbite, Saturne plus
que toutes les autres, la Terre plus que Mars, dont l'axe est presque
perpendiculaire à l'écliptique. L'équateur de Saturne, autant qu'on
peut le croire d'après la position de son anneau, est incliné de $31°$
sur le plan de l'orbite ; celui de la Terre de $22°30'$. On doit peut-
être attribuer la cause de cette inclinaison à l'inégalité des mouvements de la matière qui s'est condensée pour former la planète.
C'était dans la direction du plan de l'orbite que s'exécutait surtout
le mouvement des particules autour du centre de la planète ; et tel
était aussi le plan principal, vers lequel se condensaient les particules
élémentaires, pour y rendre autant que possible le mouvement
circulaire, et pour y amasser les matériaux de la formation des
satellites, qui, pour cette raison, ne peuvent jamais s'écarter beaucoup du plan de l'orbite. Si la planète s'était formée en majeure
partie de ces seules particules, son plan de rotation, pas plus que
celui des satellites, ne se serait jamais écarté beaucoup à l'origine
du plan de l'orbite. Mais il entrait aussi dans sa masse, comme l'a
montré la théorie, un nombre considérable de particules qui se
précipitaient les unes au-dessus, les autres au-dessous de ce plan ;
et ni les quantités ni les vitesses de ces particules n'ont pu être si
exactement pondérées, que l'un des hémisphères n'ait pas reçu un

léger excès de vitesse, et de là a pu résulter une déviation de l'axe de rotation.

Malgré ces motifs, je ne présente cette explication que comme une conjecture que je me garderais bien d'affirmer. Voici l'opinion que je crois la plus probable : dans l'état primitif de leur première condensation, la rotation des planètes autour de leur axe se faisait presque exactement dans le plan de l'orbite ; puis des causes sont intervenues qui ont écarté l'axe de sa première direction. Un astre, qui passe de son état fluide primitif à l'état solide, subit nécessairement un changement notable dans la régularité de sa surface, au moment de sa complète transformation. Cette surface est déjà solidifiée et durcie, à une époque où les matériaux plus profondément situés ne se sont pas encore ordonnés suivant la loi de leur pesanteur spécifique. Les espèces plus légères qui se trouvaient entremêlées avec le noyau, après s'en être séparées, finissent par arriver au-dessous de l'écorce, et produisent de grandes cavités, qui, pour des raisons qu'il serait trop long de développer ici, sont surtout vastes et nombreuses sous l'équateur ou dans son voisinage ; et l'écorce finit par s'y précipiter, produisant ainsi des vallées et des montagnes. Dès que ces cataclysmes, dont l'action est évidente sur la Terre, sur la Lune et sur Vénus, ont eu produit les inégalités de la surface, il en est résulté une rupture de l'équilibre par rapport à l'axe de rotation. Toute masse surgissante de quelque importance, qui ne trouvait pas sa force vive de rotation compensée de l'autre côté par une autre masse semblable, devait aussitôt faire varier l'axe de rotation et tendre à l'amener à une position telle que les matériaux fussent de nouveau en équilibre autour de lui. Ainsi cette cause même, qui, au moment du complet achèvement d'un astre, a dénivelé sa surface et lui a imposé ses inégalités, cette cause générale, dont nous voyons les effets dans tous les astres dont la lunette nous permet d'apercevoir les détails, a mis ces astres dans la nécessité de changer quelque peu la position primitive de leur axe de rotation. Les inégalités de la surface se montrent surtout, comme nous l'avons remarqué plus haut, au voisinage de l'équateur d'une sphère en rotation ; aux pôles elles s'annulent à peu près ; je me réserve d'en dire les raisons dans une autre occasion. On doit donc s'attendre à rencontrer au voisinage du cercle de l'équateur le plus grand nombre des masses soulevées au-dessus du niveau primitif; et comme ces masses tendent à se rapprocher de l'équateur par l'excès de leur force de projection, ce sont elles surtout qui auront pour effet d'altérer de quelques degrés la perpendicularité primitive de l'axe sur le plan de l'orbite. En conséquence, un astre qui n'a pas encore subi toutes ses transformations conserve la perpendicularité de son axe sur le plan de son orbite, mais il la perdra peut-être dans la suite des âges. Jupiter paraît être encore dans cet état primitif. La prépondérance de sa masse et sa grosseur, la légèreté de sa substance, ont reculé pour lui de plusieurs siècles le moment de la solidification de ses matériaux. Peut-être l'intérieur de son noyau est-il encore en mouvement, pour distribuer les divers éléments dont il se compose suivant leur ordre de densité et, par la séparation des espèces plus légères et des plus lourdes, arriver enfin à l'état de solidité. Dans de pareilles conditions, aucun repos ne peut encore exister sur sa surface. Il n'y règne que bouleversements et ruines. La lunette même nous l'a montré. La figure de cette planète sa transforme incessamment, tandis que la Lune, Vénus, la Terre, conservent toujours le même aspect. Il est certainement bien permis de penser que le complet achèvement de la période de formation est retardé de plusieurs siècles chez un astre dont le volume dépasse plus de vingt mille fois celui de notre Terre et dont la densité n'est pas le quart de celle de cette planète. Quand sa surface aura atteint son état de repos, on y verra certainement surgir des inégalités bien plus hautes que celles qui couvrent la Terre, et celles-ci, unies à la rapidité de la rotation, auront bien vite amené son axe à la position définitive qu'exigera le nouvel équilibre des forces.

Saturne, qui est trois fois plus petit que Jupiter, a pu peut-être, en raison de son plus grand éloignement, devancer celui-ci dans la série de ses transformations; tout au moins sa rotation axiale beaucoup plus rapide, et la grandeur du rapport de la force centrifuge à la pesanteur à sa surface (qui sera expliquée dans le Chapitre suivant) ont dû produire cet effet, que les inégalités énormes produites par ces causes sur sa surface ont rapidement déterminé la rupture de l'équilibre, et par suite un déplacement de l'axe. Je reconnais sans peine que cette partie de mon travail qui regarde la position des axes des planètes est encore incomplète et certainement bien loin de pouvoir être soumise au calcul géométrique.

J'aime mieux faire sincèrement cet aveu, plutôt que de chercher à étayer cette portion de ma doctrine sur des subtilités qui compromettraient la solidité de tout l'ensemble. Le Chapitre suivant présentera, au contraire, une véritable confirmation de l'exactitude de l'hypothèse par laquelle j'essaye d'expliquer les mouvements de l'Univers.

CHAPITRE V.

DE L'ORIGINE DE L'ANNEAU DE SATURNE; CALCUL DE LA ROTATION DIURNE DE LA PLANÈTE D'APRÈS SES RELATIONS AVEC L'ANNEAU.

En raison de la formation systématique de l'Univers, ses diverses parties se relient les unes aux autres par une variation graduelle de leurs caractères; et l'on peut supposer qu'une planète qui se trouverait dans les régions les plus extérieures du monde devrait avoir précisément les caractères par lesquels devrait passer la comète la plus voisine pour devenir une planète par la diminution de son excentricité. Nous considérerons donc Saturne comme ayant, à l'origine, décrit un certain nombre de révolutions dans une orbite très excentrique, à la manière d'une comète, et s'étant ensuite rapproché peu à peu du mouvement circulaire (¹). La chaleur qu'il s'incorporait à son périhélie soulevait au-dessus de sa surface la substance légère, qui, nous l'avons vu dans les Chapitres précédents, est dans les astres supérieurs d'une ténuité extrême et se laisse volatiliser au moindre degré de chaleur. Cependant, lorsque la planète, après un certain nombre de révolutions, a eu atteint la distance à laquelle elle se meut aujourd'hui, elle a perdu successivement son excès de chaleur dans cette région d'un climat très tempéré; et les vapeurs qui s'élevaient continuellement de sa surface ont cessé peu à peu de s'épandre jusqu'à lui former une queue. A partir de ce moment, elles cessèrent de monter avec autant d'abondance pour accroître l'atmosphère déjà existante; enfin la masse vaporeuse, pour des raisons que nous allons exposer, continua de tourner autour de la planète et lui conserva, sous la

---

(¹) Ou bien, ce qui est plus vraisemblable, nous supposerons que, dans la période de son existence cométaire, dont son excentricité est une dernière trace, avant la dissipation complète de la substance la plus légère de sa surface, il était entouré d'une vaste atmosphère cométaire.

forme d'un anneau persistant, un signe de sa nature cométaire primitive, pendant que le noyau exhalait peu à peu sa chaleur et se transformait en une planète entourée d'un air calme et pur. Nous allons maintenant dévoiler le mode mystérieux qui a pu conserver à l'astre son atmosphère de vapeur, en transformant cette masse sphérique en un anneau libre de toute attache avec le corps de la planète. Je suppose que Saturne possédait un mouvement de rotation autour d'un axe, et rien que cela me suffit pour expliquer le mystère. Aucun autre mécanisme n'a eu à intervenir pour produire, comme conséquence mécanique immédiate, le phénomène en question ; et j'ose affirmer que, dans toute la nature, peu de phénomènes peuvent être ramenés à une origine aussi facile à comprendre que celle qui a fait sortir cette merveille du Ciel de l'état brut de la première formation.

Les vapeurs qui s'élevaient de la surface de Saturne conservaient leur mouvement propre et continuaient à circuler librement, à la hauteur où elles étaient montées, avec la vitesse qu'elles avaient acquise comme parties intégrantes de sa surface dans leur rotation autour de son axe. Les particules qui s'élevaient au voisinage de l'équateur de la planète devaient posséder les mouvements les plus rapides ; les autres, des mouvements d'autant plus lents que la latitude des points d'où elles étaient parties était plus élevée. Le rapport des densités réglait les hauteurs auxquelles s'élevaient ces particules. Mais seules ces particules pouvaient se maintenir en mouvement circulaire libre et constant, qui étaient soumises, en raison de leur distance à l'axe, à une attraction capable d'équilibrer la force centrifuge résultant de leur rotation autour de l'axe. Les autres, pour lesquelles ce rapport exact n'existait pas, ou s'éloignaient de la planète en vertu de leur excès de vitesse, ou retombaient sur elle si leur vitesse se trouvait en défaut. Les particules, disséminées dans toute l'étendue de la sphère de vapeur, devaient dans leur révolution, en vertu de la loi des forces centrales, venir couper dans un sens ou dans l'autre le plan de l'équateur prolongé de la planète, et, se rencontrant dans ce plan en venant de l'un ou l'autre hémisphère, elles s'y arrêtaient réciproquement et s'y accumulaient. Et comme je suppose que ces vapeurs étaient les dernières qu'émettait la planète pendant son refroidissement, toute la matière vaporeuse a dû se réunir dans un espace resserré au voisinage de ce plan et laisser vides les espaces situés de part et d'autre. Après cette transformation, toute cette matière continue à se mouvoir librement dans des orbites circulaires concentriques. C'est ainsi que l'atmosphère vaporeuse échange sa forme première de sphère pleine contre celle d'un disque plat qui coïncide avec l'équateur de Saturne. Puis ce disque, sous l'action des mêmes causes mécaniques, prend enfin la forme d'un anneau. Le bord externe de cet anneau est déterminé par la puissance de l'action des rayons solaires, sous l'influence de laquelle les molécules gazeuses se sont disséminées en s'éloignant du centre de la planète, exactement comme elle agit sur les comètes et détermine la limite extérieure de leur atmosphère. Le bord intérieur de l'anneau en formation est déterminé par la grandeur de la vitesse équatoriale de la planète. C'est en effet à la distance de son centre où cette vitesse fait équilibre à l'attraction, que se trouve le point le plus rapproché, où des particules parties de sa surface peuvent décrire des cercles en vertu de la vitesse propre dont les a douées la rotation. Les particules plus rapprochées, qui auraient besoin pour un tel mouvement d'une vitesse propre plus grande que celle que possède et peut leur communiquer l'équateur même de la planète, décrivent des orbites excentriques, qui se croisent les unes les autres et détruisent réciproquement leurs mouvements, si bien que finalement elles retombent sur la planète d'où elles étaient parties.

Nous voyons ainsi ce merveilleux phénomène, dont le spectacle a constamment, depuis sa découverte, plongé les astronomes dans l'admiration, mais dont jamais personne n'a pu nourrir l'espoir de découvrir la cause, résulter d'actions mécaniques très simples sans l'intervention d'aucune hypothèse. Ce qui s'est produit pour Saturne se reproduirait avec la même régularité, on le voit aisément, pour toute comète qui serait animée d'une vitesse de rotation suffisante, si elle se trouvait maintenue à une distance constante du Soleil, où son noyau se refroidirait peu à peu. La nature, par la seule action de ses forces livrées à elles-mêmes, sait faire sortir du chaos même de merveilleux développements ; et la formation qui en résulte apporte, par ses propriétés, un si magnifique concours au bien-être général de la créature, qu'elle force de reconnaître avec une certitude indéniable, dans les lois éternelles et immuables de ses propriétés essentielles, l'intervention de l'Être suprême, dont elles dépendent toutes et qui les fait toutes travailler de concert à l'harmonie de l'Univers. Saturne tire certainement de grands avantages de l'existence de son anneau ; celui-ci prolonge son jour et, avec le concours de ses lunes nombreuses, il éclaire ses nuits d'un tel éclat qu'on doit aisément y oublier l'absence du Soleil. Mais faut-il pour cela nier que le développement général de la matière suivant des lois mécaniques, sans l'intervention d'autres motifs déterminants que ses propriétés naturelles, ait pu aboutir à un état de choses qui présente de si grands avantages pour la créature raisonnable? Tous les êtres sans exception dépendent d'une seule cause, qui est l'intelligence de Dieu ; leurs actions réciproques ne peuvent donc aboutir à d'autres conséquences que celles qui concourent à l'exécution du plan parfait tracé originellement dans la pensée divine.

Nous allons maintenant calculer la durée de la rotation axiale de Saturne, d'après les relations qu'il a avec son anneau en raison du mode de formation que nous attribuons à celui-ci. Puisque le mouvement des éléments de l'anneau a été tout entier emprunté au mouvement de rotation de la planète, à l'époque où ils faisaient partie de sa surface, la plus grande vitesse qu'ils puissent avoir est la plus grande vitesse qui existe sur la surface de Saturne ; en d'autres termes, la vitesse linéaire avec laquelle circulent les particules du bord intérieur de l'anneau est la même que la vitesse d'un point de l'équateur de la planète. Or on peut aisément trouver la valeur de la première en la déduisant de la vitesse d'un des satellites de Saturne, d'après la loi du rapport des racines carrées des distances au centre. La valeur ainsi trouvée pour la vitesse donne immédiatement la durée de la rotation de Saturne autour de son axe : *elle est de six heures vingt-trois minutes cinquante-trois secondes.* Ce calcul mathématique du mouvement inconnu d'un astre, qui est peut-être la seule prédiction de son espèce dans les sciences naturelles, attend sa confirmation des observations de l'avenir. Les lunettes connues jusqu'à ce jour ne grossissent pas assez Saturne, pour que l'on puisse découvrir sur sa surface les taches qu'on peut supposer y exister, et déduire de leur déplacement la durée de sa rotation. Mais les lunettes n'ont sans doute pas encore atteint le degré de perfection que l'on est en droit d'espérer, et que semblent nous promettre le zèle et l'habileté des artistes. Si l'on parvenait

un jour à vérifier par l'observation directe l'exactitude de nos conjectures, quelle certitude acquerrait notre théorie de Saturne, et
quelle ne deviendrait pas la vraisemblance de tout notre système,
qui repose sur les mêmes principes ! La durée de la rotation diurne
de Saturne permet aussi de calculer le rapport de la force centrifuge à la pesanteur à l'équateur : il est celui de 20 à 32. La pesanteur ne dépasse donc la force centrifuge que des $\frac{3}{5}$ de celle-ci.
Un tel rapport entraîne nécessairement une différence très considérable entre les diamètres de la planète ; cette différence devrait
même être si grande qu'elle devrait frapper immédiatement l'observateur armé seulement d'une lunette d'un faible pouvoir grossis-
sant. Or c'est ce qui n'est pas, et la théorie semble ici en échec.
Un examen plus approfondi lève entièrement la difficulté. D'après
l'hypothèse de Huygens, qui suppose que la pesanteur dans l'intérieur d'une planète est partout la même, la différence des diamètres est au diamètre de l'équateur dans un rapport deux fois
moindre que celui de la force centrifuge à la pesanteur au pôle ;
par exemple, sur la Terre ce dernier rapport est $\frac{1}{289}$; dans l'hypothèse de Huygens, le diamètre équatorial de la Terre doit être
plus grand de $\frac{1}{578}$ que l'axe polaire. La cause en est celle-ci : puisque
la pesanteur dans l'intérieur du globe est, d'après l'hypothèse, la
même à toute distance du centre qu'à la surface, tandis que la
force centrifuge décroît avec la distance au centre, celle-ci non
seulement n'est pas partout $\frac{1}{289}$ de la pesanteur, mais encore la
diminution totale du poids d'une colonne liquide située dans le
plan de l'équateur n'est pas $\frac{1}{289}$, elle n'en est que la moitié ou $\frac{1}{578}$.
Au contraire, dans l'hypothèse de Newton, la force centrifuge pro-
duite par la rotation conserve dans tout le plan de l'équateur le
même rapport avec la pesanteur en chaque point, puisque cette
dernière dans l'intérieur du globe, où l'on suppose la densité partout la même, décroît dans le même rapport que la force centrifuge avec la distance au centre ; celle-ci est donc toujours $\frac{1}{289}$ de la
pesanteur. Il en résulte une diminution de poids de la colonne
liquide située dans le plan de l'équateur, et aussi une surélévation
de cette colonne de $\frac{1}{289}$; et cette différence des diamètres est encore
accrue, dans cette manière de voir, par cette circonstance que le
raccourcissement de l'axe polaire entraîne un rapprochement vers
le centre, par suite un accroissement de la pesanteur, tandis que

l'augmentation du diamètre équatorial éloigne les particules du centre et produit une diminution de la pesanteur; et pour ce motif, l'aplatissement du sphéroïde de Newton est accru et la différence des diamètres s'élève de $\frac{1}{289}$ à $\frac{1}{230}$.

Pour ces raisons, les diamètres de Saturne devraient être l'un à l'autre dans un rapport plus grand que celui de 20 à 32; ils devraient atteindre presque la proportion de 1 à 2. Une différence aussi grande n'échapperait pas à l'observation, quelque petit que Saturne puisse paraître dans la lunette. Mais la seule conclusion à tirer de tout ceci, c'est que l'hypothèse d'une densité uniforme, qui pour la Terre paraît être assez exacte, s'écarte complètement de la vérité pour Saturne. Et ceci n'a rien que de très vraisemblable pour une planète dont le noyau est formé en majeure partie de substances très légères; d'où il est résulté une plus grande facilité pour les éléments plus lourds de descendre vers le centre en raison de leur poids, avant le commencement de la période de solidification, que chez ces astres dont la matière plus dense a retardé le dépôt des matériaux et s'est solidifiée avant que la précipitation se soit produite. Si donc nous supposons que, dans Saturne, la densité des couches intérieures croît à mesure qu'elles se rapprochent du centre, la pesanteur ne diminue plus dans le même rapport; l'augmentation de densité fait plus que compenser la diminution de gravité résultant de ce que les couches situées au-dessus du point que l'on considère n'ont point d'action sur lui ([1]). Si cette densité prépondérante des matériaux profonds est très considérable, en vertu des lois de l'attraction, elle transforme la pesanteur qui décroîtrait en s'approchant du centre en une force à fort peu près constante et uniforme, et par suite fait que le rapport des diamètres se rapproche beaucoup de ce que voudrait l'hypothèse de Huygens, c'est-à-dire de la moitié du rapport de la force centrifuge et de la pesanteur. En conséquence, comme ce rapport est ici de 2 à 3, la différence des diamètres de la planète ne sera pas $\frac{1}{3}$, mais $\frac{1}{6}$ du dia-

---

([1]) Car, d'après les lois d'attraction de Newton, un corps situé dans l'intérieur d'une sphère ne subit d'attraction que de la part de la portion de celle-ci qui est comprise dans une sphère concentrique de rayon égal à la distance de ce corps au centre. La portion extérieure, en vertu de l'équilibre des attractions qu'elle exerce sur lui, n'a aucun effet ni pour l'attirer vers le centre, ni pour l'en éloigner.

mètre équatorial. Et cette différence pourra ne pas être visible, parce que Saturne, dont l'axe fait toujours un angle de 31° avec le plan de l'orbite, ne nous présente jamais cet axe debout sur son équateur, comme le fait Jupiter; ce qui réduit encore la différence à peu près du tiers. Dans ces conditions, il est aisé de comprendre que, sur une planète aussi éloignée de nous, la forme aplatie du globe ne soit pas aussi évidente qu'on le pourrait croire. Cependant l'Astronomie, qui ne cesse de perfectionner ses moyens d'observation, parviendra peut-être un jour, si je ne me flatte trop, à mettre en évidence, à l'aide de ses puissants instruments, cette curieuse particularité de Saturne.

Ce que je viens de dire de la forme de cette planète conduit à une remarque générale concernant la théorie du Ciel. Jupiter, sur lequel, d'après un calcul exact, le rapport de la pesanteur à la force centrifuge à l'équateur est au moins celui de $9\frac{1}{4}$ à l'unité, devrait, si son globe avait partout la même densité, montrer, suivant la théorie de Newton, une différence plus grande que $\frac{1}{9}$ entre son axe et son diamètre équatorial. Cependant Cassini n'a trouvé que $\frac{1}{16}$, Pond $\frac{1}{12}$, et parfois $\frac{1}{14}$, et toutes les différentes déterminations s'accordent, malgré la difficulté de l'observation, à donner une valeur beaucoup plus petite que celle qui devrait résulter du système de Newton ou plutôt de son hypothèse d'une densité uniforme. Mais si alors on abandonne cette supposition d'une densité uniforme qui donne lieu à un aussi grand écart entre la théorie et l'observation, pour l'hypothèse bien plus vraisemblable d'une densité croissante vers le centre du globe, on peut non seulement rendre compte du résultat observé sur Jupiter, mais comprendre aussi la cause d'un aplatissement moindre du globe sphéroïdal de Saturne, planète bien plus difficile à mesurer.

Le mode de formation de l'anneau de Saturne nous a permis de nous hasarder à calculer à l'avance la durée de la rotation de la planète, que les lunettes n'ont pu encore découvrir. On me permettra d'ajouter à cette épreuve d'une prédiction physique à laquelle j'ose soumettre ma théorie celle d'une autre prévision sur la même planète, qui doit aussi attendre sa confirmation du perfectionnement des instruments dans les temps à venir.

D'après la supposition que l'anneau de Saturne est un amas des particules qui, après s'être élevées à l'état de vapeur de la surface de la planète, se sont mises à tourner dans des orbites circulaires en vertu de la vitesse que leur avait communiquée la rotation et qu'elles conservaient, ces particules ne peuvent avoir, à toutes les distances du centre, la même durée de révolution périodique. Ces durées doivent être entre elles comme les racines carrées des cubes des distances, si les particules obéissent aux lois des forces centrales. Or, dans cette hypothèse, le temps dans lequel tournent les particules du bord intérieur est d'environ dix heures, et le temps de la révolution de celles du bord extérieur est de quinze heures d'après le calcul; en d'autres termes, pendant que les parties les plus basses de l'anneau font trois tours, les parties les plus élevées n'en font que deux. Mais, quelque faible qu'on suppose la résistance qu'offrent mutuellement à leurs mouvements les particules situées dans le plan de l'anneau, par suite de leur grande dispersion, il est vraisemblable que le retard des points les plus éloignés ralentit peu à peu, à chaque révolution, le mouvement plus rapide des points inférieurs, tandis que ceux-ci au contraire communiquent aux autres une partie de leur vitesse; et si rien ne venait interrompre cet échange, il durerait jusqu'à ce que toutes les parties de l'anneau, les plus basses comme les plus hautes, fissent leur tour dans le même temps et fussent amenées à l'état de repos relatif, où elles n'exerceraient plus aucune action les unes sur les autres. Mais un tel état final, s'il pouvait être atteint, entraînerait la destruction de l'anneau; car, si l'on prend le milieu du plan de l'anneau, et si l'on suppose que le mouvement y reste ce qu'il était et ce qu'il doit être pour permettre la libre révolution dans un cercle, les particules inférieures, se trouvant ralenties, ne pourraient continuer à graviter à la distance du centre où elles sont placées, mais s'entre-croiseraient sur des orbites obliques et excentriques; tandis que les particules plus éloignées, recevant une vitesse plus grande que celle qui convient à leur distance, s'éloigneraient du Soleil plus que ne le veut l'action solaire qui limite le bord extérieur de l'anneau; cette action les disperserait donc derrière la planète et les entraînerait au loin.

Un tel désordre n'est pas à redouter. Le mécanisme du mouvement générateur de l'anneau introduit une condition, grâce à laquelle les causes mêmes qui semblaient devoir amener la destruction de l'anneau en assurent la stabilité. C'est qu'il se subdivise en un certain nombre de bandes circulaires concentriques, qui, en raison des intervalles qui les séparent, n'ont plus rien de commun les unes avec les autres. Car, puisque les particules qui circulent sur le bord intérieur de l'anneau tendent à accélérer le mouvement des particules plus élevées et ralentissent leur propre mouvement, l'augmentation de vitesse produit chez ces dernières un excès de force centrifuge qui les éloigne de la position où elles se mouvaient. Mais si l'on suppose que, en même temps qu'elles tendent ainsi à se séparer des régions plus basses de l'anneau, elles ont à vaincre une certaine cohésion, qui ne peut être absolument insignifiante quoiqu'il s'agisse de véritables vapeurs, l'accroissement de la vitesse s'efforcera bien de vaincre cette cohésion, mais ne la vaincra pas tant que l'excès de force centrifuge qu'il développe dans un temps de révolution égal à celui des particules les plus basses, sur la force centrale qui convient à leur position, ne dépassera pas cette cohésion. Et pour cette raison, la cohérence doit subsister dans une certaine largeur d'une bande de l'anneau, toutes les parties de cette bande tournant dans le même temps, malgré la tendance des particules les plus élevées à se séparer des plus basses. Mais la largeur n'en peut être grande; en effet, la vitesse de ces particules qui ont même période de révolution croît avec la distance et devient ainsi plus grande qu'elle ne devrait être d'après la loi des forces centrales; par suite ces particules doivent se séparer dès que leur vitesse a dépassé la limite où elle fait équilibre à leur cohésion, et doivent prendre une distance proportionnée à l'excès de la force centrifuge sur la force d'attraction. C'est ainsi qu'est déterminé l'intervalle qui sépare la première bande de l'anneau de la suivante; et de la même manière le mouvement ralenti des particules supérieures produit le second anneau concentrique, grâce au mouvement plus rapide des particules inférieures et à leur cohérence; puis vient un troisième anneau séparé par un intervalle convenable. On pourrait calculer le nombre de ces bandes circulaires et les largeurs des intervalles qui les séparent, si l'on connaissait la grandeur de la cohésion qui relie les particules les unes aux autres. Mais nous pouvons nous contenter d'avoir deviné la constitution très vraisemblable de l'anneau de Saturne, qui en empêche la destruction et le maintient par le libre mouvement de chacune de ses parties.

Je présente cette conception avec un réel plaisir, parce que j'ai le ferme espoir de la voir confirmée un jour par des observations effectives. Il nous est venu de Londres, il y a quelques années, qu'en observant Saturne avec un télescope de Newton perfectionné par M. Bradley, on avait cru voir que son anneau était en réalité la réunion de plusieurs anneaux concentriques séparés par des intervalles vides. La nouvelle n'a pas été confirmée depuis (¹). Les instruments d'optique ont ouvert à l'esprit humain la connaissance des régions les plus éloignées de l'Univers. C'est de leur perfectionnement surtout que dépendent les progrès qu'on pourra faire dans cette voie; l'attention que notre siècle apporte à tout ce qui peut accroître la portée de la vue de l'homme permet d'espérer qu'elle se tournera surtout d'un côté qui lui promet les plus importantes découvertes.

Mais si Saturne a été assez heureux pour se construire un anneau, pourquoi aucune autre planète n'a-t-elle eu le même avantage? La raison en est claire. Comme un anneau doit résulter des matières vaporeuses qu'une planète exhale pendant sa période de formation, et comme la rotation doit leur donner l'impulsion qui continuera à les faire mouvoir lorsqu'elles auront atteint la hauteur où cette vitesse acquise contre-balancera exactement la gravitation vers la planète, il est facile de déterminer par le calcul la hauteur à laquelle les vapeurs doivent s'élever au-dessus de la sur-

---

(¹) Après avoir écrit ces lignes, je trouve, dans les *Mémoires de l'Académie Royale des Sciences de Paris* pour l'année 1705, un Mémoire de M. de Cassini, *Sur les satellites et l'anneau de Saturne*, qui contient, à la page 571 de la 2ᵉ Partie de la traduction de Steinwehr, une confirmation tout à fait indubitable de l'exactitude de ma conception. M. de Cassini émet d'abord une idée, qui pourrait bien avoir quelque parenté avec la vérité que nous avons découverte, quoiqu'elle soit bien invraisemblable, savoir que l'anneau de Saturne pourrait être un essaim de petits satellites, qui produiraient pour Saturne l'apparence qu'a la Voie lactée pour la Terre. Ceci s'accorderait assez avec nos propres idées, si l'on assimile ces petits satellites aux particules de vapeurs qui circulent ensemble et d'un même mouvement autour de la planète. Plus loin il ajoute : « Cette supposition trouve sa confirmation dans des observations qui ont été faites aux époques où l'anneau apparaissait plus large et plus ouvert. On vit alors la largeur de l'anneau séparée en deux parties par une ligne sombre elliptique, dont la partie la plus proche du globe était plus brillante que la partie la plus éloignée. Cette ligne dénotait un petit intervalle entre les deux portions de l'anneau, de même que l'espace vide entre le globe et l'anneau se manifeste par la grande obscurité qui les sépare. »

face pour décrire des orbites circulaires avec la vitesse équatoriale
de la planète, dès que l'on connaît le diamètre de la planète, la
durée de sa rotation et la pesanteur à sa surface. D'après les lois
du mouvement central, la distance d'un corps qui tourne en cercle
autour d'une planète avec une vitesse égale à la vitesse équatoriale
de celle-ci est au rayon de la planète comme la force centrifuge à
l'équateur est à la pesanteur. D'après cela, la distance du bord
intérieur de l'anneau de Saturne est 8, si l'on prend le rayon égal
à 5, le rapport de ces deux nombres étant celui de 32 à 20, qui,
comme nous l'avons déjà remarqué, exprime la proportion entre
la pesanteur et la force centrifuge à l'équateur. Pour la même raison,
si l'on supposait que Jupiter pût avoir un anneau formé de la même
manière, le diamètre intérieur de cet anneau dépasserait dix fois
le rayon du globe de la planète, ce qui le placerait exactement
à la distance où circule le satellite le plus extérieur; il faut ajouter
à cette première impossibilité celle qui résulte de ce que les exha-
laisons d'une planète ne peuvent s'étendre à une aussi grande distance de sa surface. Si l'on veut savoir pourquoi la Terre n'a
point d'anneau, on trouvera la réponse dans la grandeur du rayon
qu'aurait dû avoir son bord intérieur, 289 rayons terrestres. Dans
les planètes à rotation lente, la production d'un anneau devient
bien plus impossible; il n'est donc qu'un seul cas où une planète
puisse acquérir un anneau de la manière que nous avons expliquée,
et c'est celui de la planète qui seule en possède effectivement un ;
il me semble ressortir de là une éclatante confirmation de l'exactitude de notre explication.

Mais ce qui me confirme encore plus dans l'idée que l'anneau qui
entoure Saturne ne s'est pas formé par le mode général qui a
dominé dans tout le système planétaire et a donné à Saturne lui-
même ses satellites, que ce n'est point la matière extérieure qui
en a fourni les éléments, mais qu'il est une création de la planète
même, qui a exhalé ses parties les plus volatiles sous l'action de la
chaleur, et leur a communiqué par sa rotation l'impulsion nécessaire pour graviter autour d'elle : c'est que l'anneau n'est pas situé
comme les autres satellites de la planète, et d'une manière générale
comme tous les corps circulants qui accompagnent une planète
principale, dans le plan fondamental des mouvements planétaires.
Il s'en écarte au contraire beaucoup, et c'est là une preuve cer-

taine que cet anneau n'a pas été formé de la matière élémentaire générale, qu'il n'a pas emprunté son mouvement à la chute de cette matière; qu'il s'est au contraire élevé de la planète elle-même, déjà très avancée dans sa formation, et que c'est à la force d'impulsion qu'il en a reçue lorsqu'il en faisait partie qu'il doit de conserver, après sa séparation, un mouvement et une direction en relation avec la rotation axiale de la planète (¹).

Le plaisir d'avoir compris et expliqué les conditions d'existence et le mode de formation d'un des phénomènes les plus rares du Ciel nous a entraînés dans des développements un peu longs. Je demande encore à la bienveillance de mes aimables lecteurs de me suivre dans une digression, puis, après nous être laissés aller au dévergondage de notre imagination, nous reviendrons avec d'autant plus de précautions et de soins dans le domaine de la réalité.

Ne pourrait-on pas se figurer que la Terre a autrefois possédé un anneau tout comme Saturne ? Cet anneau se serait élevé de sa surface, comme celui de Saturne, et se serait conservé longtemps, pendant que la Terre passait, pour une cause inconnue, d'une rotation beaucoup plus rapide à sa vitesse actuelle; ou bien sa formation pourrait être attribuée à la matière primitive qui l'aurait con-

---

(¹) L'édition des œuvres de Kant de Hartenstein donne ici la note suivante : « Déclaration recueillie de la bouche de Kant en 1791 ». La grande vraisemblance et la conformité avec l'observation de ma théorie de la formation de l'anneau de Saturne aux dépens d'une matière vaporeuse en mouvement suivant les lois des forces centrales éclaire et confirme ma théorie de la formation des grands astres eux-mêmes, que j'ai déduite des mêmes lois, à cette seule différence près, que ceux-ci empruntent leur force d'impulsion à la chute de la matière primitive sous l'empire de la pesanteur universelle, et non à la rotation axiale du corps central. La vraisemblance de cette théorie du ciel devient plus grande encore, si l'on tient compte d'un complément qui y a été ajouté plus tard et a reçu la haute approbation de M. le Conseiller aulique Lichtenberg : la vapeur primitivement répandue dans l'espace, qui contenait à *l'état élastique* les variétés en nombre infini de la matière, a donné naissance aux astres uniquement sous l'action de l'affinité chimique; lorsque des matériaux doués de cette affinité venaient à se rencontrer dans leur chute, ils anéantissaient réciproquement leur élasticité pour se combiner en des masses plus denses, et la chaleur résultant de la combinaison se traduisait, dans les grands corps de l'Univers, les soleils, par le rayonnement lumineux à l'extérieur, dans les corps plus petits, les Planètes, par la chaleur interne.

struit suivant les règles générales que nous avons exposées; car
il ne faut pas être trop rigoureux, quand il s'agit de satisfaire notre
amour du merveilleux. Mais quelles ne seraient pas les conséquences
et les développements à faire sortir d'une pareille idée : un anneau
autour de la Terre ! Quel magnifique spectacle pour les êtres créés
en vue d'habiter la Terre comme un paradis ! quelle foule d'avantages pour ces heureuses créatures, à qui la nature souriait de
toutes parts ! Mais ceci n'est rien encore auprès de la confirmation
qu'une telle hypothèse peut emprunter au témoignage de l'histoire
de la création, confirmation qui ne peut être de peu de poids pour
enlever le suffrage des esprits qui ne croient pas dégrader la Révé-
lation, mais bien plutôt lui rendre hommage, lorsqu'ils la font
servir à donner une forme aux divagations même de leur imagination. L'eau du firmament, dont parle le récit de Moïse, n'a pas
peu embarrassé les commentateurs. Ne pourrait-on pas faire servir
l'existence de l'anneau de la Terre à écarter cette difficulté ? Cet
anneau était sans aucun doute formé de vapeur d'eau ; qui empêcherait, après l'avoir employé à l'ornement des premiers âges de
la création, de le briser à un moment déterminé, pour châtier par
un déluge le monde qui s'était rendu indigne d'un si beau spectacle ? Qu'une comète, par son attraction, ait apporté le trouble
dans la régularité des mouvements de ses parties ; ou que le refroidissement de l'espace ait condensé ses particules vaporeuses et les
ait, par le plus effroyable des cataclysmes, précipitées sur la Terre ;
on voit aisément les conséquences de la rupture de l'anneau. Le
monde entier se trouva sous l'eau, et dans les vapeurs étrangères
et subtiles de cette pluie surnaturelle, il suça ce poison lent, qui
raccourcit dès lors la vie de toutes les créatures. En même temps,
la figure de cet arc lumineux et pâle avait disparu de l'horizon ; et
le monde nouveau, qui ne pouvait se rappeler le souvenir de son
apparition, sans ressentir l'effroi de ce terrible instrument de la
vengeance céleste, vit peut-être avec non moins de terreur dans la
première pluie cet arc coloré qui, par sa forme, semblait reproduire le premier, et qui pourtant, d'après la promesse du Ciel
réconcilié, devait être un signe de pardon et un monument d'assurance de conservation pour la Terre renouvelée. La ressemblance
de forme de ce signe commémoratif avec l'événement qu'il rappelle, pourrait recommander une telle hypothèse auprès de ceux

qui sont invinciblement portés à relier en un système les merveilles de la Révélation et les lois ordinaires de la Nature. Mais je trouve mieux de sacrifier entièrement les vains applaudissements qu'on pourrait éveiller en signalant de pareilles coïncidences à la satisfaction plus vraie qui ressort de la perception de l'enchaînement régulier des choses, lorsqu'on voit des analogies physiques concourir toutes à mettre en lumière des vérités physiques.

CHAPITRE VI.

DE LA LUMIÈRE ZODIACALE.

Le Soleil est entouré d'une substance subtile et vaporeuse, qui forme une couche mince de part et d'autre du plan de son équateur et s'étend à grande distance, sans qu'on puisse affirmer si, comme le prétend M. de Mairan, elle vient au contact de la surface du Soleil sous la forme d'un verre convexe (*figura lenticularis*), ou si elle en est séparée de tous côtés à la manière de l'anneau de Saturne. Quoi qu'il en soit de ce point, il existe entre les deux phénomènes assez d'autres traits de ressemblance pour qu'on puisse comparer la substance de la lumière zodiacale à l'anneau de Saturne, et lui assigner une origine analogue. Si, comme il est le plus vraisemblable, cette matière est une effluve du Soleil, il est impossible de méconnaître la cause qui l'a rassemblée dans le plan de l'équateur solaire. La substance extrêmement fluide et légère que le feu du Soleil fait monter de sa surface, et en a fait monter depuis un long temps, est repoussée par la même action à une grande distance de cet astre, et continue, en proportion de sa légèreté, à se mouvoir à la distance où l'action répulsive des rayons solaires contre-balance la pesanteur de ces particules de vapeur ; on pourrait dire aussi que la matière déjà soulevée est supportée par les effluves de nouvelles particules qui s'élèvent incessamment par-dessous. Maintenant, puisque le Soleil, en tournant autour de son axe, imprime ce même mouvement aux vapeurs qui se détachent de sa surface, celles-ci conservent une certaine impulsion qui les force à circuler ; alors, conformément aux lois des forces centrales, les orbites de ces particules se croisent dans le plan de l'équateur solaire, et par suite, comme il s'y presse des quantités égales de matière venant de chacun des hémisphères, elles s'y amassent avec des forces égales, et forment une sorte de disque plat dans le plan de l'équateur solaire prolongé.

Mais, à côté de cette ressemblance avec l'anneau de Saturne, il existe entre les deux phénomènes une dissemblance essentielle, qui rend la lumière zodiacale toute différente de cet anneau. Les particules de l'anneau se maintiennent dans des orbites circulaires indépendantes en vertu du mouvement de rotation qui leur a été imprimé; mais les particules de la matière zodiacale sont maintenues à distance par l'action des rayons solaires, sans laquelle le mouvement qu'elles tiennent de la rotation du Soleil serait insuffisant à les préserver de la chute et à les maintenir en libre circulation. Car, la force centrifuge à la surface du Soleil n'étant pas même $\frac{1}{40000}$ de l'attraction, les vapeurs devraient s'éloigner à 40000 rayons solaires pour trouver à cette distance une gravitation qui pût équilibrer leur vitesse. Il est donc certain que ce phénomène solaire ne peut être à ce point de vue assimilé à l'anneau de Saturne.

Enfin on pourrait encore, et non sans vraisemblance, assigner à cet ornement du Soleil une origine identique à celle de l'ensemble du système planétaire; il a pu être formé des particules de la matière universelle qui se mouvaient dans les régions les plus élevées du monde solaire; celles-ci ne sont tombées que tardivement vers cet astre, après la formation complète de tout le système, en suivant lentement une orbite courbe dirigée de l'ouest à l'est; et, en vertu de cette révolution, elles sont venues croiser dans les deux sens l'équateur prolongé du Soleil et s'y sont accumulées. Elles sont maintenant soutenues à cette hauteur et dans ce plan à la fois par la répulsion des rayons solaires, et par leur vitesse circulaire effective. Cette explication n'a d'ailleurs d'autre valeur que celle qui convient à une hypothèse, et n'a pas la prétention de s'imposer à l'approbation du lecteur, qui reste libre de tourner ses préférences du côté où lui apparaîtra la plus grande probabilité.

CHAPITRE VII.

DE L'ÉTENDUE INFINIE DE LA CRÉATION DANS L'ESPACE ET DANS LE TEMPS.

L'Univers, par son incommensurable grandeur et par la variété et la beauté infinies qui éclatent en lui de toute part, jette l'esprit dans un muet étonnement. Si l'aspect d'un ensemble si parfait émeut l'imagination, un ravissement d'une autre nature saisit d'autre part l'intelligence, lorsqu'elle considère comment tant de magnificence, tant de grandeur, découlent d'une seule loi générale, dans un ordre éternel et parfait. Le monde planétaire, où le Soleil, placé au centre de toutes les orbites, force, par sa puissante attraction, les sphères habitées de son système à se mouvoir sur des cercles éternels, a été tout entier formé, comme nous l'avons vu, aux dépens de la matière universelle primitivement dispersée dans le chaos. Toutes les étoiles fixes que l'œil découvre dans les profondeurs du Ciel, où elles sont semées avec une magnifique prodigalité, sont autant de soleils, centres de systèmes semblables. L'analogie ne permet pas de douter que ceux-ci ont été formés et produits, comme celui dont nous faisons partie, des particules les plus petites de la matière élémentaire qui remplissait l'espace vide, ce contenant infini de la présence divine.

Si maintenant tous les mondes et les systèmes de mondes reconnaissent la même origine, si l'attraction est illimitée et universelle, si la répulsion des éléments agit partout, si en présence de l'infini le grand et le petit sont également petits; tous ces mondes ne doivent-ils pas avoir entre eux des relations de constitution et des liaisons systématiques, comme en ont les corps de notre système, Saturne, Jupiter et la Terre, qui forment de petits systèmes particuliers et pourtant sont liés les uns aux autres comme membres d'un grand système? Si, dans l'espace infini où se sont formés les soleils de la Voie lactée, on suppose un point autour duquel, pour

une cause je ne sais laquelle, a commencé la première formation
de la nature au sein du Chaos, là a dû se former la plus grande
masse, un corps doué d'une attraction extraordinaire, qui est ainsi
devenu capable de forcer tous les systèmes en formation dans
l'énorme sphère de son activité, à tomber vers lui comme leur
centre, et à former autour de lui un immense système, qui reproduit
dans d'immenses proportions celui que la même matière élémentaire a formé autour du Soleil. L'observation met cette hypothèse
à peu près hors de doute. La foule des astres, par sa disposition générale par rapport à un plan fondamental, constitue un système, tout comme les planètes de notre monde solaire autour du
Soleil. La Voie lactée est le zodiaque de ces mondes d'ordre supérieur, qui s'écartent aussi peu que possible de sa zone; et cette
bande est éternellement illuminée de leur éclat, comme le zodiaque
des planètes s'éclaire çà et là de leur lumière, en un petit nombre
de points il est vrai. Chacun de ces soleils, avec les planètes qui
l'entourent, forme un système particulier, mais cela ne les empêche
pas d'être les membres d'un plus grand système; de même que Jupiter et Saturne, malgré leur cortège de satellites, sont compris dans
la constitution systématique d'un monde encore plus grand. Peut-
on ne pas reconnaître une même cause et un même mode de développement à des mondes dont la constitution concorde d'une manière si frappante?

Mais si les étoiles forment un système, dont l'étendue est définie
par la sphère d'attraction du corps qui en occupe le centre, ne
peut-il pas exister plusieurs systèmes de soleils, et pour ainsi dire,
plusieurs Voies lactées, qui se sont développés dans les champs
illimités de l'espace? Nous avons reconnu avec admiration dans le
Ciel des formes qui ne sont autre chose que des systèmes d'étoiles
groupées autour d'un plan commun, des Voies lactées, si j'ose
m'exprimer ainsi, qui, différemment inclinées par rapport à nous,
se présentent sous une forme elliptique, avec un éclat affaibli en
proportion de leur distance infinie; ce sont des systèmes d'un diamètre un nombre infini de fois infiniment plus grand, pour parler
ainsi, que le diamètre de notre système solaire; mais ils sont sans
aucun doute produits de la même façon, ordonnés et réglés par les
mêmes lois et ils se conservent par un mécanisme analogue à celui
de notre propre système.

Si l'on regarde à leur tour ces systèmes comme des anneaux de la grande chaîne de l'Univers, on a les mêmes raisons de penser qu'ils doivent être en relation mutuelle; que leurs liaisons, sous l'empire de la loi générale de première création qui domine à travers toute la nature, les constituent en un nouveau système plus grand encore, qui est régi par l'attraction, incomparablement plus puissante, d'un corps placé au centre de leurs positions régulières. L'attraction, qui est la cause de la distribution systématique des étoiles de la Voie lactée, agirait aussi sur ces mondes lointains pour les faire sortir de leurs positions et ensevelirait l'Univers dans un chaos inévitable et imminent, si des forces d'impulsion régulièrement distribuées ne faisaient équilibre à la gravitation, et n'engendraient ces relations qui sont le fondement de la constitution des astres en systèmes. L'attraction est sans aucun doute une propriété de la matière tout aussi étendue que l'existence même de cette matière dans l'espace, dans lequel elle relie les corps par des dépendances mutuelles; ou, pour mieux dire, c'est l'attraction qui constitue la relation générale par laquelle les divers corps de la nature sont réunis dans l'espace. Elle s'étend donc à toute distance aussi loin qu'il existe de la matière. Si la lumière nous arrive de ces systèmes lointains, elle qui n'est qu'un mouvement communiqué, ne faut-il pas que tout d'abord l'attraction, cette source originelle de tout mouvement, qui préexiste à tout mouvement, qui ne reconnaît aucune cause antérieure, qui ne peut être arrêtée par aucun obstacle, puisqu'elle agit dans les profondeurs intimes de la matière, avant tout ébranlement, même dans le repos universel de la nature; ne faut-il pas, dis-je, que l'attraction ait donné à ces systèmes d'étoiles, malgré leur immense éloignement, à l'origine du premier tressaillement de la nature, un mouvement qui est ici, comme il l'a été dans notre petit monde, la cause de la formation et de la stabilité des systèmes et qui les garantit de la destruction?

Mais où finiront ces systèmes? Où s'arrêtera la création elle-même? Il est bien clair que, pour se la figurer en rapport avec la puissance de l'Être infini, il faut la supposer sans limite. Étendre l'espace où s'est révélée la puissance créatrice de Dieu à une sphère du rayon de la Voie lactée, ce n'est pas s'approcher plus de sa grandeur infinie, que si on le limite à une sphère d'un pouce de diamètre. Tout ce qui est fini, tout ce qui a des limites et peut s'exprimer par un nombre, est également loin de l'infini. Or il serait déraisonnable de mettre la Divinité en action pour ne lui faire employer qu'une partie infiniment petite de sa puissance créatrice, et de se figurer sa force infinie, trésor véritablement inépuisable, improductive de natures et de mondes, et se renfermant dans une éternelle inactivité. N'est-il pas plus logique, ou pour mieux dire, n'est-il pas nécessaire, d'attribuer à la création l'étendue qu'elle doit avoir, pour être un témoignage de cette puissance qui ne peut se mesurer avec aucune unité? Par ces motifs, le champ de la manifestation des propriétés divines doit être tout aussi infini que ces propriétés mêmes (¹). L'éternité ne suffit pas à contenir les manifestations de l'Être suprême, si elle n'est pas unie avec l'infini de l'espace. Il est vrai que le développement, la forme, la beauté et la perfection naissent des relations des corps principaux et des substances qui constituent la matière de l'Univers; et ces mêmes qualités se remarquent dans les dispositions imposées en tout temps à la nature par la sagesse divine. Il est aussi le plus digne de cette sagesse que ces qualités se développent comme un libre effet des lois générales imposées à la matière. On peut donc ainsi établir sur des fondements solides ce principe que l'ordonnance et l'arrangement de l'Univers découlent successivement dans la suite des temps des forces emmagasinées à l'origine dans la substance créée. Mais la

---

(¹) La notion de l'étendue indéfinie de l'Univers a des contradicteurs parmi les métaphysiciens, et a été tout dernièrement combattue par M. Weitenkampf. Si ces savants, se fondant sur la soi-disant impossibilité de l'existence d'une quantité sans nombre ni limite, ne peuvent s'accommoder à cette idée, je leur poserai seulement en passant cette question : La suite future de l'Éternité ne contiendra-t-elle pas en elle-même une série véritablement infinie de variétés et de changements? Et cette série indéfinie n'est-elle pas à la fois et dès maintenant tout entière présente à l'intelligence divine ? Or, s'il est possible à Dieu de faire que ce contenu de l'infini, qui existe tout à la fois dans son intelligence, se développe effectivement en une série de faits successifs, pourquoi n'aurait-il pas développé aussi le contenu d'un autre infini dans un enchaînement sans fin par rapport à l'espace, et n'aurait-il pas rendu sans limite le contour du monde? Pendant qu'on cherchera la réponse à cette question, je profiterai de l'occasion qui se présente pour écarter la prétendue difficulté par un éclaircissement tiré de la nature des nombres, au cas où, après un examen attentif, on la considérerait encore comme une question demandant explication : Peut-on croire que ce qu'a produit, pour se manifester, une puissance infinie accompagnée d'une suprême sagesse, ne soit que la *différentielle* de ce qu'elle aurait pu produire?

matière fondamentale elle-même, dont les propriétés et les forces forment la base de toutes les modifications successives, est une conséquence immédiate de l'existence de Dieu ; elle doit donc être à la fois si riche et si complète, que le développement de ses combinaisons dans le cours de l'éternité puisse se faire suivant un plan qui comprend en lui tout ce qui peut être, qui ne reconnaît aucune limite, en un mot qui est infini.

Si donc la création est infinie dans l'espace, ou tout au moins, si elle a été infinie dès le commencement quant à la matière, et est prête à le devenir quant à la forme ou au développement, l'espace universel doit devenir animé de mondes sans nombre et sans fin. Mais cette liaison en systèmes, que nous avons constatée précédemment dans toutes les parties isolément, s'étend-elle à tout l'ensemble ; et l'Univers entier, le tout de la nature, est-il réuni en un système unique par la liaison de l'attraction et de la force centrifuge ? Je réponds oui ; s'il existait des mondes absolument isolés, qui n'eussent les uns avec les autres aucun lien de relation pour former un tout, il serait sans doute possible d'imaginer, en considérant cette chaine de membres comme réellement infinie, une égalité absolue de l'attraction de leurs parties dans tous les sens qui pourrait garantir ces systèmes de la destruction dont les menace l'attraction mutuelle intérieure. Mais pour cela il faudrait que les distances fussent si exactement proportionnées à l'attraction, que le moindre changement entrainerait la ruine de l'ensemble ; et au bout de périodes, longues sans doute, mais qui auraient une fin, ces systèmes seraient inévitablement soumis à la destruction. Une constitution du monde, qui ne se conserverait pas sans un miracle, n'a pas le caractère de stabilité qui est le signe du choix de Dieu ; ce signe apparaît bien plus évident, si l'on fait de toute la création un système unique, qui rend tous les mondes et les systèmes de mondes dont est rempli l'espace infini dépendants d'un centre unique. Une fourmilière désordonnée de mondes, quelles que soient les distances qui les séparent, tendrait inévitablement vers le bouleversement et la ruine, si des mouvements systématiques ne leur imposaient pas une organisation déterminée par rapport à un centre commun, centre d'attraction de l'Univers et point d'appui de la nature entière.

C'est autour de ce centre général d'attraction de toute la nature, de la matière déjà façonnée aussi bien que de celle qui est encore à l'état brut, où se trouve sans aucun doute la masse la plus considérable de l'Univers, qui comprend dans sa sphère d'attraction tous les mondes et les systèmes que le temps a déjà vus naître et que l'éternité engendrera; c'est autour de ce centre que, selon toute vraisemblance, la nature a dû faire ses premières formations et que les systèmes sont ramassés en plus grand nombre, tandis qu'au loin ils vont se perdre de plus en plus rares dans l'infini de l'espace. On pourrait déduire cette règle de la loi de distribution des astres de notre système solaire; et une telle constitution peut en outre servir à ceci, qu'aux grandes distances ce n'est pas seulement le corps central qui attire, mais tous les systèmes qui circulent dans son voisinage unissent leur attraction à la sienne, en agissant comme une masse unique sur les systèmes extérieurs. C'est ce qui permet de comprendre comment la nature entière, dans son étendue sans limites, peut former un système unique.

Poursuivons l'étude de la disposition de ce système général de l'Univers, d'après les lois mécaniques auxquelles obéissait la matière en se façonnant. Il a fallu d'abord qu'au sein de la matière élémentaire diffusée dans une étendue infinie, se soit trouvé un point quelconque où cet élément se soit amoncelé avec la plus forte densité, pour que la création prépondérante qui en est sortie ait pu servir de point d'appui central au reste de l'Univers. Il est bien vrai que, dans un espace infini, aucun point ne peut être de préférence appelé centre. Mais si l'on admet une certaine loi de densité de la matière élémentaire, d'après laquelle celle-ci, aussitôt après sa création, s'amoncelle considérablement plus dense en un certain lieu, et se raréfie au contraire de plus en plus à mesure qu'elle s'en écarte, un tel point peut avoir le privilège de s'appeler le centre, et il le deviendra effectivement par la formation en ce même point d'une masse centrale, douée d'une attraction prépondérante, vers laquelle gravitera tout le reste de la matière élémentaire engagé dans des formations particulières. Et ainsi, aussi loin que l'évolution de la nature peut s'étendre, dans la sphère infinie de la création, de ce grand tout se forme un système unique.

Mais le point le plus important et le plus digne d'attention, c'est que, par suite de l'ordonnance de la nature dans notre système, la création, ou mieux le façonnement de la matière, a dû commencer

d'abord en ce point central, et s'étendre ensuite progressivement à
toute distance pour remplir l'espace infini, dans la suite de
l'éternité, de mondes et de systèmes de mondes. Qu'on nous
permette de nous attacher un instant à cette proposition qui offre
un intérêt particulier. Je ne sais rien qui puisse exciter dans
l'esprit de l'homme une plus noble admiration, en lui ouvrant
une vue sur le champ infini de la toute-puissance, que cette partie
de la théorie qui concerne l'accomplissement successif de la création. Si l'on m'accorde que la matière, créée en vue de la formation des mondes, n'a pas été répandue uniformément dans tout
l'espace infini où Dieu est présent, mais que sa diffusion a varié
suivant une certaine loi, qui se rapportait peut-être à la densité des
particules, et d'après laquelle autour d'un point déterminé, lieu de
la plus forte condensation, la dissémination de la matière augmentait avec la distance ; alors au premier éveil de la nature la formation commencera auprès de ce centre, puis dans la suite des temps,
l'espace plus éloigné produira les uns après les autres des mondes
et des systèmes de mondes, toujours en relation systématique
avec ce point central. Chaque période finie, dont la durée est
en rapport avec la grandeur de l'œuvre à accomplir, amènera
le développement d'une sphère finie ayant ce point pour centre.
La région extérieure indéfinie sera encore le siège du désordre
et du chaos et restera d'autant plus éloignée de l'état de complète évolution, que l'on considérera des points plus éloignés de
la sphère où la nature s'est déjà façonnée. En conséquence, si
du lieu que nous occupons dans l'Univers, celui-ci nous apparaît
comme un monde entièrement achevé, et pour ainsi dire comme
une foule sans fin de systèmes de monde, c'est que nous nous
trouvons à proprement parler au voisinage du point milieu de toute
la nature, où depuis longtemps elle est sortie du chaos et a atteint
son parfait développement. Mais si nous pouvions dépasser une
certaine sphère, nous y trouverions le chaos et la décomposition
des éléments. Au voisinage du point central, ces éléments sont
déjà sortis de l'état brut, et ont produit des combinaisons presque
parfaites ; mais, à mesure qu'ils s'en éloignent, ils se perdent peu
à peu dans une dissociation complète. Nous verrions comment
l'espace infini de la présence divine, où se trouve le magasin de
toutes les formations naturelles possibles, est enseveli dans une

nuit muette, pleine de matière prête à servir d'élément aux mondes
qui doivent se créer dans l'avenir, et à leur donner par ses ressorts
intérieurs ce léger ébranlement qui sera l'origine des mouvements
dont s'animera un jour l'immensité de ces espaces déserts. Il s'est
écoulé peut-être une série de millions d'années et de siècles avant
que la sphère de la nature façonnée, dans laquelle nous nous trouvons, ait atteint la perfection que nous lui voyons maintenant, et il
s'écoulera peut-être une période aussi longue avant que la nature
ait fait un nouveau pas aussi grand dans le chaos. Mais la sphère
de la nature déjà façonnée est incessamment occupée à s'étendre
plus loin. La création n'est pas l'œuvre d'un instant. Après qu'elle
a commencé par la production d'une infinité de substances et de
matériaux, elle est constamment en action, à travers la suite de
l'éternité, et sa fécondité va grandissant sans cesse. Il s'écoulera des
millions et des montagnes de millions de siècles, pendant lesquels
toujours de nouveaux mondes et de nouveaux systèmes de mondes
se formeront les uns après les autres dans les espaces lointains autour du centre de l'Univers, et atteindront leur état parfait; ils auront, en dehors de l'arrangement systématique de leurs parties
constituantes, une relation générale avec ce centre, qui a été le
point de première formation et qui, en raison de sa masse prépondérante, est devenu par son pouvoir d'attraction le centre de la
création. L'étendue infinie des temps à venir que produira l'inépuisable éternité animera partout l'espace où Dieu est présent, et lui
donnera peu à peu l'ordonnance régulière que lui assigne l'excellence de son plan ; et si l'on pouvait, par une audacieuse conception,
comprendre à la fois d'une seule pensée toute l'éternité, on verrait
tout l'espace infini rempli de systèmes de mondes et la création
accomplie. Mais, de même que de la série des temps qui composent
l'éternité, ce qui reste est toujours infini, et ce qui est écoulé fini,
de même la sphère de la nature déjà façonnée n'est toujours qu'une
partie infiniment petite de l'espace qui contient les germes des
mondes futurs et qui s'efforce de sortir de l'état brut du chaos
dans des périodes plus ou moins longues. La création n'est jamais
terminée. Elle a commencé un jour, mais elle ne finira jamais. Elle
est sans cesse en action pour faire faire à la nature un nouveau
pas, pour produire des choses nouvelles et des mondes nouveaux.
L'œuvre qu'elle a amenée à l'état de perfection est proportionnée

au temps qu'elle a employé à l'accomplir. Il ne lui faut pas moins qu'une éternité pour peupler toute l'étendue sans limites de l'espace infini de mondes sans nombre et sans fin. On peut dire d'elle ce qu'a écrit de l'éternité le plus éminent des poètes allemands :

> Unendlichkeit! Wer misset Dich?
> Vor Dir sind Welten Tag, und Menschen Augenblicke;
> Vielleicht die tausendste der Sonnen wälzt jetzt sich,
> Und tausend bleiben noch zurücke.
> Wie eine Uhr, beseelt durch ein Gewicht,
> Eilt eine Sonn', aus Gottes Kraft bewegt :
> Ihr Trieb läuft ab, und eine andere schlägt,
> Du aber bleibst, und zählst sie nicht (1).

VON HALLER.

Ce n'est pas un mince plaisir que de laisser l'imagination s'égarer jusqu'aux limites de la création accomplie, dans la région du chaos, et d'y voir les traces de formation, sensibles encore au voisinage de la sphère du monde déjà formée, s'effacer peu à peu en passant par tous les degrés et les ombres de l'imperfection jusqu'à se perdre dans l'espace absolument informe. Mais n'est-ce point une audace blâmable, dira-t-on, que de mettre en avant et de préconiser comme un sujet de divertissement de l'esprit cette hypothèse peut-être purement arbitraire, que la nature n'est aujourd'hui formée que dans une partie infiniment petite de son étendue, et que des espaces infinis sont encore en lutte avec le chaos, pour produire dans la suite des temps des multitudes admirables de mondes et de systèmes réguliers. Je ne suis pas assez opiniâtrément attaché aux conséquences qui découlent de ma théorie, pour ne pas reconnaître que l'hypothèse d'une extension progressive de la création à travers les espaces infinis, qui en contiennent la matière première, n'est pas entièrement à l'abri du reproche d'improbabilité. Cependant j'ose espérer que les esprits capables de juger du degré

---

(1) O Éternité! qui a pu te mesurer? Devant toi les mondes sont des jours et les hommes des instants; la millième partie peut-être des soleils se meut aujourd'hui, et des millions restent encore en arrière. Comme une horloge qu'un poids anime, un Soleil se hâte, poussé par la puissance de Dieu; sa force s'épuise et un autre s'élance. Mais toi, tu demeures, et ne les comptes pas.

de vraisemblance d'une hypothèse ne considéreront pas celle que je propose comme un jeu chimérique de l'imagination ; bien qu'elle ait trait à un sujet qui semble destiné à rester éternellement caché à l'entendement de l'homme, elle a tout au moins pour elle l'analogie, le seul guide qui nous reste, quand le fil d'une démonstration directe nous fait défaut.

Mais on peut encore étayer l'analogie par d'autres raisons très plausibles, et la perspicacité du lecteur qui voudra bien adopter mes idées y en ajoutera peut-être d'autres plus puissantes encore. Car il faut remarquer que la création ne porte pas avec elle le caractère de stabilité, dès qu'elle n'oppose pas, à l'effort de l'attraction universelle, une disposition générale de toutes ses parties capable de contrarier utilement la tendance destructive de cette attraction, à moins qu'elle n'ait reçu en partage des forces d'impulsion qui, par leur combinaison avec la gravitation centrale, établissent une constitution systématique générale. On est donc forcé de supposer un centre commun de tout l'Univers, qui en retient toutes les parties dans les liens de relations déterminées et ne fait qu'un système de tout le contenu de la nature. Si l'on étend maintenant à tout l'univers la notion de la formation des astres aux dépens de la matière élémentaire disséminée dans l'espace, telle que nous l'avons décrite dans ce qui précède en la bornant à la formation d'un système isolé, on sera forcé d'admettre la dissémination de l'élément primitif dans tout l'espace du chaos originel ; et cette supposition entraîne avec elle l'existence d'un centre de toute la création, afin qu'en ce point puisse se réunir la masse qui comprend dans la sphère de son activité la nature entière, et que puisse s'établir la relation générale par laquelle tous les mondes ne forment qu'un seul édifice. Mais on ne peut guère supposer dans l'espace indéfini une autre loi de distribution de la matière originelle, qui soit capable d'engendrer un point central d'attraction de la nature entière, que celle d'après laquelle la dispersion de la matière augmente dans toutes les directions à partir de ce point. Or cette loi suppose en même temps une différence dans la durée de formation complète des systèmes dans les diverses régions de l'espace, cette période étant d'autant plus courte que le lieu de formation d'un monde est plus voisin du centre de la création, parce que les éléments de la matière y sont plus condensés que partout ailleurs, et au contraire exigeant un temps d'autant plus long que la distance est plus grande, puisque les particules sont plus dispersées et plus lentes à se rassembler en un centre de formation.

Si l'on examine l'hypothèse entière que je viens d'esquisser, dans tout l'ensemble et de ce que j'ai dit, et de ce qu'il me reste encore à exposer, il me semble que l'audace de ses conceptions devra paraître tout au moins excusable. La tendance inévitable qui entraîne peu à peu à sa ruine tout système de mondes arrivé à sa perfection peut encore être comptée parmi les raisons qui démontrent que l'Univers doit être en certaines régions fécond en mondes nouveaux, afin de remplacer ainsi les vides qui se sont faits en d'autres lieux. Toute la portion de l'Univers que nous connaissons, bien qu'elle ne soit qu'un atome auprès de ce qui reste caché au-dessus comme au-dessous du cercle de notre vue, suffit à établir ce principe de l'incessante fécondité de la nature, fécondité sans limites parce qu'elle n'est pas autre chose que l'exercice même de la toute-puissance divine. Autour de nous, des animaux et des plantes sans nombre sont journellement détruits, et disparaissent victimes de la mort ; mais la nature en reproduit un nombre au moins égal en d'autres lieux, et comble les vides par sa puissance inépuisable de production. Des régions tout entières du sol que nous habitons sont ensevelies sous la mer, d'où une période plus heureuse les avait fait émerger ; mais, en d'autres lieux, la nature remplace ses pertes et amène au jour des terres qui étaient cachées dans les profondeurs de l'Océan, pour étendre sur elles de nouvelles richesses de sa fécondité. De même les mondes et les systèmes de mondes passent et sont engloutis dans l'abîme de l'éternité ; mais la création est toujours à l'œuvre, pour faire naître de nouvelles formations dans d'autres régions du ciel, et remplacer avec avantage celles qui ont disparu.

Il ne faut d'ailleurs pas s'étonner de constater l'œuvre de la mort, même dans la plus magnifique des œuvres de Dieu. Tout ce qui est fini, tout ce qui a un mouvement et une origine, porte en soi le signe de sa nature bornée, doit périr et avoir une fin. La durée d'un monde a sans doute par l'excellence de sa formation une stabilité qui, pour notre intelligence, équivaut presque à une durée infinie ; peut-être des milliers, des millions de siècles ne l'épuiseront pas. Mais, comme la fragilité qui est le propre des natures finies travaille incessamment à leur destruction, l'éternité contiendra en soi toutes les périodes possibles pour amener finalement, par une décadence progressive, l'instant de leur destruction. Newton, ce grand admirateur des qualités de Dieu dans la perfection de ses œuvres, qui joignait à l'intelligence la plus profonde des beautés de la nature, le plus grand respect pour la manifestation de la toute-puissance divine, s'est vu obligé de prédire à la nature sa destruction finale par la tendance naturelle que la mécanique du mouvement a vers cette destruction. Dès qu'une portion d'un système, aussi petite qu'on voudra la supposer, est nécessairement, en conséquence de l'instabilité du système, amenée à la destruction au bout d'un temps suffisamment long, il s'ensuit forcément que, dans le cours de l'éternité, un moment viendra où ces amoindrissements successifs auront épuisé tout mouvement.

Mais nous ne pouvons regretter la disparition d'un monde comme une véritable perte de la nature. Celle-ci manifeste sa richesse en prodiguant sans cesse d'innombrables créations nouvelles qui, pendant que quelques parties payent leur tribut à la mort, maintiennent intactes l'étendue et la perfection de son domaine. Quelle innombrable quantité de fleurs et d'insectes fait périr une seule journée froide! nous n'y faisons point attention, quoiqu'ils soient d'admirables œuvres d'art de la nature et des témoignages de la toute-puissance divine! Mais, dans un autre lieu, cette perte est compensée avec surabondance. L'homme, qui paraît être le chef-d'œuvre de la création, n'est pas lui-même excepté de cette loi. La nature montre qu'elle est tout aussi riche, tout aussi inépuisable pour produire les plus excellentes des créatures que pour produire les plus méprisables; et la disparition des mondes n'est qu'une ombre nécessaire dans la variété de ses soleils, parce que leur production ne lui coûte rien. Les contagions, les tremblements de terre, les inondations, font disparaître des peuples entiers de la surface du sol; mais il ne paraît pas que la nature en reçoive quelque dommage. De même des mondes entiers et des systèmes de soleils quittent la scène de l'Univers, après qu'ils y ont joué leur rôle. L'infini de la Création est assez grand pour qu'un monde ou même une Voie lactée de mondes ne soient devant lui que ce qu'est pour la Terre une fleur ou un insecte. Pendant que la nature parcourt l'éternité à pas variés, Dieu reste occupé à une création incessante pour former la matière nécessaire à la construction de mondes encore plus grands.

> He sees with equal eye, as God of all,
> A hero perish, or a sparrow fall,
> Atoms or systems into ruin hurl'd,
> And now a bubble burst, and now a world ([1]).
>
> Pope, An Essay on man.

Laissons donc nos yeux s'habituer à ces épouvantables catastrophes, comme aux voies habituelles de la Providence, et les regarder même avec une sorte de complaisance. Et en fait, rien ne convient mieux à la richesse de la nature. Car, lorsqu'un système de mondes a épuisé dans sa longue durée toute la série des transformations que peut embrasser sa constitution, quand il est ainsi devenu un membre superflu dans la chaîne des êtres, rien n'est plus naturel que de lui faire jouer, dans le spectacle des métamorphoses incessantes de l'Univers, le dernier rôle qui appartient à toute chose finie : il n'a plus qu'à payer son tribut à la mort. La nature suit partout, comme il a été dit, aussi bien dans les plus humbles parties de son contenu que dans les plus grandes, cette règle de conduite que le destin éternel lui a prescrite ; et je le dis encore une fois, la grandeur de ce qui doit disparaître n'est pas ici le moins du monde un obstacle ; car tout ce qui est grand devient petit, n'est plus qu'un simple point, lorsqu'on le compare à l'infini que la création développera dans l'espace sans limite, à travers la suite de l'éternité.

Il semble que cette fin nécessaire des mondes et de tous les êtres de la nature soit soumise à une loi déterminée, dont la considération donne à notre théorie un nouveau caractère de certitude. D'après cette loi, les astres qui sont les plus voisins du centre de l'Univers disparaissent les premiers, comme la naissance et la formation des mondes ont d'abord commencé près de ce centre. A

([1]) Dieu voit d'un œil égal, dans un parfait repos,
Un passereau tomber ou périr un héros,
Une bulle légère en vapeur se résoudre,
Ou des cieux ébranlés à grand bruit se dissoudre.

Traduction de Duresnel.

partir de là, la destruction et la ruine s'étendent de proche en proche jusqu'aux régions les plus lointaines par l'anéantissement successif des mouvements, pour ensevelir dans un chaos unique tous les astres qui ont traversé la période de leur existence. D'autre part, la nature, sur les limites opposées du monde déjà formé, est incessamment occupée à façonner des mondes avec les matériaux des éléments décomposés, et pendant que d'un côté elle vieillit autour du centre, de l'autre elle est toujours jeune et féconde en nouvelles créations. Le monde formé se trouve limité d'après cela entre les ruines du monde détruit et le chaos de la nature informe ; et si l'on se figure, comme il est vraisemblable, qu'un monde parvenu à la perfection peut encore durer un temps plus long que celui dont il a eu besoin pour se former, la limite extérieure de l'Univers s'élargira toujours malgré la dévastation que la caducité y produit incessamment.

Si l'on veut bien me permettre de placer encore ici une idée, qui est aussi vraisemblable que conforme à la nature des œuvres divines, il me semble que le charme de ces aperçus sur les transformations de la nature en prendra un nouvel attrait. N'est-il pas permis de croire que la nature, qui a pu une première fois faire sortir du chaos l'ordonnance régulière de systèmes si habilement construits, doit pouvoir de nouveau renaître aussi aisément du second chaos, où l'a plongée la destruction du mouvement, et régénérer de nouvelles combinaisons ? Les ressorts qui avaient mis en mouvement et en ordre l'élément de la matière chaotique ne seront-ils pas, après que l'arrêt de la machine les aura réduits au repos, remis de nouveau en activité par des forces plus étendues, et ne recommenceront-ils pas à travailler de concert, suivant les mêmes lois générales qui avaient donné naissance à la construction primitive ? Il n'est pas besoin de beaucoup réfléchir pour acquiescer à cette manière de voir, si l'on considère qu'après que l'impuissance finale des mouvements de révolution dans l'univers a précipité les planètes et les comètes en masse sur le Soleil, l'incandescence de cet astre a dû recevoir un accroissement prodigieux du mélange de ces masses si nombreuses et si grandes, surtout parce que les sphères éloignées du système solaire, en conséquence de la théorie précédemment exposée, contiennent en elles l'élément le plus léger et le plus propre à activer le feu. Ce feu ainsi remis en une effroyable activité par ce nouvel aliment formé de matériaux subtils, non seulement résoudra sans doute de nouveau toute la matière en ses derniers éléments, mais la dilatera et la dispersera, avec une puissance d'expansion proportionnée à sa chaleur, et avec une vitesse que n'affaiblira aucune résistance du milieu, dans le même espace immense qu'elle avait occupé avant la première construction de la nature. Puis, après que la vivacité du feu central se sera calmée par cette diffusion de la masse incandescente, la matière reprendra, sous l'action réunie de l'attraction et de la force de répulsion, avec la même régularité, les anciennes créations et les mouvements systématiques relatifs, et ainsi reformera un nouveau monde. Et lorsque chaque système particulier de planètes est ainsi tombé en ruine, puis s'est régénéré par ses propres forces ; lorsque ce jeu s'est reproduit un certain nombre de fois ; alors enfin arrivera une période qui ruinera et rassemblera en un chaos unique le grand système dont les étoiles sont les membres. Mieux encore que la chute de planètes froides sur le Soleil, la réunion d'une quantité innombrable de foyers incandescents, tels que sont ces soleils enflammés, avec la série de leurs planètes, réduira en vapeur la matière de leurs masses par l'inconcevable chaleur qu'elle produira, la dispersera dans l'ancien espace de leur sphère de formation, et y produira les matériaux de nouvelles créations, qui, façonnées par les mêmes lois mécaniques, peupleront de nouveau l'espace désert de mondes et de systèmes de mondes. Si l'on suit, à travers l'infini des temps et des espaces, ce phénix de la nature, qui ne se brûle que pour revivre de ses cendres ; si l'on voit comment, dans la région même où elle a vieilli et où elle est morte, la nature renaît inépuisable, en même temps qu'à l'autre limite de la création, dans l'espace de la matière brute et informe, elle progresse incessamment, élargissant toujours le plan de la manifestation divine et remplissant de ses merveilles l'éternité aussi bien que l'espace, l'esprit qui embrasse tout cet ensemble s'abîme dans une profonde admiration. Et alors, non content d'un objet si grandiose, mais dont la caducité ne peut suffisamment contenter notre âme, il aspire à connaître de plus près cet Être dont l'intelligence, dont la grandeur est la source et le centre de la lumière qui se répand sur la nature entière. Avec quelle crainte respectueuse l'âme ne doit-elle pas regarder sa propre essence, quand elle considère qu'elle doit survivre à toutes ces transformations, et qu'elle peut se dire d'elle-même ce que le poëte philosophe dit de l'éternité :

> Wenn denn ein zweites Nichts wird diese Welt begraben;
> Wenn von dem Alle selbst nichts bleibet als die Stelle;
> Wenn mancher Himmel noch, von andern Sternen helle,
> Wird seinen Lauf vollendet haben;
> Wirst du so jung als jetzt, von deinem Tod gleich weit,
> Gleich ewig künftig sein, wie heut (¹).
>
> Von Haller.

Heureux l'esprit qui, au milieu du tumulte des éléments et des désastres de la nature, sait se maintenir à une hauteur d'où il peut voir fumer sous ses pieds les ruines qu'amoncelle la caducité des choses du monde! Une félicité, que la raison n'oserait même pas désirer, la révélation nous enseigne à l'espérer avec une ferme confiance. Lorsque les chaînes, qui nous retiennent attachés à la vanité des créatures, seront tombées, à cet instant qui est assigné à la transformation de notre être, alors l'âme immortelle, délivrée de la dépendance des choses finies, trouvera la jouissance de la vraie félicité dans son union avec l'être infini. La vue de l'harmonie générale de la nature, dans laquelle se complait le regard de Dieu, ne peut que remplir d'une joie éternellement durable la créature raisonnable, qui se trouve réunie à la source de toute perfection. La nature, vue de ce centre, montrera de toutes parts une éclatante stabilité, une éclatante harmonie. Ses métamorphoses incessantes ne peuvent troubler la tranquille félicité d'une âme, qui s'est une fois élevée à ces hauteurs. Pendant qu'elle déguste par avance cet état dans la douce espérance d'y arriver un jour, elle peut exercer sa bouche à ce chant de louange, dont retentira un jour toute l'éternité :

> When Nature fails, and day and night
>   Divide thy works no more,
> My ever-grateful heart, o Lord,
>   Thy mercy shall adore.

(¹) Quand ce monde se sera enseveli dans un second néant; quand de tout ce qui existe il ne restera que la place; quand des cieux toujours renouvelés, illuminés d'autres étoiles, auront accompli leur cours; tu seras toujours jeune comme maintenant, tu seras aussi loin de ta mort, tu seras éternellement à venir, comme aujourd'hui.

W.

Through all eternity to Thee
A joyful song I'll raise,
For oh! eternity's too short
To utter all thy praise ([1]).

ADDISON.

([1]) Quand la nature disparaîtra, quand le jour et la nuit ne partageront plus l'œuvre de tes mains, mon cœur toujours reconnaissant adorera ta bonté.

Dans toute l'éternité, j'élèverai vers toi un chant joyeux ; car l'éternité, Seigneur, est trop courte pour dire tes louanges.

·ADDITION AU CHAPITRE VII.

THÉORIE GÉNÉRALE ET HISTOIRE DU SOLEIL EN PARTICULIER.

———

Il est encore une question capitale, dont la solution fait partie.
nécessaire d'une théorie du ciel et d'une cosmogonie complète.
Pourquoi et comment le centre de chaque système est-il occupé
par un corps enflammé? Notre monde planétaire a pour centre le
Soleil, et les étoiles fixes sont, suivant toute probabilité, les centres
de semblables systèmes.

Pour comprendre comment, dans la formation d'un système, le
corps qui en est le centre d'attraction a dû devenir un corps en feu,
tandis que les autres globes compris dans sa sphère d'activité
sont restés des astres obscurs et froids, il suffit de se rappeler le
mode de développement d'un monde, que nous avons longuement
esquissé dans ce qui précède. Dans l'espace largement étendu,
dans lequel l'élément originel se prépare à des formations et à des
mouvements systématiques, les planètes et les comètes ne se forment que de cette partie de la matière élémentaire gravitant vers
le centre d'attraction, qui par sa chute et par la réaction des particules déjà rassemblées a été amenée à l'exacte délimitation de la
direction et de la vitesse qui est la condition du mouvement
de révolution. Cette portion n'est, comme il a été établi, que la
plus faible partie de la totalité de la matière qui tombe, et il n'y a,
à proprement parler, que l'élite des espèces plus denses qui puisse
arriver à ce degré d'exactitude des mouvements par la résistance
des autres. Il se trouve dans ce mélange des particules mobiles
d'une extraordinaire légèreté qui, empêchées par la résistance
du milieu, ne peuvent arriver dans leur chute à la vitesse convenable pour exécuter des révolutions périodiques, et qui, en
raison de la faiblesse de leur impulsion, sont précipitées toutes

ensemble vers le corps central. Maintenant, comme ces parties les plus légères et les plus subtiles sont en même temps les plus actives pour entretenir le feu, nous voyons que, grâce à leur adjonction, le corps central du système acquiert le privilège de devenir un globe enflammé, en un mot un Soleil. Au contraire, l'élément plus pesant et moins actif dont se forment les planètes, l'absence des particules nourricières du feu, en font des masses froides et mortes, auxquelles est refusée la propriété d'être lumineuses par elles-mêmes.

C'est aussi à cette adjonction de matériaux extrêmement légers que le Soleil doit sa très faible densité, qui est à peine le quart de celle de la Terre, la troisième planète dans l'ordre des distances. Et cependant il serait naturel de penser qu'au centre du système comme au point le plus bas, devraient se trouver les matières les plus pesantes et les plus denses, si bien que le Soleil aurait surpassé toutes les planètes en densité, sans cette addition d'une énorme quantité de l'élément le plus léger.

Le mélange des éléments denses et pesants avec les plus légers et les plus subtils sert également à rendre le corps central apte à recevoir cet éclat éblouissant, qui doit être entretenu sur sa surface enflammée. Car nous savons que le feu est bien plus violent lorsque des matières combustibles pesantes sont mélangées à d'autres plus subtiles, que lorsqu'il est entretenu seulement par des matériaux légers. Ce mélange des deux espèces d'éléments est une conséquence nécessaire de notre théorie sur la formation des astres, et il a encore cette utilité que la puissance de l'embrasement ne consume pas tout d'un coup les matières brûlant à la surface ; l'apport continu de matières venant de l'intérieur le nourrit et l'entretient constant.

Maintenant qu'est résolue la question de savoir pourquoi le corps central d'un grand système d'astres est un globe enflammé, ou un soleil, il ne semble pas superflu, avant de quitter ce sujet, de soumettre à un examen attentif l'état d'un pareil corps céleste, d'autant plus que les conjectures auxquelles nous serons conduits reposent sur des bases plus solides que celles sur lesquelles s'appuient d'habitude les recherches relatives aux propriétés des astres éloignés.

En premier lieu, je pose qu'il est impossible de douter que le

Soleil soit réellement un corps enflammé, et non pas une masse
de matière fondue et portée au plus haut degré d'incandescence,
comme plusieurs l'ont pensé par suite de certaines difficultés qu'ils
ont prétendu trouver dans la première manière de voir. Il faut en
effet remarquer qu'une combustion a, sur l'autre mode d'incandescence, cet avantage essentiel qu'elle est active par elle-même,
qu'au lieu de diminuer ou de s'épuiser par le partage, elle en acquiert au contraire plus de force et de vivacité, et qu'elle n'a besoin
que d'aliments pour s'entretenir et durer éternellement; au contraire, l'incandescence d'une masse portée au plus haut degré de
chaleur est un pur état passif, qui s'amoindrit sans cesse par le contact de la matière environnante, qui ne possède aucune vertu
particulière par laquelle il puisse s'accroître, ou se revivifier après
une diminution de chaleur. Ces raisons suffisent, et j'en passe bien
d'autres sous silence, pour nous faire admettre comme très probable la constitution du Soleil que j'ai indiquée.

Si maintenant le Soleil ou plutôt les soleils sont des globes enflammés, la première propriété de leur surface qui découle de là,
c'est qu'il doit y avoir de l'air, car le feu ne peut brûler sans air.
Cette condition donne lieu à de merveilleuses conséquences. Si
d'abord on met en balance l'atmosphère du Soleil et son poids
avec celui du noyau solaire, dans quel état de compression ne doit
pas se trouver cet air, et quelle puissance n'en tire-t-il pas pour
entretenir par sa force élastique une si violente combustion? Dans
cette atmosphère s'élèvent aussi, suivant toute vraisemblance, des
nuages de fumée provenant des matériaux détruits par la flamme;
ces nuages sont formés sans aucun doute d'un mélange de parties
grossières et légères qui, après qu'elles se sont élevées à une hauteur où elles rencontrent un air plus froid, se précipitent en pluies
de poix et de soufre, et ramènent à la flamme un nouvel aliment.
Cette atmosphère, pour les mêmes causes que sur notre Terre,
n'est pas exempte du mouvement des vents, qui dépassent probablement en violence tout ce que peut supposer l'imagination. Lorsqu'en un lieu quelconque de la surface solaire, l'expansion de la
flamme vient à décroître, étouffée par les vapeurs qui se dégagent,
ou par suite d'un afflux moins abondant de matière combustible,
l'air qui se trouve au-dessus de ce lieu se refroidit, et, par sa contraction, permet à l'air environnant de se précipiter dans cet espace

avec une force proportionnée à l'excès de sa force élastique et d'y attiser la flamme qui s'éteignait.

En même temps toute flamme dévore beaucoup d'air, et il n'est pas douteux que le ressort de l'élément aériforme qui enveloppe le Soleil ne doive en quelque temps en éprouver une perte considérable. Si l'on étend à cette immense atmosphère ce que M. Hales a observé, par des expériences très soignées, de l'action de la flamme dans notre atmosphère, on doit regarder l'effort incessant des particules de fumée qui s'échappent de la flamme, pour anéantir l'élasticité de l'atmosphère solaire, comme introduisant bien des difficultés dans la théorie du Soleil. Car par cela même que la flamme qui brûle sur toute sa surface s'approprie l'air qui lui est indispensable pour brûler, le Soleil n'est-il pas en danger de s'éteindre, quand la plus grande partie de son atmosphère aura été dévorée? Il est vrai que le feu peut aussi dégager de l'air par la décomposition de certaines substances, mais l'expérience montre que ce dégagement est toujours moindre que l'absorption. Il est encore vrai que lorsqu'une partie du feu du Soleil est privée, par des vapeurs étouffantes, de l'air nécessaire à son entretien, de violentes tempêtes, ainsi que nous l'avons remarqué, se mettent en mouvement pour les dissiper et les transporter. On peut encore se faire une idée du mode de remplacement de cet élément, en considérant que, comme dans un brasier enflammé la chaleur agit presque uniquement au-dessus du foyer et très peu en-dessous, lorsque les causes énoncées ont étouffé le feu du Soleil, son activité se retourne sur l'intérieur du globe solaire, et force les abîmes profonds à dégager l'air enfermé dans leurs cavités pour activer de nouveau la flamme ; et si, dans les entrailles de l'astre, on suppose, par une licence bien permise en un sujet si peu connu, l'existence de matières douées comme le salpêtre d'une quantité indéfinie d'air élastique, alors le feu du Soleil ne pourra, pendant de longues périodes, souffrir du manque d'un afflux d'air incessamment renouvelé.

Malgré tout, des indices évidents d'affaiblissement progressif se remarquent dans ce foyer que la nature a créé pour être le flambeau du monde. Un temps viendra où le Soleil s'éteindra. La perte des matières les plus fluides et les plus ténues qui, dissipées par l'activité de la chaleur, ne reviennent jamais et vont accroître la substance de la lumière zodiacale, l'accumulation sur la surface de matières incombustibles ou déjà brûlées, comme les cendres, enfin le manque d'air, assignent un terme à l'activité du Soleil ; sa flamme un jour s'éteindra, et des ténèbres éternelles occuperont la place de l'astre qui est aujourd'hui le centre de la lumière et de la vie du monde. Les efforts intermittents de son feu intérieur pour briser la croûte qui l'ensevelit pourront faire renaître le Soleil à plusieurs reprises avant sa complète disparition, et pourront aussi fournir une explication de l'extinction et de la réapparition des étoiles variables. Elles seraient des soleils arrivés au voisinage de leur extinction, qui essayeraient à diverses reprises de se relever de leurs ruines. Que cette explication soit ou non plausible, cette considération pourra du moins certainement servir à faire voir que, puisqu'une destruction inévitable, quelle qu'en soit le mode, menace la perfection des mondes de tous les ordres, on ne peut trouver aucune difficulté à admettre que la loi précédemment énoncée de leur dépérissement ne soit une conséquence nécessaire de leur constitution mécanique, lorsqu'on voit cette constitution, par une singulière propriété, porter en elle-même les germes de leur résurrection, après qu'ils sont retombés dans le chaos.

Examinons maintenant de plus près avec les yeux de l'imagination ce que doit être un objet aussi merveilleux qu'un Soleil embrasé. Nous verrons d'un coup d'œil de vastes mers de feu, qui élèvent leurs flammes vers le ciel ; des tempêtes furieuses, dont la rage double l'activité de ces océans et tantôt les gonflent sur leurs rivages jusqu'à recouvrir les régions élevées de cet astre, tantôt les laissent retomber dans leurs limites ; des rochers calcinés, qui élèvent leurs pics menaçants du milieu des abîmes enflammés, et dont la submersion ou la mise à découvert par des vagues de feu produit tour à tour l'apparition et l'évanouissement des taches solaires ; des vapeurs épaisses qui étouffent l'incendie et qui, soulevées par la violence des vents, engendrent des nuages obscurs qui retombent en pluies de feu, et coulent en torrents embrasés des hauteurs des terres solides du Soleil (¹) jusque dans les vallées en

---

(¹) Ce n'est pas sans motifs que j'attribue au Soleil les inégalités d'une terre solide, des montagnes et des vallées, comme nous en rencontrons sur notre terre et sur les autres planètes. La formation d'un globe céleste, qui passe de l'état fluide

flammes; le fracas des éléments, la chute des matériaux brûlés; et partout en lutte avec la destruction, la nature qui, même au milieu de ces effroyables bouleversements, travaille encore à la beauté du monde et pour l'utilité des créatures.

Si les centres de tous les grands systèmes de mondes sont des corps enflammés, c'est surtout ainsi qu'il faut se figurer le corps central du système immense que forment les étoiles. Mais un tel corps, qui doit avoir une masse proportionnée à la grandeur de son système, s'il était un astre lumineux par lui-même, un Soleil, ne se manifesterait-il pas à nos yeux par son éclat extrême et par sa grandeur? Pourtant parmi la foule des étoiles nous n'en voyons aucune qui se distingue des autres par un incomparable éclat. En fait, on ne peut trouver surprenant qu'il en soit ainsi. Quand bien même cet astre central surpasserait dix mille fois notre Soleil en grosseur, il pourrait cependant, si sa distance était cent fois plus grande que celle de Sirius, ne paraître ni plus grand ni plus brillant que cette étoile.

Mais peut-être est-il réservé aux temps futurs de découvrir au moins un jour où se trouve le centre du système d'étoiles auquel appartient notre Soleil (¹), ou même peut-être de déterminer le

---

à l'état solide, produit nécessairement de telles inégalités sur sa surface. Lorsque la surface se durcit, en même temps que dans la partie encore liquide les masses des matériaux pesants plongent vers le centre, les particules de l'air ou de l'élément élastique du feu, qui se trouvent entremêlées dans ces matériaux, en sont chassées, se rassemblent sous l'écorce devenue solide, et y produisent des cavités énormes proportionnées à l'énorme masse du Soleil, dans lesquelles finalement l'écorce supérieure s'effondre en se plissant·de mille manières, formant ainsi des plateaux élevés et des chaînes de montagnes, en même temps que des vallées et les lits de vastes océans de feu.

(¹) Il me semble très probable que Sirius est le corps central du système que forment les étoiles de la Voie lactée, et qu'il occupe le point vers lequel tendent toutes ces étoiles. Si l'on regarde ce système, d'après les idées développées dans la première partie de ce Mémoire, comme une fourmilière de soleils amoncelés aux environs d'un plan commun, et formant un amas aplati de forme à peu près circulaire dont l'épaisseur est déterminée par les légers écarts de ces soleils en dehors du plan de relations; le Soleil, qui se trouve aussi au voisinage de ce plan, verra cette zone circulaire et blanchâtre sous une plus grande largeur du côté où il est le plus voisin de la limite extérieure du système; car il est aisé de se figurer qu'il ne se trouvera pas exactement au centre. Or la bande de la Voie lactée a sa plus grande largeur dans la portion comprise entre les constellations du Cygne

lieu où doit se trouver le corps central de l'Univers, vers lequel
tendent dans une chute commune tous les éléments de cet Univers. Quels sont les caractères de cette pierre fondamentale de
toute la création, que se trouve-t-il à sa surface? C'est un point
que nous laisserons à déterminer à M. Wright de Durham. Cet
auteur, plein d'un enthousiasme fanatique, plaçait en ce lieu for-
tuné, sur le trône de la nature entière, un Être puissant, de nature
divine, doué de puissances spirituelles d'attraction et de répulsion,
qui exerçait son action dans une sphère infinie, attirant à lui toutes
les vertus, et repoussant tous les vices. Nous ne laisserons pas
notre imagination, à laquelle nous avons peut-être déjà trop lâché
les rênes, s'égarer dans de telles spéculations.

La divinité est partout également présente dans l'infini de l'espace; partout où il existe des êtres capables de s'élever au-dessus
de la dépendance des choses créées jusqu'à la communion avec
l'Être suprême, il est également proche. La création entière est
pénétrée par ses forces; mais celui-là seul qui sait échapper aux
liens de la créature, qui a le cœur assez haut pour croire que le
comble suprême de la félicité ne peut se trouver que dans la pos-
session de cette source première de la perfection, celui-là seul est
capable de s'approcher, plus que toute autre chose dans la nature
entière, de ce vrai point d'attraction de la souveraine Beauté. Cependant si, laissant de côté la conception enthousiaste de l'auteur anglais, j'avais à me faire une idée des divers degrés de perfection du
monde des esprits d'après le rapport physique de leur lieu d'ha-

---

et du Sagittaire; par suite, c'est donc de ce côté que notre Soleil est le plus proche
de la périphérie extérieure du système circulaire; et dans cette portion, nous devrons regarder comme la plus proche de toutes la région des constellations de
l'Aigle, du Renard et de l'Oie, puisque c'est là, à partir de l'intervalle où la Voie
lactée se bifurque, que se manifeste le plus grand éparpillement des étoiles. Si
donc on fait partir à peu près de la queue de l'Aigle une ligne qui traverse le plan
de la Voie lactée jusqu'au point opposé, cette ligne doit passer par le centre du
système, et en fait elle passe à très peu près par Sirius, la plus brillante étoile de
tout le ciel, qui, en raison de cette heureuse rencontre si bien en harmonie avec
son éclat prépondérant, paraît mériter d'être regardé comme le corps central.
D'après cette considération, on le verrait exactement dans la bande de la Voie
lactée, si la position de notre Soleil, un peu en dehors du plan médian du système,
ne renvoyait la position optique du centre vers l'autre côté de cette même zone.

bitation avec le centre de la création, je chercherais plutôt la classe la plus parfaite des êtres raisonnables loin de ce centre que dans son voisinage. La perfection des créatures douées de raison, en tant qu'elle dépend des propriétés de la matière, dans les liens de laquelle elles sont entravées, tient surtout à la finesse de l'élément par l'intermédiaire duquel elles reçoivent la perception du monde extérieur et réagissent sur lui. L'inertie et la résistance de la matière font obstacle à la liberté d'action de l'être spirituel et à sa claire perception des choses extérieures, elles émoussent ses aptitudes, en n'obéissant pas avec une aisance parfaite à ses impulsions. D'après cela, si l'on suppose, par une raison d'analogie avec notre propre système, les matières les plus lourdes et les plus denses au voisinage du centre de la nature, et au contraire, à mesure que la distance augmente, la matière augmentant de finesse et de légèreté, la conséquence est aisée à saisir. Les êtres raisonnables, dont le lieu de développement et l'habitation se trouvent plus proches du centre de la création, sont plongés dans une matière rigide et immobile, qui maintient leurs forces emprisonnées dans une inertie insurmontable, et qui est en même temps impropre à leur apporter et à leur communiquer des impressions nettes et claires du monde extérieur. On devra donc compter ces êtres pensants dans la classe la plus inférieure; au contraire, à mesure qu'on s'éloignera du centre, la perfection du monde des esprits, qui dépend de sa liaison avec la matière, croîtra d'une façon continue. C'est dans la plus profonde dégradation qu'il faut supposer, à ce centre d'attraction, les êtres pensants de l'espèce la plus inférieure et la moins parfaite. C'est là que, dans des ombres de plus en plus épaisses, l'excellence de l'être se perd finalement dans le manque absolu de réflexion et de pensée. En fait, si l'on considère que le centre de la nature constitue à la fois le commencement de son évolution hors de la matière brute et sa limite avec le chaos; si l'on ajoute que la perfection des êtres spirituels, qui a sa limite inférieure au point où leurs aptitudes confinent à l'absence de raison, ne reconnaît dans l'autre sens aucune borne au delà de laquelle son développement ne puisse s'élever, et voit ainsi s'ouvrir devant elle de ce côté une carrière véritablement infinie; on sera conduit, si vraiment il existe une loi d'après laquelle les lieux d'habitation des créatures raisonnables sont distribués dans l'ordre de leur rapport au centre général, à placer l'espèce la plus dégradée et la plus imparfaite, celle qui constitue le commencement du monde des esprits, en ce lieu qu'il faut appeler le commencement de l'Univers entier, et à peupler l'étendue infinie du temps et de l'espace d'êtres dont les facultés pensantes iront indéfiniment croissant en même temps que la perfection des mondes qu'ils habitent, pour s'approcher ainsi peu à peu du terme de la suprême excellence, de la divinité, sans cependant pouvoir l'atteindre jamais.

CHAPITRE. VIII.

DÉMONSTRATION GÉNÉRALE DE L'EXACTITUDE D'UNE THÉORIE MÉCANIQUE DE LA FORMATION DU MONDE, ET EN PARTICULIER DE LA CERTITUDE DE LA PRÉSENTE THÉORIE.

Il est impossible de regarder le système du monde sans être frappé de l'excellente ordonnance de sa constitution, et sans reconnaître la marque irrécusable de la main de Dieu dans la perfection de ses lois. La raison, après avoir examiné et admiré une si belle harmonie, s'indigne à bon droit contre la folie téméraire qui ose en attribuer la cause au hasard, à un heureux accident. Il faut qu'une souveraine sagesse en ait conçu le plan, et qu'une puissance infinie l'ait exécuté, sans quoi il serait impossible de rencontrer dans la construction de l'Univers tant de desseins concourant à un même but. Il reste seulement à décider si ce plan de l'arrangement de l'Univers a été imposé dès l'origine par l'Intelligence suprême aux destinées de la nature éternelle, et si les germes en ont été déposés dans les lois générales du mouvement, pour qu'il se développât librement par leur jeu, de manière à produire l'ordonnance la plus parfaite; ou si les propriétés générales des parties constitutives du monde ont une inaptitude complète à se coordonner, n'ont pas la moindre tendance à combiner leurs efforts, et si, par suite, il a fallu l'intervention d'une main étrangère pour les dompter et les forcer à cette union, qui est la source de la perfection et de la beauté. C'est un préjugé presque général chez les philosophes que la nature n'est point apte à produire quelque chose de régulier par ses lois générales, comme si c'était disputer à Dieu le gouvernement du monde, que de rapporter les formations originelles aux forces naturelles, et comme si la nature était un principe indépendant de la divinité, un destin éternel et aveugle.

Mais si l'on considère que la nature avec les lois éternelles auxquelles sont assujetties les substances dans leurs actions réciproques n'est pas un principe existant par lui-même, et nécessaire sans Dieu; que de cela même qu'elle fait paraître tant d'harmonie et d'ordre dans ce qu'elle produit par des lois générales, il faut conclure que les essences de toutes choses doivent avoir leur origine commune dans une essence première d'existence certaine; et que l'harmonie qui brille dans les relations réciproques de ces substances démontre précisément que leurs propriétés ont leur source dans une Intelligence suprême, unique, dont la sage pensée les a conçues dans tout l'ensemble de leurs relations et leur a imprimé cette aptitude même à produire l'ordre et la beauté par l'exercice libre de leur activité; si, dis-je, on considère tout cela, la nature apparaît sous un tout autre jour que celui sous lequel on est habitué à la regarder, et l'on ne peut attendre de son développement rien que l'harmonie, rien que l'ordre. Si au contraire on accueille ce préjugé sans fondement, que les lois générales naturelles abandonnées à elles-mêmes ne produisent que le désordre, et que le concours à des fins utiles qui brille dans la constitution de la nature démontre l'action immédiate de Dieu, on est forcé de faire de toute la nature un miracle perpétuel. Il ne sera plus permis de déduire des forces implantées dans la matière ni ce bel arc coloré qui apparaît dans les gouttes de la pluie lorsque celles-ci dispersent les couleurs de la lumière solaire, parce qu'il est beau, ni la pluie parce qu'elle est utile, ni les vents parce qu'ils servent de mille manières au bien-être de l'homme, ni en un mot toutes les merveilles de la nature parce qu'elles portent le caractère de l'utilité et de l'harmonie. Le physicien qui s'est adonné à une pareille Philosophie n'aura plus qu'à faire amende honorable devant le tribunal de la religion. En réalité, la nature n'existera plus; ce sera Dieu qui produira directement toutes les modifications de la machine du monde. Mais quelle action ce moyen singulier de démontrer l'existence de l'Être suprême par l'insuffisance essentielle de la nature à rien produire de bien par elle-même pourra-t-il avoir pour convaincre un épicurien? Si les propriétés des choses, par les lois éternelles de leur existence, ne produisent rien que le désordre et l'absurde, ce seul caractère suffit à démontrer qu'elles sont indépendantes de Dieu. Et quelle idée pourra-t-on se faire d'un Dieu, à qui les lois générales de la nature n'obéissent que par une sorte de contrainte, contre les sages desseins duquel elles sont par elles-mêmes et constamment en révolte? Adopter ces principes erronés, ne serait-ce pas fournir aux adversaires de la Providence divine l'occasion de victoires assurées, toutes les fois qu'ils pourront signaler un but final atteint naturellement et sans contrainte spéciale par les lois générales des actions purement physiques? Et seront-ils à court de semblables exemples? Arrivons donc à la seule conclusion convenable et rigoureuse : c'est que la nature, abandonnée à ses propriétés générales, est féconde en productions admirablement belles et excellentes, qui non seulement portent le caractère de l'ordre et de la perfection, mais qui s'harmonisent merveilleusement avec tout ce qui les entoure, pour l'avantage de l'homme et pour la glorification des propriétés divines. Il s'ensuit que les propriétés essentielles de la nature ne peuvent être ni indépendantes ni nécessaires, mais qu'elles doivent avoir leur origine dans une intelligence unique, source et fondement de tout être, dans laquelle elles ont été conçues avec leurs relations générales. Tous les liens qui réunissent les êtres pour les faire concourir à l'harmonie générale doivent se rattacher à un être unique, qui en gouverne tout l'ensemble. Il y a donc un être des êtres, une intelligence infinie, et une sagesse existant par elle-même, de qui la nature tire la possibilité même de son existence, par qui ses destinées ont été fixées dès l'origine. On ne peut plus dès lors attaquer la puissance de production de la nature comme attentatoire à l'existence d'un être suprême ; plus elle est parfaite dans ses développements, mieux ses lois générales conduisent à l'ordre et à l'harmonie, et plus clairement elle démontre l'existence de la divinité, de qui elle emprunte ses qualités. Ses productions ne sont plus l'effet du hasard, les suites d'un accident ; tout découle de la nature d'après des lois immuables, qui doivent se montrer d'autant plus aptes à produire le beau, qu'elles sont les traits caractéristiques d'un plan souverainement sage, d'où le désordre est banni. Ce n'est pas le concours fortuit des atomes de Lucrèce qui a bâti le monde ; des forces et des lois, imposées par une intelligence et une sagesse parfaites, sont l'origine invariable de cette belle ordonnance, qui en découle non par un effet du hasard, mais d'une manière nécessaire.

Après avoir ainsi écarté un vieux préjugé sans fondement et une philosophie malsaine, qui s'efforce de cacher sous des dehors pieux

une ignorance paresseuse, je vais établir par des arguments irréfutables la certitude de ces deux principes : 1° *le monde doit son
origine et sa constitution à une évolution mécanique qui s'est
accomplie suivant les lois générales de la nature;* 2° *le mode
de génération mécanique que nous avons exposé est le véritable.*
Afin de juger si la nature possède des aptitudes suffisantes pour
mettre au jour l'ordonnance de l'Univers par une conséquence
mécanique des lois de ses mouvements, il faut d'abord considérer
combien sont simples les mouvements que les astres observent, et
qu'ils n'ont rien en soi qui exige une plus exacte définition que
celle qu'apportent avec elles les lois générales des forces de la nature. Les mouvements de révolution résultent de la combinaison
de la force de pesanteur, qui est une conséquence certaine des
propriétés de la matière, avec un mouvement d'impulsion qui
peut être regardé comme un effet de la première force, comme
une vitesse résultant de la chute elle-même, et qui nécessite seulement l'intervention d'une cause déterminée, capable de faire
dévier les corps de leur direction verticale. Une fois obtenue la
détermination de ces mouvements de révolution, il ne reste plus
qu'à les entretenir à tout jamais. Or ils se continuent dans un
espace vide, par la combinaison de la force d'impulsion primitivement imprimée, avec l'attraction qui découle des forces essentielles de la nature et par suite ils ne sont exposés à aucune altération. D'ailleurs les lois et la concordance de ces mouvements
montrent si clairement la réalité d'une origine mécanique qu'il
est impossible de douter de cette origine. Car :

1° La direction de ces mouvements est universellement concor-
dante, puisque, parmi les six planètes principales et les dix satellites, il n'est pas un seul astre qui, dans son mouvement de translation ou dans sa rotation autour de son axe, se meuve dans un
autre sens que de l'ouest à l'est. Ces directions s'accordent en
outre à cet autre point de vue, qu'elles ne s'écartent que très
peu d'un plan commun; et ce plan auquel tout se rapporte est le
plan équatorial du corps qui, au centre du système, tourne dans
le même sens autour de son axe, et qui, devenu par son attraction
prépondérante le centre de relation de tous les mouvements, a dû
y participer aussi exactement que possible. Il suit bien de là que
l'ensemble des mouvements est le résultat d'une action méca-

nique, conforme aux lois naturelles générales, et que la cause
qui les a ou imprimés ou dirigés a dominé dans toute l'étendue
de l'édifice planétaire, et y a obéi aux lois qu'observe la matière
répandue dans un espace entraîné d'un mouvement commun, à
savoir que tous les mouvements divers prennent finalement une
direction unique, et dans leur ensemble se font autant que possible
dans le même plan.

2° Les vitesses sont ce qu'elles doivent être dans un espace où
la force mouvante émane d'un centre, c'est-à-dire, qu'elles décrois-
sent progressivement à mesure que les distances à ce centre augmentent, et aux plus grands éloignements se perdent dans une
impuissance presque complète à dévier les astres de leur chute
verticale vers le centre. A partir de Mercure, qui possède la plus
grande force d'impulsion, on voit cette force diminuer par degrés,
et devenir si faible dans les comètes les plus extérieures qu'elle les
empêche tout juste de tomber directement sur le Soleil. On ne
peut objecter que les règles des mouvements centraux sur des
orbites circulaires exigent que la vitesse d'impulsion soit d'autant
plus grande que le mobile est plus voisin du centre d'attraction ;
car quelle nécessité y a-t-il que les astres voisins de ce centre aient
leurs orbites circulaires? Pourquoi les orbites intérieures ne sont-
elles pas les plus excentriques, et les plus éloignées circulaires?
Ou plutôt, puisque toutes s'écartent de cette forme géométrique
absolue, pourquoi l'écart augmente-t-il avec la distance? N'y a-t-il
pas dans ces relations l'indication du point auquel tout mouvement
était originairement confiné, autour duquel il s'est étendu en diminuant avec l'éloignement, avant que d'autres causes déterminantes
aient amené les directions des mouvements actuels?

Si maintenant on veut soustraire la constitution de l'Univers et
l'origine de ses mouvements à l'empire des lois générales de la
nature, pour les attribuer à l'action immédiate de Dieu, on voit
aussitôt que les analogies que je viens de citer contredisent évidemment une telle conception. Car d'abord, en ce qui concerne
la concordance générale des directions, il est clair qu'il n'y aurait
aucun motif pour que les astres aient tous leurs courses dirigées
dans le même sens, s'ils n'y avaient pas été déterminés par le mécanisme de leur naissance. Car l'espace dans lequel ils circulent est
infiniment peu résistant et ne s'oppose pas plus à leur mouve-

ment dans un sens que dans un autre. Il n'existait donc aucun
motif pour que Dieu limitât son choix à une direction unique, et
son libre arbitre aurait dû se manifester par des variétés de mouvements de toute espèce. Bien plus, pourquoi les orbites des planètes
sont-elles si exactement rattachées à un même plan, le plan équatorial du grand corps qui est le centre et le régulateur de tous les
mouvements? Cette loi, loin de porter en soi un caractère de convenance, est plutôt une cause certaine de perturbations, qui auraient
été évitées par un écart arbitraire des plans des orbites; car les
attractions des planètes troublent aujourd'hui nécessairement la
régularité de leurs mouvements, et il n'en aurait rien été si leurs
orbites n'avaient pas été toutes si exactement réunies dans un même
plan.

Mieux encore que dans ces analogies, la main de la nature se
manifeste ici par un autre signe plus évident, le défaut de rigueur
absolue dans ces rapports qu'elle s'est efforcée d'atteindre. S'il
était mieux que les orbites des planètes fussent à peu près dans le
même plan, pourquoi n'y sont-elles pas exactement? Pourquoi
quelques-unes d'entre elles se permettent-elles des écarts qu'une
disposition parfaite aurait dû éviter? Si la perfection du système
demandait que les planètes voisines du Soleil eussent reçu la quantité de force impulsive nécessaire pour équilibrer l'attraction,
pourquoi cet équilibre n'est-il pas parfait? Comment se fait-il que
leurs orbites ne soient pas exactement circulaires, si cette exacte
détermination était le but que se proposait la sagesse infinie,
aidée d'une toute-puissance absolue? Ne voit-on pas clairement
que la cause qui a disposé les orbites des astres, bien qu'elle
s'efforçât de les amener dans un plan unique, n'a pu cependant y
réussir complètement, et que la force qui gouvernait les espaces
célestes, à l'époque où la matière aujourd'hui façonnée en globes
a reçu ses vitesses d'impulsion, a essayé, au voisinage du corps
central, de mettre ces vitesses en équilibre avec la puissance attractive, sans pouvoir arriver à une entière exactitude? Et ne
reconnaît-on pas là la manière ordinaire de faire de la nature, que
l'intervention d'influences diverses fait toujours dévier de la perfection absolue? Faut-il attribuer uniquement à des motifs secrets
de la volonté divine, intervenant directement par son autorité, la
raison de ces imperfections. caractéristiques du système? On a

bien le droit, ce me semble, sans faire preuve de mauvais vouloir, d'admettre que le mode très usité de rendre raison des propriétés de la nature, en invoquant leur utilité, n'a point ici toute la valeur désirable. Il était certainement, au point de vue de l'utilité, fort indifférent que les orbites des planètes fussent exactement circulaires ou légèrement excentriques; qu'elles coïncidassent toutes avec le plan auquel elles se rapportent ou qu'elles s'en écartassent un peu; bien plus, s'il avait été nécessaire qu'il y eût une limite à ces écarts, le mieux eût été qu'elles fussent en complet accord les unes avec les autres. Si ce mot d'un philosophe est vrai, que Dieu fait partout de la géométrie, si cette vérité éclate partout dans l'action des lois naturelles générales, certainement cette règle aurait dû marquer son empreinte dans les œuvres immédiates du Verbe tout-puissant, et ces œuvres devraient manifester en elles toute la perfection d'une précision géométrique. Les comètes appartiennent à ces défaillances de la nature. On ne peut nier que, au point de vue de la forme de leurs orbites et des transformations qui en résultent dans leurs apparences, elles ne doivent être considérées comme des membres imparfaits de la Création, qui ne peuvent servir ni à constituer un lieu d'habitation commode pour des êtres raisonnables, ni à contribuer au bien général du système, en fournissant, comme on l'a supposé, un aliment au Soleil. Car il est certain que la plupart d'entre elles n'atteindraient ce but que par la destruction de l'édifice planétaire tout entier. Dans la théorie d'un Univers immédiatement réglé par Dieu, en dehors de tout développement progressif suivant les lois générales de la nature, une telle remarque serait choquante quel qu'en soit le bien-fondé. Mais dans le mode d'explication mécanique, de pareilles défaillances n'offensent en rien ni la beauté de la nature ni la manifestation de la Toute-Puissance. La nature, par cela même qu'elle comprend dans son sein toutes les variétés possibles d'êtres, étend son empire sur toutes les espèces depuis la perfection jusqu'au néant, et les défaillances même sont la marque de la profusion inépuisable de son contenu.

Il est à croire que les analogies que je viens de citer auraient assez de pouvoir sur le préjugé pour rendre digne d'attention la théorie de l'origine mécanique de l'Univers, s'il n'existait pas des raisons solides, tirées de la nature même des choses, qui semblent contredire absolument cette théorie. L'espace céleste, nous l'avons dit souvent, est vide ou du moins ne contient qu'une matière infiniment ténue qui, par suite, ne peut être invoquée comme un moyen d'imprimer aux astres leur mouvement commun. Cette difficulté est si considérable, que Newton, qui avait plus qu'aucun autre mortel toute raison de se fier aux vues de sa philosophie, s'est vu forcé d'abandonner entièrement l'espoir d'expliquer par les lois de la Nature et les forces de la matière l'impulsion originelle communiquée aux planètes, quoique l'accord des mouvements indiquât nettement l'existence d'une cause mécanique. Quelque douloureuse que fût pour un philosophe l'obligation d'abandonner la recherche de la cause première d'une propriété complexe, qui semblait ne se rattacher en rien aux lois fondamentales simples, et de se contenter d'invoquer la volonté immédiate de Dieu, Newton dût reconnaître ici la limite qui sépare l'action des forces naturelles et celle de la main de Dieu, le cours des lois constantes de la nature et l'ordre immédiat du Tout-Puissant. Lorsqu'une si grande intelligence a désespéré de découvrir ce mystère, il peut paraître téméraire d'en chercher encore la solution.

Et cependant, cette difficulté même qui enleva à Newton l'espoir d'expliquer par les forces naturelles les impulsions qu'ont reçues les planètes, et dont la direction et la grandeur ont donné à l'Univers son caractère sytématique, est devenue l'origine de la constitution théorique que nous avons exposée dans les Chapitres précédents. Elle est le fondement d'une doctrine mécanique, complètement différente, il est vrai, de celle que Newton trouva insuffisante et qui le força à faire intervenir la cause première, Dieu, à l'exclusion de toute cause secondaire, parce qu'il crut à tort, si j'ose écrire ce mot, qu'elle était la seule admissible parmi toutes les théories imaginables. Il est, au contraire, très facile et naturel de déduire de la difficulté qui arrêta Newton, par une série de raisonnements brefs et solides, une démonstration du mode d'explication mécanique que nous avons esquissé dans ce Mémoire. Si l'on admet, et il est impossible de ne pas se ranger à cette opinion, que l'harmonie parfaite des mouvements des astres et la coïncidence des plans de leurs orbites démontrent l'existence d'une cause naturelle qui en est la source, cette cause ne peut pourtant pas être la matière qui remplit aujourd'hui les espaces célestes. Il faut donc que ce soit celle qui primitivement remplissait ces espaces, dont le mouvement a été l'origine des mouvements actuels des astres, et qui, en se condensant dans ces astres mêmes, a abandonné l'espace que l'on trouve vide aujourd'hui. En d'autres termes, il faut que la matière même dont se sont formées les planètes, les comètes et le Soleil lui-même ait été au commencement diffusée dans toute l'étendue du système planétaire, et dans cet état se soit mise en mouvement, mouvement qu'elle a conservé en se réunissant dans les noyaux isolés des astres, qui contiennent aujourd'hui toute la masse primitivement dispersée de la matière du monde. Dès lors, on n'est pas embarrassé pour découvrir le mécanisme qui a pu mettre en mouvement les matériaux de la Nature en voie de formation. Il n'est autre que l'impulsion même qui produisait la condensation de la matière, c'est-à-dire la force d'attraction, propriété essentielle de la matière, qui par suite se présente si bien à point, au premier éveil de la Nature, comme la cause première du mouvement.

On ne peut objecter que la direction imprimée par cette force doit tendre exactement vers le centre; car il est bien clair que le mouvement vertical des éléments du chaos primitif, aussi bien en raison de la variété des centres d'attraction que par les obstacles qui résultaient du croisement des lignes de chute, a dû dégénérer d'abord en des mouvements latéraux dans toutes les directions possibles; puis, en vertu de cette loi naturelle, d'après laquelle toute matière soumise à des actions réciproques arrive finalement à un état où les réactions mutuelles des molécules sont aussi faibles que possible, tous ces mouvements ont été ramenés à une direction unique, avec des vitesses proportionnées à la grandeur de la force centrale, si bien que les molécules n'ont plus eu aucune tendance à monter ni à descendre : car alors tous les éléments non seulement se mouvaient dans le même sens, mais ils décrivaient des cercles presque parallèles et indépendants, autour du centre commun d'attraction, dans les espaces célestes remplis d'une matière très subtile. Ces mouvements des particules ont dû ensuite persister, après que les globes planétaires s'en furent formés, et continuent maintenant, et continueront indéfiniment dans l'avenir par la combinaison de l'impulsion primitive avec la force centrale. Telle est la raison très simple de l'uniformité du sens des mouvements des planètes, de la coïncidence des plans de leurs orbites, de l'exact équilibre de la force d'impulsion avec l'attraction en chaque point, de la diminution d'exactitude de ces lois à mesure que la distance augmente, et des exceptions à ces lois qui se rencontrent dans les astres les plus extérieurs des systèmes.

Si cette dépendance mutuelle, dans laquelle nous voyons tous les astres, démontre qu'ils ont pris naissance au sein d'une matière en mouvement qui remplissait tout l'espace, l'absence complète dans des mêmes espaces interplanétaires, aujourd'hui vides, de toute matière autre que celle dont sont composés les globes des planètes, du Soleil et des comètes, fait voir que c'est la matière même de ces globes qui, au commencement, a dû être dans cet état de diffusion. La facilité et la justesse avec lesquelles tous les phénomènes du Monde ont pu être déduits de cette loi fondamentale dans les Chapitres précédents sont la confirmation de notre hypothèse et lui assurent une incontestable autorité.

La démonstration de l'origine mécanique de l'Univers et en particulier de notre système planétaire atteint le plus haut degré de la certitude, lorsqu'on examine comment la formation des astres eux-mêmes, l'importance et la grandeur de leurs masses, sont en rapport avec leur distance au centre de la gravitation. Car, en premier lieu, la densité moyenne de leur matière décroît par degrés continus à mesure que leur distance au Soleil augmente ; caractère qui vise si clairement les conditions mécaniques de leur première formation, qu'on ne peut rien souhaiter de plus. Les planètes ont été formées de matériaux dont les plus lourds occupaient le voisinage du centre commun d'attraction, tandis que les plus légers se tenaient à plus grande distance : c'est là une condition nécessaire dans tout mode de génération naturelle. Si l'on admet au contraire une disposition émanant immédiatement de la volonté divine, il n'y a plus de motifs de rencontrer de telles relations. On pourrait prétendre sans doute que les globes les plus éloignés ont dû être formés des matières les plus légères, afin que l'action des rayons solaires bien affaiblis par la distance y produisît néanmoins la température nécessaire à la vie ; mais il suffirait pour cela qu'il en fût ainsi des matières formant la surface, puisque les couches profondes de l'intérieur du noyau ne ressentent jamais l'action directe de la chaleur solaire, et ne servent qu'à produire l'attraction de la pla-

nète sur les corps environnants ; leur plus ou moins grande densité
n'a donc rien à voir avec l'intensité ou la faiblesse des rayons
solaires. Dès lors, à cette question, pourquoi les densités de la
Terre, de Jupiter et de Saturne, sont-elles les unes aux autres,
d'après les calculs de Newton, comme les nombres 400, 94 $\frac{1}{2}$ et 64,
il serait déraisonnable de répondre que la cause en est un dessein
particulier de Dieu qui les aurait proportionnées à l'intensité dé-
croissante de la chaleur solaire. La Terre elle-même nous démontre
l'insuffisance de cette réponse ; car l'action des rayons du Soleil
pénètre à une si faible profondeur au-dessous de la surface, que la
partie du globe qui en ressent l'effet n'est pas la millionième partie
du tout, si bien que tout le reste y est complètement indifférent.
Si donc les substances dont sont formés les astres ont les unes
avec les autres un rapport régulier de densité s'harmonisant avec
les distances ; comme aujourd'hui les planètes ne peuvent se modifier les unes les autres, parce qu'elles sont séparées par des espaces
vides, il faut que leurs éléments aient été auparavant dans un état
où ils pouvaient exercer les uns sur les autres une action commune
qui a eu pour effet de les ranger par ordre de pesanteur spécifique ;
et ceci n'a pu avoir lieu qu'à la condition que leurs particules,
avant la formation des planètes, aient été diffusées dans toute
l'étendue du système. Elles ont pu alors obéir à la loi générale du
mouvement, et atteindre les positions qui convenaient à leur
densité.

Le deuxième argument, qui démontre clairement l'exactitude de
notre hypothèse de la formation mécanique des astres, se déduit
de la considération des grandeurs des masses planétaires qui vont
en croissant avec la distance au Soleil. Quelle est la cause de cette
augmentation presque régulière des masses avec la distance ? Si
l'on adopte la doctrine des causes finales et de l'intervention
directe de Dieu, il est difficile d'assigner à la prépondérance des
masses des planètes éloignées d'autre but que celui de leur permettre de maintenir dans leur sphère d'attraction une ou plusieurs
lunes, qui serviraient à rendre le séjour de ces planètes plus
agréable aux habitants auxquels elles sont destinées. Mais un pareil
résultat aurait pu être obtenu tout aussi bien par une densité considérable de l'intérieur de leur noyau ; et alors pour quels motifs
particuliers la substance de ces planètes est-elle si légère, ce qui

est en contradiction avec le but proposé, qu'il a fallu que leur volume fût énorme pour leur donner une masse plus considérable que celle des planètes inférieures? Il sera donc bien difficile de rendre raison de la loi des masses et des densités de ces astres, si l'on ne veut pas tenir compte de leur mode de génération naturel ; l'explication en est des plus simples, si l'on admet celui que je propose. Lorsque la substance des astres futurs était encore disséminée dans toute l'étendue du système planétaire, l'attraction l'a condensée en des globes, qui bien évidemment ont dû être d'autant plus gros, que le centre de la sphère d'où ils ont tiré leurs matériaux était plus éloigné du corps central; car celui-ci, du milieu de l'espace où il est placé, devait limiter et empêcher ces condensations locales par la puissance prépondérante de son attraction.

Un des indices les plus clairs de ce mode de formation des astres aux dépens de la substance primitive, originairement disséminée dans l'espace, est la largeur des intervalles qui séparent leurs orbites les unes des autres ; ces intervalles en effet, dans notre manière de voir, doivent être considérés comme les compartiments vides, d'où les planètes ont tiré les matériaux nécessaires à leur formation. Or ces intervalles des orbites sont précisément en rapport avec la grandeur des masses qui s'en sont formées. La distance entre les orbites de Jupiter et de Mars est si grande, que l'espace qu'elle comprend surpasse la surface de toutes les orbites inférieures prises ensemble ; cette distance est donc ce qu'elle devait être pour la plus grande des planètes, dont la masse est plus grande que celle de toutes les autres réunies. On ne peut guère penser que cet écart entre Mars et Jupiter ait eu pour but d'affaiblir autant que possible l'attraction de l'une des planètes sur l'autre. Car un semblable but exigerait que toute planète placée entre deux autres se trouvât dans une position telle que les perturbations des orbites, par leurs attractions réciproques, fussent les plus petites possible ; elle devrait donc être plus rapprochée de celle dont la masse est la moindre. Or puisque, d'après des calculs de Newton, la force avec laquelle Jupiter peut agir sur l'orbite de Mars est à celle qu'il exerce sur Saturne dans le rapport de $\frac{1}{12512}$ à $\frac{1}{200}$, il est facile de trouver de combien Jupiter devrait se trouver plus rapproché de l'orbite de Mars que de celle de Saturne, si les distances étaient calculées en vue d'affaiblir les attractions mutuelles, au lieu de résulter du mécanisme de la formation des planètes. Mais les choses sont en réalité tout autrement disposées; une orbite planétaire par rapport aux deux orbites qui la comprennent entre elles se trouve souvent plus éloignée de celle que décrit l'astre le plus petit que de l'orbite de la plus grande masse; au contraire, la largeur de l'intervalle autour de l'orbite de chaque planète est toujours en rapport avec la masse de celle-ci. Il est donc évident que c'est le mode de génération qui a dû déterminer ces rapports; et puisque ces deux conditions semblent reliées l'une à l'autre comme la cause à l'effet, la meilleure explication à en donner est d'admettre que les espaces compris entre les orbites ont servi à contenir les substances dont se sont formées les planètes. Il suit immédiatement de là que la grosseur des planètes doit être proportionnée à leur masse, rapport qui, pour les plus éloignées, doit être accru en raison de la plus grande diffusion de la matière élémentaire dans ces régions. Ainsi, de deux planètes qui possèdent des masses presque égales, la plus éloignée a dû disposer d'un espace de formation plus grand, c'est-à-dire que l'intervalle a dû être plus grand entre les deux orbites qui la comprennent, parce que la matière y était de nature spécifique plus légère et aussi plus disséminée qu'autour de celle qui se formait plus près du Soleil. C'est ainsi que la Terre, bien qu'elle ne contienne pas, en y comprenant la Lune, une quantité de matière égale à celle de Vénus, a exigé pourtant autour d'elle un plus grand espace de formation, parce qu'elle s'est formée d'une substance plus disséminée que celle de la planète inférieure. Les mêmes raisons font penser que Saturne a dû étendre sa sphère de formation beaucoup plus du côté opposé au centre que du côté le plus voisin (et la même chose peut se dire de presque toutes les planètes); par conséquent l'intervalle doit être bien plus grand entre l'orbite de Saturne et celle de l'astre qu'on peut supposer exister au delà de cette planète qu'entre Saturne et Jupiter.

Ainsi tout, dans le monde planétaire, procède par degrés continus, suivant la même loi que la force génératrice première, qui agit le plus énergiquement au centre et va s'affaiblissant progressivement à mesure que la distance augmente. La force d'impulsion originelle décroît; la concordance des directions et des plans des orbites est de moins en moins exacte; la densité des astres diminue; la nature se montre de moins en moins économe de l'espace. attribué à la formation de chacun d'eux ; tout ainsi diminue par degrés depuis le centre jusqu'aux plus lointaines distances ; tout montre que la cause première a été assujettie aux lois mécaniques du mouvement, et n'a point été guidée par le caprice d'une volonté libre.

Mais la preuve la plus évidente de la formation naturelle des corps célestes aux dépens d'une substance primitive, originairement disséminée dans les espaces célestes aujourd'hui vides, c'est cette coïncidence curieuse que j'emprunte à M. de Buffon, qui n'en a pas, il est vrai, tiré pour sa théorie tout l'avantage que nous en tirons pour la nôtre. Il remarque que si l'on fait la somme des masses des planètes pour lesquelles cet élément peut être calculé, savoir Saturne, Jupiter, la Terre et la Lune, cette somme donne une masse unique dont la densité est à celle du Soleil comme 640 est à 650 ; les masses des autres planètes Mars, Vénus et Mercure méritent à peine d'entrer en ligne de compte avec celles de ces grands corps du système ; il se manifeste là une égalité vraiment étonnante entre la matière de tout le monde des planètes réunies en un seul corps, et la masse même du Soleil. Il serait indigne d'un esprit sérieux d'attribuer au hasard une loi qui établit en somme un tel rapport d'égalité entre des astres formés de matériaux pourtant si infiniment variés, que sur notre Terre seulement il en est dont la densité est quinze mille fois celle des autres ; et il faut admettre que, si l'on considère le Soleil comme un mélange de toutes les espèces de matières qui se trouvent séparées les unes des autres dans les planètes, toutes ces matières ont dû se former ensemble dans un espace qui était à l'origine rempli d'une substance uniformément disséminée, et qu'elles se sont toutes, sans distinction, ramassées dans le corps central, tandis que, pour la formation des diverses planètes, elles se sont distribuées suivant les distances par ordre de densité. J'abandonne à ceux qui se refuseront à admettre la génération mécanique des astres le soin d'expliquer comme ils pourront une si singulière coïncidence par des raisons tirées d'un dessein particulier de la divinité ; et je clos ici la série des preuves d'un fait d'une évidence aussi convaincante que le développement de l'Univers par les seules forces naturelles. Pour résister à tant de preuves accumulées, il faudrait être ou trop profondément enserré dans les liens du préjugé, ou complètement incapable de s'élever au-dessus du chaos des idées préconçues, jusqu'à la considération de la vérité pure. Je veux croire que personne, à l'exception peut-être de ceux dont l'approbation ne compte pas, ne mettra en doute la droiture de mes intentions, lorsque je parais attribuer aux seules lois générales de la nature l'établissement des harmonies que nous offre le monde entier dans toutes ses parties, pour le plus grand avantage de la créature raisonnable. Il est certes très raisonnable de croire qu'un ordre si parfait, établi en vue d'un but utile, ne peut avoir pour auteur qu'une Intelligence souverainement sage. Mais on peut aussi en tout repos accepter mes idées, si l'on remarque que les propriétés essentielles et générales de toutes choses doivent tendre naturellement à produire des effets stables et s'harmonisant les uns avec les autres, puisque la création entière ne reconnaît pas d'autre origine que cette Sagesse suprême. On ne pourra non plus s'étonner de me voir attribuer à un effet nécessaire des lois générales de la nature les dispositions de l'ordre général du monde qui ont en vue l'avantage des créatures ; car tout ce qui découle de ces lois n'est pas l'effet d'un hasard aveugle ou d'une fatalité sans raison ; tout, en définitive, se base sur la Suprême Sagesse, d'où les propriétés générales de la nature empruntent leurs harmonieuses concordances. Certes, cette première conclusion est absolument juste : si l'ordre et la beauté brillent dans la constitution du monde, il existe un Dieu. Mais cette autre conclusion n'est pas moins fondée : si cet ordre a pu découler des lois générales de la nature, c'est que toute la nature est une production de la Suprême Sagesse.

A ceux qui, malgré tout, se plairaient encore à vouloir attribuer à l'intervention immédiate de la Sagesse Divine la belle ordonnance de la nature, d'où découlent les harmonies et les fins utiles de toute chose, et à refuser tout pouvoir de produire de pareils effets au développement d'après les seules lois naturelles, je conseillerai, pour extirper une bonne fois ce préjugé, de ne pas se borner à contempler dans le monde un astre en particulier, mais d'en embrasser tout l'ensemble. La position inclinée de l'axe de la Terre par rapport au plan de sa course annuelle, qui produit la succession agréable des saisons, leur paraît une preuve de l'action immédiate de Dieu ; qu'ils mettent en regard ce que devient cette inclinaison dans les autres planètes. Ils verront qu'elle n'est pas la même chez toutes, qu'il en est où l'inclinaison est nulle, comme Jupiter, dont l'axe est perpendiculaire au plan de l'orbite, ou comme Mars, où il est presque perpendiculaire ; ces planètes ne jouissent donc d'aucune variété des saisons, et elles sont pourtant comme les autres, les œuvres de la Divine Sagesse. La présence de lunes autour de Saturne, de Jupiter et de la Terre leur semble être l'effet d'un dessein spécial de Dieu ; mais nous rencontrons dans le système du monde des cas où un pareil dessein ne se manifeste pas, et il en faut bien conclure que la nature seule a produit ces arrangements, sans se laisser troubler dans sa libre façon d'agir par une contrainte supérieure. Jupiter a quatre lunes, Saturne cinq, la Terre une seule ; mais les autres planètes n'en ont pas, bien qu'il semble qu'elles en aient plus besoin que les autres, en raison de la longueur de leurs nuits. On admire, dans l'exacte proportion établie entre les impulsions communiquées aux planètes et la force qui les incline vers le centre suivant leur distance, la cause qui les fait tourner autour du Soleil sur des cercles presque parfaits, et les rend ainsi propres à l'habitation des êtres vivants par l'uniformité de température qui en résulte ; et l'on veut voir dans cette exacte proportion l'intervention immédiate de la main de Dieu. Mais on est encore forcé de revenir à la seule action des lois générales de la nature, dès que l'on remarque que ce caractère des orbites planétaires se perd peu à peu et par degrés insensibles dans les profondeurs des cieux ; et que la Suprême Sagesse elle-même, qui se serait complu à imprimer aux planètes des mouvements appropriés à son but, n'aurait pas su achever son œuvre jusqu'au bout, puisque le système à ses extrémités finit dans l'irrégularité et le désordre complet. La nature, en dépit de sa tendance essentielle vers la perfection et l'ordre, embrasse dans l'étendue de sa diversité toutes les variations possibles, les écarts et les exceptions même à ses lois générales. Sa fécondité sans limites engendre également bien les globes habités et les comètes, les montagnes fertiles et les écueils dangereux, les terres habitables et les déserts stériles, les vertus et les vices.

HISTOIRE NATURELLE GÉNÉRALE ET THÉORIE

DU CIEL.

TROISIÈME PARTIE.

ESSAI D'UNE COMPARAISON, FONDÉE SUR LES ANALOGIES DE LA NATURE,
ENTRE LES HABITANTS DES DIVERSES PLANÈTES.

He, who thro' vast immensity can pierce,
See worlds on worlds compose one Universe,
Observe how system into systems runs,
What other planets circle other suns,
What vary'd Being peuples ev'ry star,
May tell why Heaven has made us as we are.

> POPE, *An Essay on Man*, epistle I.

Celui-là seul, dont l'œil perçant le ciel lointain,
Voit le monde formé par des mondes sans fin,
Voit comment les soleils s'unissent en systèmes,
Combien d'astres obscurs roulent autour d'eux-mêmes,
Peuplés d'êtres divers; celui-là seul connaît
Pourquoi l'homme, par Dieu, fut créé tel qu'il est.

APPENDICE

SUR LES HABITANTS DES ASTRES.

Convaincu que ce serait dégrader le caractère de la Science que de la faire servir à revêtir à la légère d'un semblant de vraisemblance les folles divagations de l'esprit, affirmât-on en même temps que ce que l'on en fait n'est que pour se divertir, je n'introduirai dans la recherche actuelle d'autres propositions que celles qui peuvent réellement contribuer à l'avancement de nos connaissances et qui paraissent en même temps si bien fondées en vraisemblance, qu'on puisse difficilement se refuser à en reconnaître la valeur.

Bien qu'il puisse paraître que, dans un tel sujet, il n'y ait aucune limite nécessaire au libre essor de l'imagination ; que, lorsqu'il s'agit de définir les propriétés des habitants des mondes lointains, on ait le droit de lâcher la bride à la fantaisie, avec plus d'abandon même que le peintre qui veut figurer les plantes et les animaux de terres inconnues, et que tout ce qu'on voudra penser de ces habitants ne puisse être ni démontré ni contredit ; pourtant faut-il avouer que, de la distance des astres au Soleil, naissent certains rapports qui exercent une influence essentielle sur les facultés des êtres pensants qui y sont placés ; car leur mode d'agir et de sentir est lié aux propriétés de la matière à laquelle ils sont enchaînés et dépend de l'intensité des impressions qu'éveille en eux le monde qu'ils habitent, en raison de ses relations de position avec le point central de l'attraction et de la chaleur.

Mon opinion est qu'il n'est pas absolument nécessaire de croire que toutes les planètes sont habitées, quoiqu'il soit absurde de le nier pour toutes ou du moins pour le plus grand nombre d'entre elles. Dans la splendeur de l'Univers, où chaque monde et chaque système de monde n'est qu'un grain de poussière auprès de l'ensemble de la création, il peut bien exister des régions désertes et inhabitées, qui ne sont pas utilisées d'une manière nécessaire pour le but que la Nature se propose en général, l'entretien d'êtres raisonnables. Le nier serait comme si l'on voulait se fonder sur la sagesse de Dieu pour refuser d'admettre que des déserts sablonneux et inhabités couvrent une grande portion de la surface de la Terre, et qu'il existe dans l'étendue des mers des îles abandonnées où ne se trouve pas un homme. Et pourtant une planète est bien moindre auprès de l'immensité de la création, que ne l'est un désert ou une île auprès de la surface de la Terre.

Il se peut que tous les astres du ciel ne soient pas encore complètement formés ; des centaines, des milliers d'années doivent s'écouler avant qu'un grand corps céleste ait atteint l'état de solidité des matériaux qui le composent. Jupiter semble bien être encore dans cet état de transition. Les variations qu'on a observées dans sa forme, à diverses époques, ont depuis longtemps donné à penser aux astronomes que cette planète doit être le théâtre de violentes convulsions, et que sa surface est bien loin d'offrir la tranquillité nécessaire à une planète habitable. N'eût-elle point d'habitants, et ne dût-elle jamais en avoir, elle ne serait après tout qu'une dépense de la nature infiniment petite auprès de l'immensité de l'ensemble de la création. Et la nature ne ferait-elle pas bien plutôt preuve d'indigence que de prodigalité, si elle devait être si soucieuse de ne laisser aucun point de l'espace sans y étaler toutes ses richesses ?

Mais il est certainement plus satisfaisant de penser que si Jupiter n'est pas habité aujourd'hui, il le deviendra pourtant un jour, lorsque sera achevée la période de sa formation. Peut-être notre Terre a-t-elle existé pendant des milliers d'années et plus encore, avant de se trouver prête à recevoir des hommes, des animaux et des plantes. Qu'une planète n'arrive à cet entier développement que plusieurs milliers d'années après la Terre, elle n'en remplira pas moins le but de son existence. Il en résultera seulement que, dans l'avenir, elle conservera plus longtemps son état de planète parfaite, quand une fois elle l'aura atteint. Car c'est une loi tout à fait générale de la nature, que tout ce qui a eu un commencement marche incessamment vers son déclin, et se rapproche d'autant plus de sa fin qu'il s'éloigne davantage de son point d'origine.

Je citerai volontiers ici la boutade satirique d'un spirituel écrivain de la Haye, qui, après avoir passé en revue les nouvelles générales des Sciences, exposait plaisamment l'hypothèse de l'habitation nécessaire de tous les astres. « Les créatures, disait-il, qui habitaient les broussailles de la tête d'un gueux s'étaient habituées à regarder leur demeure comme une sphère immense, et à se considérer elles-mêmes comme le chef-d'œuvre de la création ; lorsqu'un jour une d'entre elles, que le ciel avait douée d'un esprit plus fin que les autres, un petit *Fontenelle* de son espèce, aperçut à l'improviste la tête d'un gentilhomme. Aussitôt elle rassemble les fortes têtes de son quartier et, d'un ton convaincu, leur dit : Nous ne sommes pas les seuls êtres vivants de la nature : voyez, voici un nouveau monde, sur lequel il y a encore plus de poux que chez nous. » Cette conclusion fait rire ; et pourtant le raisonnement de cet insecte ne diffère pas beaucoup de celui des hommes et repose sur des motifs tout semblables. Mais l'erreur nous paraît plus excusable de notre part que de la sienne.

Et pourtant examinons les choses sans prévention. Cet insecte d'abord ne me paraît pas mal choisi comme terme de comparaison ; par ses mœurs et le dégoût qu'il inspire, il représente très bien une classe d'hommes trop nombreuse. Parce que, dans son esprit, la nature est infiniment intéressée à son existence, il tient tout le reste de la création pour négligeable, dès qu'elle n'a pas son espèce comme but unique et direct. L'homme, placé lui aussi infiniment au-dessous de l'essence des Êtres supérieurs, n'est pas moins ridicule lorsque sa vanité se complaît dans la pensée de la nécessité de son existence. L'infini de la création comprend en soi, au même degré de nécessité, toutes les créatures que produit sa surabondante richesse. Depuis la classe la plus sublime des êtres pensants jusqu'au plus vil insecte, aucun membre n'est indifférent ; aucun ne pourrait manquer sans altérer la beauté de l'ensemble, qui a sa source dans l'enchaînement des êtres. Tout cet ensemble est réglé par des lois générales que la nature réalise par la combinaison des forces qui lui ont été primitivement imprimées. Puisqu'elle manifeste dans toute sa manière de faire l'ordre et la convenance la plus parfaite, il ne se peut qu'une intention isolée vienne interrompre sa marche régulière. A sa première formation, la naissance d'une planète n'a été qu'un produit presque insignifiant de sa fécondité ; et dès lors il serait absurde que ses lois si bien établies ne dussent servir qu'à l'avantage particulier de cet atome. Si les propriétés d'un astre opposent des obstacles naturels à son peuplement, il restera inhabité, bien qu'il eût été mieux en soi qu'il eût des habitants. La magnificence de la création n'y perd rien, car le caractère de l'infini est de ne diminuer en rien par la soustraction d'une quantité finie. Ce serait comme si l'on voulait se plaindre de ce que l'espace entre Mars et Jupiter reste inutilement vide et n'est peuplé que de comètes, qui n'ont pas d'habitants. En fait, l'insecte de tout à l'heure peut nous paraître aussi infime qu'on voudra : la nature est certainement plus intéressée à la conservation de son espèce entière qu'à l'existence possible sur quelque région déserte d'un petit nombre de créatures plus excellentes, dont il existe ailleurs un nombre infini. Par cette raison qu'elle est inépuisable dans la production de ces deux espèces de créatures, elle abandonne sans souci leur conservation et leur mort à l'action des lois générales. Le propriétaire de ces forêts habitées qui ornent la tête d'un mendiant a-t-il jamais fait parmi les membres de cette colonie de plus grands massacres que n'en a fait le fils de Philippe parmi ses concitoyens, lorsque son mauvais génie lui eut mis en tête que le monde n'avait été créé que pour son bon plaisir ?

Il n'en est pas moins vrai que la plupart des planètes sont certainement habitées et que celles qui ne le sont pas le deviendront un jour. Comment varient maintenant les caractères des habitants de ces astres, suivant la position de leur demeure dans le monde relativement au centre du système, d'où émane la chaleur qui vivifie tout ? Il est bien certain que cette chaleur, agissant diversement sur les matériaux de ces astres en proportion de la distance, établit entre leurs propriétés des rapports déterminés. L'homme, qui, de toutes les créatures raisonnables, est celle que nous connaissons le mieux, quoique sa nature intime soit encore pour nous un mystère insondable, doit nous servir de base et de point de repère général pour cette comparaison. Nous n'avons pas d'ailleurs à le considérer ici au point de vue de ses propriétés morales ni même de sa conformation physique ; nous avons seulement à voir jusqu'à quel point et comment la faculté de penser raisonnablement et le mouvement de son corps obéissant à la pensée sont limités par les propriétés de la matière à laquelle l'homme est uni, propriétés qui sont elles-mêmes en relation avec la distance au Soleil. En dépit de l'infinie distance qu'il faut reconnaître entre la force pensante et le mouvement de la matière, entre le corps et l'âme douée de raison, il est pourtant bien certain que l'homme, qui tire toutes ses connaissances et ses idées des impressions que l'Univers éveille en son âme par l'intermédiaire du corps, dépend entièrement, aussi bien au point de vue de la clarté de ces impressions que de la promptitude à les réunir et à les comparer, que l'on appelle la faculté de penser, des propriétés de la matière à laquelle le Créateur l'a enchaîné.

L'homme est bâti pour recevoir les impressions et les émotions que le monde doit éveiller en lui, par l'intermédiaire du corps, qui est la partie visible de son être, et dont la matière non seulement sert à imprimer à l'âme invisible qui habite en lui les premières connaissances des objets extérieurs, mais aussi intervient inévitablement dans ce commerce intérieur qui consiste à répondre aux impressions et à les combiner, en un mot dans l'acte de la pensée (¹). A mesure que son corps se développe, les facultés de sa nature pensante atteignent le degré correspondant de perfection, et elles n'arrivent à tout leur épanouissement normal et viril que lorsque les fibres de son organisme ont acquis la solidité et la durée qui caractérisent leur complète formation. On voit d'abord se développer en lui les facultés par lesquelles il peut suffire aux exigences auxquelles le soumet sa dépendance des choses extérieures. Il est des hommes qui restent à ce premier degré de développement. La faculté de combiner des connaissances abstraites, et de dominer par un libre emploi de l'intelligence les inclinations des passions, apparaît plus tard dans la vie, chez quelques-uns jamais; chez tous elle reste faible, à l'avantage des forces inférieures, sur lesquelles l'intelligence au contraire devrait dominer et dont l'asservissement constitue la perfection de la nature humaine. Si l'on considère la vie de la plupart des hommes, cette créature semble avoir été faite

---

(¹) Il est démontré par les principes de la Psychologie que, en raison de la constitution actuelle par laquelle la création a rendu le corps et l'âme dépendants l'un de l'autre, l'âme non seulement ne peut arriver à la connaissance de l'Univers qu'à travers ce corps auquel elle est unie et par son influence, mais que l'exercice de la faculté de penser elle-même dépend de cette constitution et emprunte pour cela l'aptitude nécessaire à l'assistance du corps.

pour vivre à la façon d'une plante, aspirer les sucs nourriciers, croître, se reproduire et finalement vieillir et mourir. De toutes les créatures, c'est l'homme qui atteint le moins bien le but de son existence, puisqu'il dépense ses excellentes facultés à faire ce que les autres créatures font plus sûrement et mieux avec des moyens beaucoup moins parfaits. Il serait donc la dernière d'entre elles, du moins aux yeux de la vraie sagesse, s'il n'était relevé par l'espérance d'une vie future, et si une période de complet développement n'était réservée aux forces qu'il renferme en lui-même.

Si l'on recherche les causes des obstacles qui retiennent la nature humaine dans un si profond abaissement, on les trouve dans la grossièreté de la matière dans laquelle sa partie spirituelle est submergée, dans la rigidité des fibres, l'inertie et l'immobilité des fluides qui doivent obéir aux excitations de l'âme. Les nerfs et les liquides de son cerveau ne lui apportent que des perceptions grossières et indistinctes; et comme il ne peut opposer à l'excitation des sensations extérieures que des conceptions trop peu puissantes pour maintenir l'équilibre dans l'intérieur de sa faculté pensante, il se laisse entraîner par ses passions, étourdir et troubler par le tumulte des éléments dont est formée sa machine. Les efforts de la raison pour lutter contre les passions et pour en dissiper les ténébreuses erreurs par la lumière du jugement ne sont que des éclats fugitifs d'un soleil dont d'épais nuages interceptent et obscurcissent incessamment la clarté.

Cette grossièreté des éléments et des tissus qui entrent dans la constitution de l'homme est la cause de l'inertie qui retient les facultés de l'âme dans une faiblesse et une impuissance continuelles. L'acte de la réflexion et de la conception d'idées éclairées par la raison constitue un état fatigant, dans lequel l'âme ne peut se placer sans lutte; et dont elle tend à sortir pour rentrer bientôt, par un penchant naturel de la machine corporelle, dans l'état passif où les excitations des sens déterminent et régissent tous ses actes.

Cette inertie de sa faculté de penser, qui est une conséquence de sa dépendance d'une matière grossière et inflexible, est non seulement la source du vice, c'est aussi celle de l'erreur. Constamment gênée par la difficulté qu'elle éprouve à faire l'effort nécessaire pour dissiper le nuage des conceptions erronées, et pour abstraire des impressions sensibles la connaissance générale qui ressort de la comparaison des idées, l'âme se laisse aller volontiers à accepter hâtivement la première impression, et se contente des aperçus vagues que lui permettent à peine l'inertie de sa nature et la résistance de la matière.

C'est dans cette dépendance mutuelle que s'évanouissent à la fois les facultés de l'esprit et la vitalité du corps; lorsque l'âge avancé, par le cours affaibli de la sève, ne cuit dans le corps que des humeurs épaisses, lorsque la flexibilité des fibres et la souplesse des mouvements diminuent, en même temps les forces de l'esprit s'épuisent et s'engourdissent. La souplesse de la pensée, la clarté des idées, la vivacité de l'intelligence et la faculté de la mémoire perdent leur force et leur chaleur. Les connaissances inoculées par une longue expérience suppléent encore dans une certaine mesure à la disparition de ces forces, et l'intelligence trahirait encore plus clairement sa sénilité, si les passions, que ce frein ne retient plus, ne s'éteignaient pas en même temps et même avant elle.

Il est donc clair d'après cela que les puissances de l'âme humaine sont limitées et gênées dans leurs manifestations par les obstacles d'une matière grossière à laquelle elles sont intimement unies.

Mais il est quelque chose de plus remarquable encore, c'est le rapport essentiel qui subordonne cette propriété spécifique de la matière au degré d'influence avec lequel le soleil la vivifie à proportion de sa distance et la rend plus ou moins apte aux fonctions de l'économie animale. De cette influence nécessaire du feu central du monde, qui rayonne à travers l'espace pour maintenir la matière dans l'état d'excitation indispensable à la vie, découlent l'existence d'une gradation évidente dans les propriétés des divers habitants des planètes, et une liaison essentielle qui enchaîne chacune des classes de ces êtres, par la nécessité de sa nature, au lieu qui lui a été assigné dans l'Univers.

L'habitant de la Terre et celui de Vénus ne pourraient, sous peine de mort, échanger leurs habitations respectives. Le premier, dont l'élément constitutif, approprié au degré de la chaleur qui résulte de la distance de la Terre au Soleil, serait beaucoup trop fluide pour une température plus élevée, subirait, s'il était placé dans une sphère plus chaude, des mouvements gigantesques et une désorganisation complète de sa nature, par suite de la volatilisation et de la dessiccation de ses humeurs et d'une expansion extraordinaire de ses fibres élastiques ; le dernier, dont la structure plus grossière et l'inertie des éléments de sa constitution ont besoin d'une action plus vive du Soleil, périrait gelé et solidifié dans une région plus froide de l'espace. Aussi, beaucoup plus légers encore et plus fluides doivent être les matériaux dont est formé le corps de l'habitant de Jupiter, afin que la faible excitation que peut produire le Soleil à cette distance suffise à donner à cette machine des mouvements aussi vifs que ceux des habitants des régions inférieures. Nous arrivons ainsi à l'expression de cette loi générale : *La matière dont sont formés les habitants des diverses planètes, les animaux aussi bien que les plantes, doit avant tout être d'une nature d'autant plus légère et plus subtile, l'élasticité des fibres et en même temps la conformation de leur corps doivent être d'autant plus parfaites que les astres sont plus éloignés du Soleil.*

Cette relation, si naturelle et fondée sur des motifs si plausibles, ne se déduit pas seulement de la considération des causes finales, qui ne doivent être regardées en général dans les théories naturelles que comme des arguments de deuxième ordre. On peut encore l'appuyer sur la variation progressive de la nature spécifique des matériaux dont sont formées les planètes, telle qu'elle résulte à la fois des calculs de Newton et des bases mêmes de la théorie cosmogonique. La matière qui constitue ces astres devient plus légère à mesure qu'ils sont plus éloignés du Soleil ; il faut donc nécessairement que les créatures qui y naissent et s'y développent soient assujetties à une loi analogue.

Une fois établie cette relation entre les propriétés de la matière à laquelle sont essentiellement associées les créatures raisonnables qui vivent sur les planètes, la conclusion s'en laisse facilement deviner : il faut qu'une loi semblable régisse les facultés spirituelles de ces créatures. Puisque ces facultés sont en dépendance nécessaire de la matière qui forme la machine qu'habitent les âmes, nous sommes amenés à conclure qu'il est plus que vraisemblable que *l'excellence des créatures intelligentes, la promptitude de leur pensée, la netteté et la vivacité des notions qu'elles reçoivent des impressions extérieures, aussi bien que leur faculté de les associer, enfin aussi la prestesse dans l'exercice de leur activité, en un mot tout l'ensemble de leur être moral doit être soumis à une loi déterminée, d'après laquelle il est d'autant plus parfait et plus excellent que leur lieu d'habitation est plus éloigné du Soleil.*

Cette loi étant ainsi établie avec un degré de vraisemblance qui ne diffère guère d'une vérité démontrée, l'imagination peut se donner libre carrière dans la comparaison des qualités de ces divers habitants. La nature humaine, qui dans l'échelle des êtres occupe exactement l'échelon du milieu, se trouve placée entre les deux limites inférieure et supérieure de la perfection, à égale distance des deux extrêmes. Si la prééminence des classes les plus élevées des êtres raisonnables qui habitent Jupiter et Saturne excite notre envie et nous humilie à la vue de notre infériorité, nous pouvons d'autre part trouver un sujet de contentement et de satisfaction dans la contemplation des créatures inférieures qui, sur les planètes Vénus et Mercure, restent bien au-dessous de la perfection de la nature humaine. Quel admirable spectacle! D'un côté nous voyons des créatures pensantes auprès desquelles le Groenlandais et le Hottentot seraient des Newtons, et de l'autre des êtres qui regarderaient Newton comme un singe : ·

> Superior beings, when of late they saw
> A mortal Man unfold all Nature's Law,
> Admir'd such wisdom in an earthly shape,
> And schew'd a *Newton* as we schew an ape (¹)

Pope, An Essay on Man, Epistle II.

A quelle hauteur de connaissance ne doit pas atteindre l'intelligence de ces êtres fortunés qui habitent les sphères supérieures du monde planétaire, et combien cette vive lumière de leur intelligence doit influer sur leurs qualités morales! Les vues de l'entendement, lorsqu'elles possèdent le degré requis de plénitude et de

---

(¹) Lorsque les habitants des palais éternels
Voyaient, naguère encore, le plus grand des mortels,
Newton, de la Nature expliquer l'harmonie,
D'un fils de la poussière admirant le génie,
Ils se montraient Newton, comme un homme, en passant,
A l'homme qui le suit montre un singe amusant.

Traduction de DE FONTANES.

clarté, produisent des excitations bien plus vives que les séductions des sens, que l'âme alors domine et foule aux pieds victorieusement. Avec quelle majesté la Divinité elle-même, qui se peint dans toutes les créatures, ne se peindra-t-elle pas dans ces créatures pensantes, qui, comme un lac que ne troublent pas les tempêtes des passions, reçoivent et réfléchissent tranquillement son image! Je ne veux pas poursuivre ces imaginations au delà des limites assignées à un travail purement scientifique; je me borne à résumer en un seul énoncé les deux lois auxquelles nous sommes arrivés : la perfection du monde spirituel, aussi bien que celle du monde matériel dans les planètes, croît et progresse en proportion de la distance au Soleil, de Mercure jusqu'à Saturne et peut-être au delà, aussi loin qu'il existe des planètes.

Cette loi, qui se présente d'abord comme une conséquence naturelle de la relation physique de chaque centre d'habitation avec le centre du monde, et s'appuie sur des motifs de haute convenance, reçoit une véritable démonstration et devient une vérité presque irréfutable, si l'on considère les conditions réelles des planètes supérieures et leur complète appropriation à l'existence de créatures parfaites. La succession rapide des périodes du temps sur ces sphères suppose à leurs habitants une vivacité et une promptitude d'action qui ne peuvent être l'apanage que de créatures d'ordre supérieur, tandis qu'elle s'accorderait mal avec la lenteur de créatures inertes et imparfaites.

La lunette nous apprend en effet que la succession du jour et de la nuit sur Jupiter se fait dans l'intervalle de dix heures. Que deviendrait en présence d'une pareille distribution du temps un habitant de la Terre transporté sur cette planète? Les dix heures du jour entier lui suffiraient à peine pour le sommeil dont sa grossière machine a besoin pour se refaire. Combien de temps lui resterait-il pour les occupations de la vie active, après qu'il aurait pris sur la journée les heures nécessaires pour se vêtir et se nourrir? Comment une créature, dont les actes se font avec tant de lenteur, trouverait-elle le moyen de se livrer à une occupation suivie, d'entreprendre quelque grande œuvre, lorsqu'au bout de cinq heures elle verrait son travail brusquement interrompu par une nuit de même durée? Qu'au contraire Jupiter soit habité par des créatures parfaites, dont le corps plus délicatement conformé possède une plus grande élasticité et une plus grande vivacité de mouvements, ces cinq heures leur seront autant et plus que ne sont nos douze heures de jour pour la nature inférieure de l'homme. Le besoin du temps est quelque chose de relatif, qui ne peut être connu et compris autrement que par la comparaison de la grandeur de l'acte à exécuter avec la rapidité de l'action. Ainsi la même durée qui n'est qu'un instant pour une espèce de créatures peut être pour une autre une longue période pendant laquelle se développent toute une série de changements, en raison de son exubérance d'activité. Saturne, d'après le calcul très vraisemblable de sa durée de rotation que nous avons exposé précédemment, voit encore plus rapidement le jour succéder à la nuit, et nous devons par suite supposer à ses habitants des facultés encore plus merveilleuses.

D'autres remarques viennent encore confirmer la loi que nous avons énoncée. La nature a évidemment prodigué ses richesses sur la partie du monde la plus éloignée. Les lunes, qui font bénéficier les actifs habitants de ces régions fortunées d'un prolongement de la lumière du jour et remplacent le Soleil absent, sont en plus grand nombre autour de ces planètes. La nature semble avoir pris soin de venir sans cesse en aide à leur activité, de façon qu'à aucun moment rien ne les empêche de la mettre en œuvre. Les quatre satellites de Jupiter lui constituent un avantage évident sur toutes les planètes inférieures, et Saturne est encore plus favorisé que lui ; le bel anneau qui l'entoure et contribue à son illumination est l'indice très vraisemblable de l'excellence de ce beau séjour. Tandis qu'au contraire les planètes inférieures, pour lesquelles un pareil supplément de lumière resterait sans utilité, dont les habitants se rapprochent bien plus des êtres dépourvus de raison, n'ont qu'un seul satellite ou n'en ont pas du tout.

Je dois ici aller au-devant d'une objection qui pourrait réduire à néant les effets des heureuses concordances que je viens de signaler. Il ne faudrait pas regarder la grande distance qui sépare certaines planètes du Soleil, source de lumière et de vie, comme un mal contre lequel l'ensemble des dispositions que nous venons de reconnaître est destiné à lutter en aidant en quelque sorte à l'action de cet astre, ni croire qu'en réalité les planètes supérieures occupent dans le monde une position moins favorisée, une place désavantageuse à la perfection de leurs habitants, parce qu'elles reçoivent du Soleil une influence plus faible. Nous savons en effet que l'action de la lumière et de la chaleur dépend non seulement de son intensité absolue, mais aussi de l'aptitude de la matière à la recevoir, et à s'opposer plus ou moins à son excitation ; par suite le Soleil, à la même distance à laquelle pour une matière d'espèce grossière il déterminerait un climat tempéré, agissant sur des fluides plus subtils, les volatiliserait et produirait sur eux une action nuisible ; d'où il faut conclure que la matière plus légère et plus mobile dont sont formés Jupiter et Saturne n'a d'autre but que de faire de leur éloignement du Soleil une condition de leur bien-être.

Enfin il est à croire que l'excellence des êtres qui peuplent ces régions supérieures du ciel a pour conséquence physique une plus longue durée de leur existence. La destruction et la mort ne peuvent pas avoir prise sur ces créatures d'ordre élevé autant que sur notre nature inférieure. L'inertie de la matière et la grossièreté de l'élément, qui sont le principe spécifique de l'infériorité chez les êtres du degré le plus bas, est aussi la cause déterminante de leur tendance vers la destruction. Lorsque les humeurs, qui nourrissent et font croître l'animal ou l'homme en s'incorporant entre ses fibres et en s'unissant à sa masse, deviennent incapables d'élargir et de dilater les canaux et les vaisseaux dans lesquels elles circulent, lorsque la croissance est terminée, alors ces sèves nourricières, en s'attachant aux parois par un mécanisme identique à celui qui est employé pour nourrir l'animal, rétrécissent et bouchent les cavités des vaisseaux, et détruisent l'organisation de toute la machine, par une solidification progressivement croissante. Il est à croire que les créatures plus parfaites qui habitent les planètes éloignées, bien que soumises comme les autres au dépérissement et à la mort, trouvent dans la finesse de leurs tissus, dans l'élasticité de leurs vaisseaux, dans la légèreté et l'activité de leurs humeurs, une force de résistance qui retarde beaucoup chez elles la décrépitude, triste apanage de l'inertie des créatures plus grossières, et jouissent d'une existence dont la durée est en rapport avec leur degré de perfection, de même que la brièveté de la vie de l'homme est une conséquence directe de son infériorité.

Je ne puis abandonner ces considérations sans aller au-devant d'un doute qui pourrait surgir très naturellement de la comparaison de ces hypothèses avec nos propositions précédentes. Dans le grand nombre des satellites qui éclairent les planètes des cercles les plus éloignés, dans la rapidité de la rotation de ces planètes et dans la nature même de leurs matériaux constitutifs appropriés à l'action d'un Soleil lointain, nous avons reconnu des preuves de la Sagesse divine, qui a tout ordonné en vue des avantages des êtres raisonnables qui les habitent. Mais comment accorder maintenant cela avec l'hypothèse d'une théorie purement mécanique? Comment croire que l'exécution des desseins de la Sagesse suprême a pu être abandonnée à la matière brute, et que la nature laissée à elle-même a pu réaliser les vues de la Providence? Reconnaître l'admirable ordonnance de la structure du monde, n'est-ce pas avouer qu'elle n'a pu se développer par la seule action des lois générales de la Nature?

Ce doute est bientôt dissipé, dès que l'on se reporte à ce que j'ai dit précédemment sur la même question. Est-ce que la Mécanique des mouvements naturels ne doit pas nécessairement tendre à rester, dans toute l'étendue des combinaisons qu'elle engendre, en parfait accord avec les desseins de la suprême Raison? Comment pourrait-elle se livrer dans ses entreprises à des efforts désordonnés, à une divagation sans frein, lorsque toutes ses propriétés, desquelles ressortent ces effets, ont leur détermination même dans l'idée éternelle de l'Intelligence divine, qui les a nécessairement coordonnées et harmonisées les unes avec les autres? Si l'on y réfléchit bien, comment pourrait-on justifier l'opinion qui regarderait la Nature comme un serviteur contrariant, qu'un frein peut seul retenir dans la voie de l'ordre et de l'harmonie générale et l'empêcher de se livrer à ses caprices, à moins d'admettre qu'elle est un principe se suffisant à lui-même, dont les propriétés ne reconnaissent aucune cause, et que Dieu, aussi bien que faire se peut, s'efforce de brider pour le faire obéir à ses desseins éternels? Mieux on apprend à connaître la Nature et plus on voit que les propriétés générales des choses ne sont point isolées ni étrangères les unes aux autres. On se convainc bien vite qu'elles ont les unes avec les autres des affinités essentielles, en vertu desquelles elles se prêtent spontanément un mutuel secours pour contribuer à la création d'un ensemble parfait, où les éléments par leur étroite dépendance concourent à la beauté du monde matériel et au bien-être des esprits qui l'habitent. Il devient bien vite évident que les caractères particuliers des choses dans le champ des vérités éternelles forment un vaste système où chacun dépend de tous les autres. Et l'on reconnaît aussi bientôt que cette parenté des forces naturelles découle nécessairement de la communauté de leur origine, et de ce qu'elles ont toutes puisé à la même source leurs qualités essentielles.

Ces considérations que j'ai déjà développées ailleurs s'appliquent immédiatement à la question présente. Les mêmes lois générales du mouvement, qui ont assigné aux planètes supérieures une place éloignée du centre d'attraction et d'inertie dans le système du monde, les ont par cela même placées dans les conditions de formation les plus avantageuses, loin du centre d'attraction de la matière la plus grossière et loin de toute influence qui aurait pu gêner leur libre développement. Mais elles les ont en même temps soustraites, dans un rapport déterminé, à l'influence de la chaleur, qui se répand suivant la même loi tout autour du centre. Puisque maintenant ce sont ces mêmes conditions qui ont facilité la formation des astres dans ces régions éloignées, et rendu plus rapides leurs mouvements de rotation, qui en ont fait en un mot des systèmes plus parfaits ; puisque, d'autre part, les êtres spirituels sont dans une dépendance nécessaire de la matière à laquelle ils sont personnellement enchaînés, il n'y a point à s'étonner que, de la dépendance des mêmes causes, soit résultée pour les deux ordres d'êtres une égale perfection. Quand on y réfléchit bien, cette concordance n'a rien d'inopiné ou d'inattendu, et puisque c'est le même principe qui a incarné les êtres spirituels dans la constitution générale de la nature matérielle, il faut bien que le monde des esprits soit plus parfait dans les globes éloignés, pour les mêmes raisons pour lesquelles le monde corporel y est lui-même plus parfait.

Ainsi, dans l'étendue entière de la nature, ces êtres forment une chaîne ininterrompue dont l'éternelle harmonie relie tous les anneaux. Les perfections de Dieu se sont manifestement révélées dans la création de l'homme et n'éclatent pas avec moins de magnificence dans les classes les plus inférieures des êtres que dans les plus nobles.

> Vast chain of being! which from God began,
> Natures æthereal, human, angel, man,

Beast, bird, fish, insect, what no eye can see,
No glass can reach; from Infinite to thee,
From thee to nothing (¹)

Pope, An Essay on Man, Epistle I.

Nous avons poursuivi jusqu'ici nos hypothèses en nous appuyant uniquement sur les lois physiques de la nature, qui nous ont servi de fil conducteur pour maintenir nos déductions dans le sentier de la vraisemblance et de la raison. Nous sera-t-il permis maintenant de nous écarter un instant de cette voie pour faire une excursion dans le domaine de la fantaisie? Qui nous montrera les bornes où la vraisemblance bien fondée cesse et où s'arrête le domaine du raisonnement, au delà desquelles l'imagination peut seule s'élancer? Quel est l'esprit assez audacieux pour oser répondre à cette question posée par le poète : le péché étend-il son empire sur les autres sphères du monde, ou la vertu seule y a-t-elle établi ses lois?

Die Sterne sind vielleicht ein Sitz verklärter Geister,
Wie hier das Laster herrscht, ist dort die Tugend Meister (²).

Von Haller.

Ne peut-on pas dire que la faculté de pécher est le triste apanage d'un certain état intermédiaire entre la sagesse et l'absence de raison? Qui sait si les habitants des planètes les plus éloignées ne sont pas trop nobles et trop sages pour se laisser aller à la folie qui se cache dans le péché; et ceux qui habitent les planètes inférieures, ne sont-ils pas au contraire trop esclaves de la matière, ne sont-ils pas doués de facultés spirituelles trop peu énergiques, pour que la Justice suprême puisse les rendre responsables de leurs actes? Il suivrait de là que la Terre seule (et peut-être aussi Mars pour ne pas nous enlever la misérable consolation d'avoir des compagnons

---

(¹) Vaste chaîne dont l'homme occupe le milieu,
Qui, d'anneaux en anneaux, unit l'atome à Dieu,
Et toujours descendant et s'élevant sans cesse,
Croît jusqu'à l'infini, jusqu'au néant s'abaisse.

Traduction de de Fontanes.

(²) Les étoiles sont peut-être peuplées d'esprits glorieux; tandis qu'ici-bas le vice domine, là-bas la vertu seule est maîtresse.

d'infortune) se trouverait dans cette route intermédiaire semée d'écueils où les séductions des sens sont assez puissantes pour lutter avec avantage contre la suprématie de l'esprit, quoique l'homme ait le pouvoir de leur résister, s'il ne plaît pas davantage à sa mollesse de se laisser entraîner par leurs tentations; la Terre occuperait ce point milieu plein de dangers, entre la faiblesse et la force, où les avantages même qui l'élèvent au-dessus des classes inférieures le placent à une hauteur d'où il peut craindre à chaque instant de tomber infiniment au-dessous d'elles. En fait, les deux planètes Mars et la Terre sont au milieu même du système planétaire, et il est permis de supposer sans invraisemblance que leurs habitants occupent aussi une position moyenne entre les deux extrêmes, aussi bien par leurs propriétés physiques que par leurs qualités morales. Mais j'abandonne volontiers la discussion de pareilles opinions à ceux dont l'esprit peut se plaire à sonder les problèmes insolubles et qui seraient plus disposés que moi à en assumer la responsabilité.

Conclusion.

Nous ne savons pas bien ce qu'est réellement l'homme aujourd'hui, malgré les données que la conscience et les sens devraient nous fournir. Encore moins pouvons-nous deviner ce qu'il deviendra un jour. Cependant la connaissance de cet avenir si éloigné éveille au plus haut degré la curiosité de l'âme humaine, et c'est un besoin pour elle d'interroger tout ce qui peut éclairer une science si obscure.

L'âme immortelle doit-elle, pendant la durée sans fin de sa vie future, que la tombe même transforme, mais n'interrompt pas, rester enchaînée pour toujours au point de l'Univers, à la Terre, où elle a été placée? Ne doit-elle jamais être admise à une vision plus rapprochée des autres merveilles de la Création? Qui sait s'il ne lui est pas réservé de pouvoir un jour connaître ces globes éloignés et l'excellence de leur aménagement, qui déjà de loin excitent si vivement sa curiosité? Peut-être se forme-t-il aujourd'hui, aux limites de notre système, de nouvelles planètes qui nous préparent sous d'autres cieux de nouvelles demeures, lorsque aura été accompli le temps assigné à notre séjour ici-bas. Qui sait si les satellites qui circulent autour de Jupiter ne sont pas destinés à nous éclairer un jour?

Il est permis, il est convenable de se récréer l'esprit à de pareilles suppositions; mais ce n'est pas sur des créations aussi incertaines de l'imagination que personne voudra fonder l'espoir d'une vie future. Lorsque la nature humaine aura payé son tribut à la fragilité, l'âme immortelle s'élancera d'un coup d'aile rapide au-dessus de tout ce qui est fini, et commencera une existence qui la placera, vis-à-vis de l'ensemble de la nature, dans des relations nouvelles, conséquences de son union plus intime avec l'Être suprême. Désormais cette âme transfigurée, qui possède en elle-même la source de la félicité, ne se dissipera plus parmi les objets extérieurs pour chercher en eux son repos. L'universalité des créatures, à qui l'harmonie est nécessaire pour plaire à l'Être suprême, a aussi besoin de cette harmonie pour sa propre satisfaction, et elle ne l'atteindra que dans la béatitude éternelle.

Déjà ici-bas, le spectacle du ciel étoilé, par une nuit bien claire, donne à l'esprit qui s'est pénétré des considérations que j'ai développées, un genre de satisfaction que les âmes nobles peuvent seules ressentir. Dans le silence général de la nature et l'apaisement des sens, l'intelligence cachée de l'esprit immortel parle un langage sans nom, et découvre des notions générales qui se sentent mais ne peuvent se décrire. S'il est, parmi les créatures pensantes qui habitent notre planète, des êtres assez dégradés pour ne pas sentir le vif attrait de ce sublime sujet de méditations et lui préférer l'esclavage des vains plaisirs; oh! combien malheureuse est la Terre qui a enfanté de si misérables créatures! Mais, par contre, quelle heureuse destinée est la sienne, lorsqu'elle voit s'ouvrir devant elle une voie qui doit la conduire, dans les conditions les plus agréables, à des hauteurs et à une félicité qui dépassent infiniment les prérogatives les plus excellentes que la nature a pu donner aux planètes les plus favorisées!

FIN.